**本书由以下项目资助**

国家重点研发计划课题"京津冀地下水压采修复与
合理利用技术研发示范"（2016YFC0401404）

中国工程院重大咨询项目"我国旱涝事件集合
应对战略研究"（2012-ZD-13）

Collective Response Strategies of Drought and
Flood Events in the North China Plain

# 华北平原旱涝事件集合
# 应对战略研究

王建华　何　鑫　陆垂裕　桑学锋　李　慧/著

科学出版社
北　京

# 内 容 简 介

本书对华北平原旱涝历史、现状及演化趋势进行了研究，并以华北山前平原、华北东部黑龙港地区及华北南部引黄灌区三部分为例，详细研究各区域的旱涝应对，提出华北平原的旱涝事件应对战略方案等。其中系统介绍了各区域现在的基本情况、历史旱涝状况及问题分析，分析了各区域的旱涝成因，研究了旱涝应对措施及方案。此外，研究了山前平原的水资源承载力、抗旱型农业生产方式、增强抗旱保障程度的方略；黑龙港地区基于南水北调格局的供水情况、京津冀一体化发展下的极端干旱供水保障；引黄灌区旱涝急转情景下保障应对方案、黄河来水保证率不足情况下多水源联合运用抗旱的保障应对措施。最后，提出了综合应对战略，其中包括城市与产业适水规划战略、节水规划与作物休耕战略、京津冀一体化水战略、南水北调格局下华北平原水循环恢复战略、地下水资源储备战略、最严格的 ET 管控战略、特大城市群内涝应对战略。

本书可供从事水资源管理、水环境等专业的科研、教学和管理人员参考阅读。

**图书在版编目 ( CIP ) 数据**

华北平原旱涝事件集合应对战略研究/王建华等著 . —北京：科学出版社，2021.9

ISBN 978-7-03-068574-2

Ⅰ. ①华… Ⅱ. ①王… Ⅲ. ①华北平原–旱灾–灾害防治–研究②华北平原–水灾–灾害防治–研究 Ⅳ. ①P426.616

中国版本图书馆 CIP 数据核字（2021）第 064766 号

责任编辑：王 倩 / 责任校对：樊雅琼
责任印制：吴兆东 / 封面设计：无极书装

**科 学 出 版 社** 出版

北京东黄城根北街 16 号
邮政编码：100717
http://www.sciencep.com

**北京虎彩文化传播有限公司** 印刷
科学出版社发行 各地新华书店经销

\*

2021 年 9 月第 一 版 开本：787×1092 1/16
2021 年 9 月第一次印刷 印张：12 1/4
字数：300 000

**定价：178.00 元**
（如有印装质量问题，我社负责调换）

# 前　言

　　华北平原是中国第二大平原，西起太行山豫西山区，东邻黄海、渤海、山东丘陵，北和燕山接壤，西南至桐柏山、大别山，东南与苏皖北部相邻，长江中下游平原也与其相连，跨越黄河、海河、淮河等流域。华北平原属暖温带大陆性季风气候，四季变化明显，冬季寒冷干燥，降水时空分布不均。华北平原地表水资源量分布有明显的地带差异，大趋势是由太行山—燕山迎风区向东南减少。华北平原地表水资源量较少，年际变化大，并经常出现连续干旱年。1956～2010 年多年平均地表水资源量为 52 亿 m³，多年平均径流深仅为 57.6mm。20 世纪八九十年代，出现了 1980～1981 年、1992～1993 年和 1999～2002 年三次连续枯水年。一方面是由于地表水资源量和自然降水量的减少；另一方面则是干旱导致的缺水量和用水量的增加，导致地下水严重超采，形成区域性地下水漏斗区。1954 年、1963 年和 1996 年的特大洪涝灾害给华北平原社会经济与人民生命财产带来极大损失，但 1996 年的特大洪涝大幅度增加了区域地下水补给，使太行山、燕山山前地下水位出现大幅度回升。因此，华北平原旱涝事件对其水资源和社会经济产生了重大影响，对旱涝事件的应对也应因地制宜，制定科学合理的应对策略。

　　华北平原旱涝灾害的形成与其自然环境和社会环境有着密切的关系。干旱、洪涝的发生主要由气候和地理等自然因素所决定，而其灾害的发生则与人类社会活动相联系。因此，需要从自然环境和社会环境两个方面来论述华北平原旱涝灾害的形成背景。位于半湿润气候区的华北平原由于受东亚季风的影响，且季风的年际变化较大，产生了频繁的洪涝灾害。对于华北平原的季风降水而言，其影响因素主要有两方面，一方面是副热带和热带环流，另一方面是中高纬度环流和与其联系的冷空气活动。

　　本书是国家重点研发计划课题“京津冀地下水压采修复与合理利用技术研发示范”（2016YFC0401404）和中国工程院重大咨询项目“我国旱涝事件集合应对战略研究”（2012-ZD-13）的科研成果，对华北平原旱涝历史、现状及演化趋势进行了研究，并以华北山前平原、华北东部黑龙港地区及华北南部引黄灌区三部分为例，详细研究各区域的旱涝应对，提出华北平原的旱涝事件应对战略方案等。

　　华北山前平原水资源条件优越，是华北平原农业生产高产区。历史上修建的水利设施抵御旱灾能力较弱，干旱对山前平原的农业生产威胁甚大。为保证粮食高产量，中华人民共和国成立之后山前平原多采用地下水灌溉，并修建了大量农田水利灌溉工程，但由于自然地理条件制约，地表、地下水资源不足，遭遇大旱年份时，工农业生产和城乡生活供水仍然受到严重影响。华北平原在历史上洪涝灾害极为频繁，中华人民共和国成立之后经集中治理，防洪水利条件得到极大改善。加之 20 世纪 80 年代以来华北平原进入枯水期，地面径流减少，大量开采地下水造成地下水位下降，这对减轻洪涝灾害是有利因素。本书研究显示，华北山前平原发生水灾频率较低，然而发生旱灾频率较高，如何应对干旱是山前平原急需解决的重要问题。山前平原水资源供需不匹配的主导成因是农业灌溉用水强度过大，大部分灌溉用水强度大于 18 万 $m^3/$（$km^2 \cdot a$）。而山前平原降水量减少造成的农业用水缺口大部分通过开采地下水解决，特别是连续枯水年份，抽取地下水成为农田抗旱的重要保障条件。灌溉用水作物主要是春小麦和玉米、蔬菜，冬小麦-夏玉米的轮作种植制度是地下水过量开采的重要原因，因而在山前平原适度调整冬小麦-夏玉米种植面积，控制蔬菜播种面积，提高灌溉节水能力，针对不同节水目标采用不同的灌溉制度，有利于缓解该地区浅层地下水超采情势。山前平原目前的农业种植业结构已经基本趋于稳定状态，如果不考虑大的政策性因素介入，未来 10 年不会发生较大的变化，因此解决农产品总量不断增长的需求与水资源支撑的矛盾更多的要依靠农艺节水技术的研发与推广。合理调控超采区农业种植结构和耗用地下水的强度，根据气候变化和降水变化控制地下水超采利用，加强涵养修复地下水源是山前平原应对干旱灾害的重要手段。

华北东部黑龙港地区受季风气候和地势低洼条件的制约，有着十分典型的"春旱、夏涝、秋吊"的规律，同时受到"旱、涝、碱、薄"这几种灾害的影响，华北平原旱涝灾害更频繁。在黑龙港地区开展旱涝应对研究，对华北平原乃至全国农业持续发展有重要意义。研究显示，黑龙港地区降水的季节变化大，冬、春、夏、秋四季的干旱程度也不一样，区域性旱灾主要由春季和夏季降水影响。20 世纪 80 年代至今降水量逐步减少是干旱发展的主要原因，连年抗旱，超采地下水造成地下水位大幅度下降，且加重了干旱。另外，黑龙港地区地势平缓，排水不畅，又多分布封闭洼地，遇汛期大降水，且易发生洪涝。应对黑龙港地区干旱，提高供水保障水平的主要途径包括：一是开源节流，通过蓄、截、引、挡增辟当地水源，加速微咸水利用技术的研究和推广，减少当地地下水超采量，将深层地下水作为应急水源保护利用；二是高效利用南水北调外调水，将一部分城市水库用于农业；三是提高降水的利用率，推广农业节水技术，保证粮食产量的同时减少灌溉用水。同时为应对黑龙港地区旱涝急转事件，应适当调整农业种植结构，强化水利基础建设，优化地表水和地下水的联合调蓄。

华北南部引黄灌区历史上旱涝灾害有灾害频繁、连旱连涝和旱涝交织的特点。引黄灌区的旱涝成灾机理既有水文气象和地理因素，又有人为社会因素。徒骇马颊河流域降水年际变化较大，丰水年份连续降水，在夏季，南来的暖湿气流和冷空气相遇形成暴雨带，导致严重的洪涝灾害。干旱年份，降水蒸发差大，加之年内分布不均，多集中在汛期，加重了引黄灌区春旱的形成。引黄灌区为黄河冲积平原，地面上岗、坡、洼的分布相间，同时土壤持水能力较强，地下水水平运动缓慢，在强烈蒸发作用下地表极易积盐，造成该地区易涝、易碱、易旱。中华人民共和国成立后，引黄灌区经过疏通排水沟渠，进行洼地治理，情况有所好转，但由于工程标准偏低，河道淤积，工程防洪除涝能力仍显不足。同时农业转变为灌溉农业，农业灌溉用水量逐年增加，水资源供需不平衡造成农业干旱，且这一现象将长期存在。各种极端天气（如暴雨）发生的可能性随着全球气候的变化也越来越大，旱涝急转的发生概率也呈现出增加趋势，旱涝灾害在今后一定时期内仍然是该地区的主要自然灾害。应对引黄灌区旱涝急转事件的主要措施包括：一是加强水利工程建设，包括地表及地下水库的建设、灌区排涝体系的建设；二是加快现代水网建设，依托徒骇河、马颊河及其支流，通过这些骨干河渠建设各类水利工程，连接各类水系大格局，建立多水调剂、余缺互补的供水保障体系，并提高防洪减灾工程和农田水利工程的抗旱排涝功能；三是加强旱涝灾害的监测、预测和预警系统建设，提高对洪涝的监测、预报和服务能力，建立主要以土壤含水量、地下水位和江河湖库蓄水量为特征量的水文干旱监测与预报预警系统，最大限度发挥水利工程的抗旱功能。

由于华北平原旱涝事件集合应对战略研究的复杂性，加之时间和水平有限，书中不足之处在所难免，敬请读者批评指正。

作　者
2021 年 3 月

# 目　　录

# |第1章| 华北平原旱涝历史、现状及演化趋势研究

## 1.1 华北平原简介

华北平原是中国第二大平原，位于32°N～40°N，114°E～121°E，西起太行豫西山区，东邻黄海、渤海、山东丘陵，北和燕山接壤，西南至桐柏山、大别山，东南与苏皖北部相邻，长江中下游平原也与其相连，跨越黄河、海河、淮河等流域。华北平原面积约为31万km²，延展至北京、天津、河北、山东、河南、安徽、江苏五省两市。华北平原属暖温带大陆性季风气候，四季变化明显，冬季寒冷干燥，降水时空分布不均，农作物大多为两年三熟。华北平原自然资源和人文资源丰富，自古以来就是我国人口密集、城市化、工农业发达的地区，同时也是中国的历史文化中心及当今中国的政治、经济、文化和交通中心。

华北平原区域特征不同，因此可分为四个平原：辽河下游平原、海河平原、黄泛平原和淮北平原，本书研究以华北平原面积最大的亚区——海河平原为研究区。海河平原被称为黄海平原，是中国粮棉的重要产区，其南方是黄河，北方是燕山，西方是太行山，南北横越500多千米，有着"千里平原"的美称，小麦、玉米可以一年两熟，棉花也是其主要作物。

华北平原旱涝灾害的形成与其自然环境和社会环境有着密切的关系。干旱、洪涝的发生主要由气候和地理等自然因素所决定，而其灾害的发生则与人类社会活动相联系。因此，需要从自然环境和社会环境两个方面来论述华北平原旱涝灾害的形成背景。

### 1.1.1 地理位置及地形地势特征

海河平原面积约为13.1万km²，是华北地区的主要农业区。南起黄河，北至燕山，东与渤海相接，西达太行山。海河及其五大支流白河（潮白河）、永定河（桑干河）、大清河（唐河）、滹沱河（子牙河）、大运河（卫河），地势低洼，大部分平原地区分布在河北省境内，故称为海河平原或河北平原。本研究中海河平原面积共计131 036km²，水资源计算分区划分为4个二级区、5个行政区，包含了河北大部分地区和天津、北京地区及黄河西侧的山东部分地区和黄河北部的河南地区，详见表1-1。

表 1-1　海河平原研究面积　　　　　　　　（单位：km²）

| 研究区 | | 面积 |
|---|---|---|
| 二级区 | 滦河及冀东沿海诸河 | 10 526 |
| | 海河北系 | 15 461 |
| | 海河南系 | 73 131 |
| | 徒骇马颊河 | 31 918 |
| 行政区 | 北京 | 6 400 |
| | 天津 | 11 193 |
| | 河北 | 73 207 |
| | 河南 | 9 294 |
| | 山东 | 30 942 |
| 合计 | | 131 036 |

海河平原周边的山地有燕山和太行山。燕山山脉分布于平原的东北部，东起冀辽边界，止于北京西北部，呈东西走向，山脊高程为 1400～1600m；太行山山脉由北向南，折向西南，经河北、山西，最后进入豫北西部，山脊高程为 1700～2000m。在燕山以南、太行山以东贯穿着一条高程为 600～1500m 的山脊线，形成了输送海洋水汽到平原内陆的屏障。以这条山脊线为界，山区与丘陵分布在此线的南方和东方，称为迎风山区。

海河平原北部以燕山南麓 50m 高程线为界，西部以太行山东麓 100m 高程线为界，南部以金堤河及其以下黄河左堤为界，东邻渤海湾。由于成因、形态特征和地质特点的不同，海河平原又可以分为山前冲积洪积平原（山前平原）、中部冲积湖积平原（中部平原）和滨海冲积海积平原（滨海平原）。山前平原高程一般为 50～100m，其面积占平原区的 40%；中部平原高程一般为 10～50m，其面积占平原区的 50%；滨海平原高程一般在 10m 以下，其面积占平原区的 10%。在山前平原和中部平原之间，分布有河流的交接洼地，如卫河中游洼淀、漳河大名泛区、滏阳河永年洼、大陆泽、宁晋泊、滹沱河献县泛区、大清河白洋淀、永定河泛区、蓟运河青甸洼、盛庄洼、陡河草泊洼等，这些洼地可发挥滞洪调蓄作用。海河平原总的地势是西侧较东侧高，因此地面坡度也随之变化，由山前平原的 1‰～2‰，逐渐平缓到中部平原的 0.5‰～1‰，至滨海平原的 0.1‰～0.3‰。而位于平原中东部的徒骇马颊河由于水资源稀缺，需要引黄河水进行农业灌溉及生产，因此本研究将研究区分为山前平原、中东部平原及引黄灌区进行旱涝应对研究的分析，如图 1-1 所示。

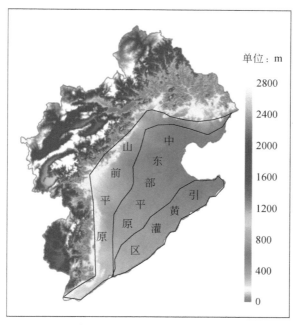

图 1-1 海河平原分区示意图

## 1.1.2 河流特征

华北平原上有海河、滦河和徒骇马颊河水系。海河为区域内的主要水系，有漳卫南运河、子牙河、大清河、永定河、北运河、潮白河和蓟运河 7 条支流，除此之外，平原排水河道，如黑龙港地区的南北排河等也应当纳入。海河水系支流无数，最长的是约 1050km 的漳卫南运河，这些支流大都由西南、西、西北三个方向流向天津，汇合为干流称为海河，海河的干流约 73km，东流入渤海。海河水系有南北之分，南系有漳卫南运河、子牙河和大清河，也称南三河；北系有永定河、潮白河、北运河、蓟运河，也称北四河。除此之外，海河水系中有两条单独出海河道，分别是徒骇马颊河和滦河。海河平原河流水系分布如图 1-2 所示。

华北平原发源于山区的河流可分为两大类：一类是发源于内蒙古高原和太行山、燕山山脉背风山区的河流，穿越太行山燕山峡谷，然后流入平原，此类河流相对源远流长，水系集中，较易控制；一部分流域面积位于背风山区，洪峰模数相对较小，但各河上游流经黄土高原，洪水挟沙甚多，致使下游善淤善徙。滦河、潮白河、永定河、滹沱河、漳河属此类型。另一类是发源于燕山、太行山迎风山区，其支流分散，源短流急，流域调蓄能力小，洪峰模数相对较大，含沙量较少，洪水多先入交接洼地（如宁晋泊、大陆泽、白洋淀等）然后下泄。卫河、滏阳河、大清河、北运河和蓟运河属于此类型。两类河流自东北向西南呈相间分布。华北平原的河流另一特点是，山区河道和平原河道几乎直接交接，而平

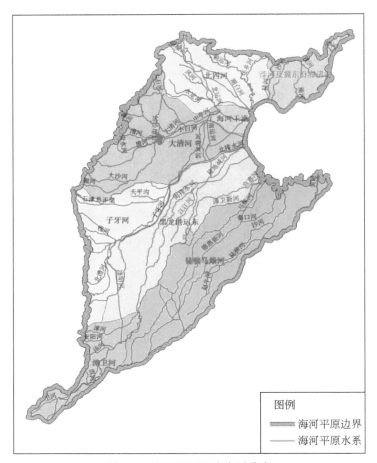

图 1-2　海河平原河流水系分布

原河道又是地上河，或半地上河。上游山区洪水来势凶猛，下游河道宣泄不及，往往泛滥成灾，并形成上游洪水与当地涝水争道、相互顶托的局面。

## 1.1.3　大气环流特征

位于半湿润气候区的华北平原深受东亚季风的影响，季风的年际变化较大，从而导致产生频繁的洪涝灾害。对于华北平原的季风降水而言，其影响因素主要有两方面，一方面是副热带和热带环流的影响，另一方面是中高纬度环流和与其联系的冷空气活动。

本研究给出了华北平原地区夏季 7 个严重雨涝和 7 个严重干旱年份北半球 500hPa 高度场距平合成图，如图 1-3 所示，由图 1-3（b）可见，中高纬度在亚洲为广大正距平区。这种环流形势不利于华北平原地区的降水，易出现干旱。

在华北夏季干旱的年份中，阻塞形势在中高纬度地区的东西伯利亚和东亚盛行，东西伯利亚或鄂霍次克海地区存在着高压，在中国的东北和华北北部存在着南侧的低压。很显

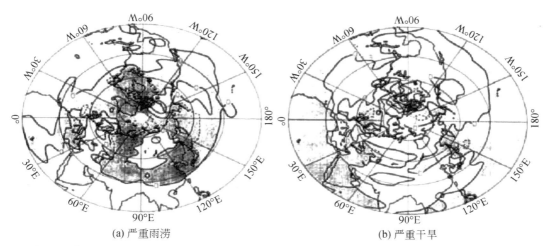

(a) 严重雨涝　　　　　　　　　　(b) 严重干旱

图 1-3　华北平原地区夏季 7 个严重雨涝和 7 个严重干旱年份北半球 500hPa 高度场距平合成图

然，西风急流产生的强风区分布在阻塞高压西侧的南北两翼。华北平原位于两支锋区之间的弱锋区，为高压坝活动区，因此，在西北气流的控制下，干旱少雨。

在华北夏季严重雨涝的年份中，欧亚中高纬度地区出现"两脊一槽"的型式，在贝加尔湖附近为一高压脊，在乌拉尔山附近为一深槽，呈现东高西低的分布［图 1-3（a）］。在这种稳定的基本环流条件下，冷槽中不断有冷空气分裂南下，与暖湿季风气流交换，形成有利于持续多雨的大尺度环流形势（王丽华和陈乾金，2000；朱玲等，2011）。

孙安健和高波（2000）给出了东亚夏季风强度指数演变图，如图 1-4 所示，通过与华北平原的干旱和雨涝相比，在夏季风偏强的年份，即东亚夏季风强度指数大于 1 的年份，出现了 70% 的旱涝；在夏季风偏弱的年份，即东亚夏季风强度指数小于 1 的年份，出现了 70% 的干旱。

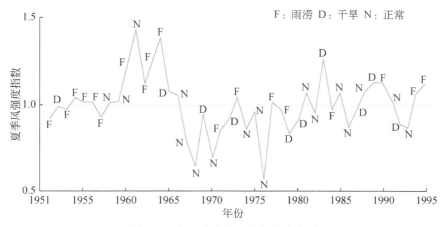

图 1-4　东亚夏季风强度指数演变图

## 1.1.4 水资源特征

### 1.1.4.1 地表水资源

华北平原地表水资源量较少,年际变化大,并经常出现连续干旱年。1956~2010年多年平均地表水资源量为52亿$m^3$,多年平均径流深仅为57.6mm。20世纪八九十年代,出现了1980~1981年、1992~1993年和1999~2002年三次连续枯水年。华北平原地表水资源量分布存在明显的地带性差异,总的趋势是由多雨的太行山、燕山迎风区向东南减少。华北平原地表水资源量分布具有以下特点:第一,沿太行山、燕山山脉迎风坡,有一个多年平均径流深大于100mm的高值区,其中在山神庙、马兰峪、八道河、下庄、茶铺、临淇等暴雨中心地带,出现高值中心,多年平均径流深超过200mm。第二,华北平原区多年平均径流深一般为10~50mm。在北四河下游平原、漳卫河平原、鲁北平原的部分地区,多年平均径流深超过50mm,为平原区径流深高值区;在晋州、宁晋、新河、衡水一带,多年平均径流深不足5mm,为平原区径流深低值中心(王利娜等,2012)。

### 1.1.4.2 地下水资源

华北平原地下水资源量以地下水的补给量表示,用来指地下含水层的动态水量。区域内地下水资源的特点是,地区分布不均,多雨区大于少雨区,补给量丰枯变化明显。区域多年平均地下水资源量(包括引黄入渗补给量)为160.37亿$m^3$。山前平原地下水资源模数为15万~30万$m^3/km^2$,个别地段高达30万~50万$m^3/km^2$,沿黄地区地下水资源模数为15万~20万$m^3/km^2$。中东部平原相对于其他地区水资源模数较低,通常为10万~15万$m^3/km^2$,在某些地区小于10万$m^3/km^2$。山前平原和沿黄地区的地下水资源比较丰富,这些地带的总补给量大约占平原总补给量的80%。

### 1.1.4.3 水资源总量和人均水资源量

1956~2010年华北平原地表水资源量为52亿$m^3$,地下水资源量为160.4亿$m^3$;但地表水和地下水相互转化的重复水量为32.4亿$m^3$。从地表水和地下水资源量之和中减去相互转化的重复水量即全区域的水资源总量,为180亿$m^3$。按2010年区域内总人口8751万人计算,人均水资源量约为206$m^3$,不足全国人均(2100$m^3$)的1/10,世界人均(7500$m^3$)的1/36,远低于人均1000$m^3$的国际水资源紧缺标准。在全国各大区域中,华北平原的人均水资源量是最低的。

## 1.1.5 社会环境特征

水是人类生存和发展的基本条件之一,而洪水、干旱却威胁和破坏人类的生存与发展。随着人类的繁衍,生存空间的扩大,生产活动的发展,水旱灾害对国民经济和社会发展的影响有增无减。兴修水利工程、采取防灾减灾措施，可减轻水旱灾害的损失，但其总的经济损失仍然呈上升趋势。究其原因，一方面是各种条件的限制，人们对洪水和干旱的控制只能达到一定的程度；另一方面是洪水泛滥区域和受旱区域的人口密度、生产价值量与社会财富日益增加，洪水和干旱造成的损失亦相应增加。此外，人类活动对生态环境也产生很大影响。例如，山林滥伐造成水土流失，使水旱灾情加剧，所以社会环境的变化亦是影响水旱灾害的重要因素。

### 1.1.5.1 人口

我国历史上人口的起伏变化，与政治是否稳定、经济是否发展关系密切，其中自然灾害特别是水旱灾害也是一个重要因素。华北平原历史上的人口变化，与全国情况大致相同。在宋以前，华北平原人口占全国人口总数的比例超过10%，明清以后则低于10%。随着人口的增长，人们为了争取生存空间，逐步向洪泛平原发展，从而增加了洪水灾害。当干旱缺水时，农业减产甚至绝收，则发生干旱灾害。历史上，华北平原人口比较多，生产也比较发达，因此，频繁的水旱灾害对国家经济和社会发展的影响甚大。

1949年中华人民共和国成立以来，除1960年外，我国人口一直处于持续上升阶段。华北平原（海河平原）1949年总人口为3592万人，2010年为8751万人，约为1949年人口的2.44倍。华北平原总人口数一直保持全国总人口的6.6%左右。人口增加，使人均水资源量随之降低，如1949年人均水资源量为480$m^3$，2010年降至206$m^3$，加剧了水资源的供求矛盾。粮食的需求随着人口的增加而增加，但是这样会导致荒地的开垦率上升，农田水利化程度增加，耕地面积扩大，供水量增加，造成山区水土流失和水资源过度开发等环境问题。华北平原的人口密度极高，而平原地区又是洪水威胁最严重的地域，因此区域内的洪涝灾害的损失甚大。

### 1.1.5.2 农业

华北平原是三大粮食生产基地之一，适合农作物生长，具有丰富的光热资源。中华人民共和国成立以后，华北平原的农业得到迅速恢复和发展。在"水利是农业的命脉"思想指导下，华北平原大力兴修防洪、灌溉设施，提高防洪抗旱能力。2010年农业总产值为4231亿元，耕地面积为14 824万亩[①]。主要粮食作物有小麦、大麦、玉米、高粱、水稻、豆类等，经济作物以棉花、油料、麻类、烟叶为主。区域内的农业生产对灌溉的依赖性相当大，如对干旱特别敏感，干旱年受水源的限制，灌溉面积大幅度减少，农业减产甚多。同时洪涝灾害对区域内的农业生产的影响也相当大。在大旱大涝之年，粮食大幅度减产，受灾人口数以百万计。总之，农业生产从1949年以来增幅甚大，但波动起伏，不太稳定。

---

① 1亩≈666.7$m^2$。

### 1.1.5.3 工业

华北平原矿藏储量十分丰富，已探明的种类有 90 多种，占全国已知资源的 64%，很多资源（如煤炭、石油、铁、铜、铝、金、铅、石膏）的蕴藏量在全国都排在前列，尤其以石油和煤炭储量最多，仅煤炭就占全国煤炭总储量的半数，石油的储量也接近 40 亿 t，河北省的矿产资源丰富，沿海的盐业和渔业资源也较丰富。华北平原在历史上以冶铁业、制盐业、陶瓷业和纺织业著名，近代工业主要集中在北京、天津、唐山、邯郸、安阳、新乡等大中城市，城市供水以地下水为主，城市供水受干旱的影响不大，但农产品加工工业则因农业受旱减产而受到影响。洪水灾害对城市工业的影响十分严重，如 1939 年大水，天津大部受淹水深 1～3m，损失达 6 亿元。

中华人民共和国成立以来，华北平原的工业得到了长足的发展，并走上了健康快速发展的道路，建立了完善的产业体系。作为我国的工业基地和高新技术产业基地，华北平原工业在国民经济发展中具有重要的战略地位。不仅工业种类多，而且技术含量高。冶金、电力、化工、机械、电子、煤炭等主要产业已形成以京津唐铁路、京广铁路、京沪铁路沿线城市为中心的工业生产布局。20 世纪 90 年代以来，以电子信息、生物技术、新能源、新材料为代表的高新技术产业迅速发展，在区域经济中发挥了重要的作用。2010 年高新技术产业产值占区域工业生产总值的 10% 左右，其中京津两地占比超过 20%，形成了北京中关村、天津开发区等高新技术产业基地。陆海空交通便利，有以北京为中心枢纽辐射的京广、京山、京九、津浦、京原等铁路干线；天津、秦皇岛以及唐山、黄骅为重要海港，建成了以京津、京沪、京深、京沈高速公路为骨干的公路网。2010 年区域工业生产总值为 61 595 亿元，人均国内生产总值（gross domestic product，GDP）为 7.04 万元，是全国平均水平的 1.35 倍。华北平原具有发展经济所必需的技术、人才、资源、地理等优势。

城市人口的骤增和工业的快速发展使供水与防洪的任务加重。城市的干旱缺水和洪水泛滥造成的损失无疑是巨大的。而乡镇企业的突飞猛进和高度分散，给农村供水和防洪带来新的问题。海河平原乡镇企业用水量的增加，必然使早已紧张的水供求关系更加尖锐。此外，工业废水和生活污水对水环境的危害也日益加重。这些问题都是经济发展进程中出现的问题，只要国家和社会高度重视，是可以解决的。

### 1.1.5.4 人类活动的影响

**（1）蓄滞洪区人口增多，经济开发加大了洪灾损失**

1963 年大水以前，蓄滞洪区基本都属于低洼盐碱涝地，被称为"不毛之地"。1963 年大水以后，几十年未来大水，再加上缺乏管理，各河洼地人口大量增加，耕地已变为高产农田，工副业发展也很快。现在区域内 26 个蓄滞洪区的总人口已达 470.78 万人，固定资产 577.61 亿元，国内生产总值为 384.86 亿元。一旦分滞洪水，其损失是相当大的，因此给蓄滞洪区的运用增加了不少困难。

**（2）工矿企业与水争地，交通建设切断河道流路，加大了洪水灾害**

多年来，不少工矿企业建设挤占河滩，堵塞河道，人为设障，侵占洪涝水滞留地或行洪区,影响河道的行洪、滞洪能力,加大了洪水灾害。目前居住在滩地的新老居民有 30 万人,需要拆迁。近年来修建的铁路、公路中有不少穿过骨干河道和蓄滞洪区,虽然修建了一些过水涵洞和跨河桥梁,但多数与排洪排涝设计标准相差甚大,遇到设计标准的洪水时就会发生洪灾。有些铁路、公路没有安排超标准洪水出路,也不符合防洪要求。

**(3) 城市规模的扩大和水文因素的变化,使洪灾损失的风险增大**

城市是人口和工商业聚集之地。城市的热岛效应会增加暴雨出现的频率,并增大暴雨强度。而地面硬化,又会增加径流系数,加快汇流速度。特别是城市面积的不断扩大,目前市区范围已远远超出原来防洪设施的保护范围。以上这些因素使一些城市防御洪涝水的能力降低,洪灾损失的风险也相应增大。

**(4) 人类活动的影响加剧,导致区域内水资源量明显减少**

20 世纪 80 年代以来,人类活动越发开始影响环境,引起区域内水文下垫面的重大变化,因此改变了降水径流关系,如与 50 年代相同的降水,80 年代所产生的地表径流明显减少。据 2004 年水利部海河水利委员会编制的《海河流域水资源规划》,将 1956 ~ 1979 年天然径流系列延长到 2000 年,并以现状下垫面条件做一致性修正,得到 1956 ~ 2000 年新的径流系列,与 1956 ~ 1979 年系列相比,新系列的地表水资源量减少 25%,地下水资源量减少 12.6%,年平均降水量减少 4.5%,水资源总量减少 12%。

# 1.2　华北平原旱涝灾害及特征分析

## 1.2.1　历史旱涝灾害的基本资料及灾害等级划分

### 1.2.1.1　资料来源

前人对华北平原历史水旱灾害的研究成果颇丰,为本研究提供了充足的资料基础,尤其是《海河流域历代自然灾害史料》(以下简称《史料》)更适于华北平原,其特点如下。

1)《史料》研究的范围为海河流域(包括海河水系、滦河水系和徒骇马颊河水系),分为山区部分和平原部分,而本研究的区域范围为华北平原,与海河流域的平原部分完全一致。海河流域水资源分区示意图如图 1-5 所示。其中平原山区分界线以东、以南地区为本研究的区域范围。

2)《史料》是在分析了大量历史文献的基础上取得的成果。《史料》所采用的资料包括:①地方志类省(自治区、直辖市)的道志、州志、府志、县志的各种版本共计 211 种。②史书类《史记》《汉书》《明史》等 15 种。③近代年表类《中国历代天灾人祸表》《中国历代救荒大事年表》《清代海河滦河流域洪涝档案史料》《华北、东北近五百年旱涝史料》4 种。④1920 年以后区域内所记录降水资料。从以上所列可见,《史料》所依据的材料是比较全面的,其成果的可信度是较高的。

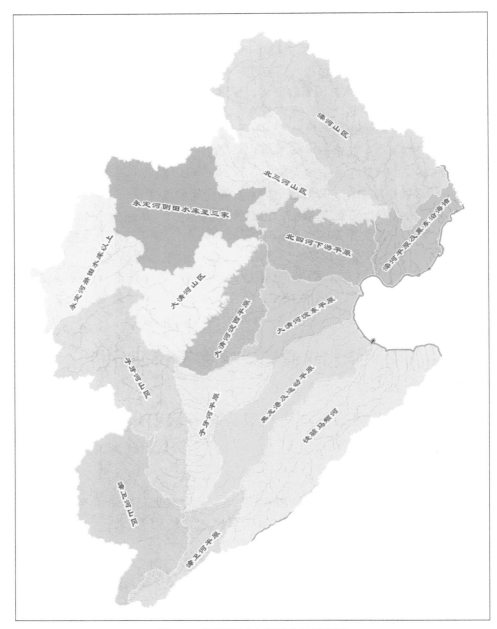

图 1-5　海河流域水资源分区示意图

### 1.2.1.2　等级划分的有关情况和若干原则

《史料》整理了公元前 781 年（周幽王元年）至 1980 年的自然灾害资料（包括水旱灾害资料），其中公元前 781 年至公元 959 年的 1700 多年，逐年摘录历史文献中有关水旱灾害的记述情况，但未进行分析、归纳。公元 960 年（北宋建隆元年）起至 1980 年，除汇刊历史文献中有关灾害的情况外，还分区评定出其水旱灾害的等级，达到了相对的量化。全区域共分 13 个区，采用现代地区的名称，分别是北京、天津、唐山、沧州、衡水、保定、石家庄、邢台、邯郸、安阳、新乡、德州、聊城。其中北京区包括北京市所辖各区，天津区包括天津市和廊坊市所辖各县市区，唐山区包括唐山市和秦皇岛市所辖各县市区，其余各区均大体指原地区所辖范围。《史料》将灾害等级分五级（涝、偏涝、正常、偏旱、旱）。本研究基本上采用《史料》提供的部分成果，除了将研究年份延长至 2010 年外，分级名称也略有改变（水利部海河水利委员会，2009）：

1 级——大水灾年。降水持续时间长，强度大，水灾严重。

2 级——水灾年。单月、单季成灾，但灾情不甚严重。

3 级——正常年。年成丰稔，无大水大旱。

4 级——旱灾年。单月、单季干旱成灾，但灾情不甚严重。

5 级——大旱灾年。持续数月或跨季度干旱成灾，也有全年或跨年度旱灾者，灾情严重。

在具体确定某区某年的灾害级别时还考虑如下内容。

1）若一年中出现"春旱秋涝"，这一年评为水灾，若出现"夏旱秋涝"则评为旱灾，总之一个区一年中只评出一个代表性灾情，这个代表性灾情以夏秋的灾情为依据。

2）由于各个地区的地理特点不同，对沿海地带的"海溢""潮溢"等本研究未统计（另有"风暴潮灾害"专题研究）；同时也有一些地区未将河网低洼处的"河决"评为"水灾"。对张家口等较干旱地区，把大水年、大雨雹均评为 2 级。

3）各区在历史文献中无水旱灾情记载的年份，连续不超过 3 年的视为无水旱灾情发生，评为 3 级（有条件的也可参照邻近区发生灾情的情况评定），连续 3 年以上无记载又无资料可参照的，按记载缺失考虑，不定灾害级别。

1920 年以后，区域内逐渐积累了降水量资料，《史料》充分利用这些资料进行水旱灾情的评级。为了使依据历史文献和依据雨量所得的水旱等级频率相接近，一般采用站点所在地的 5~9 月降水量按以下标准评定：1 级，$\Delta R > 50\%$；2 级，$20\% \leq \Delta R \leq 50\%$；3 级，$-20\% \leq \Delta R < 20\%$；4 级，$-50\% \leq \Delta R < -20\%$；5 级，$\Delta R < -50\%$。$\Delta R$ 表示降水量距平百分率。

实际上，1920~1948 年区域内的雨量站并不多，不足以评定 13 个区的水旱灾害级别，只能通过降水量资料与历史文献的定性灾情记载相结合来评定各区各年的灾情级别。本研究只采用 1948 年以前《史料》中的分区灾害定级资料作为分析的对象，1949 年以后的水旱情况将作为"当代水旱灾情"另进行分析。

一个流域，洪水和沥涝的灾害往往同时发生，要将洪灾和涝灾分开，一般都需要进行若干分析和整理。1948 年以前的历史文献资料限于条件，无法进行洪灾、涝灾的划分，因此，统称历史上因水大的成灾情况为"水灾"，比用"涝"的称谓更为确当。

限于条件，无降水量、成灾农田面积等定量资料，仅能依据文献上记载的灾害情况对流域历史的水旱灾情进行分析，这是各家通用的做法，也是唯一可行的做法。为了揭示灾情程度，将某一种灾害划分等级，也是十分必要的。考虑到中华人民共和国成立前的四五百年中区域内的经济社会情况虽不断在变化，但从大范围来看，当时人类改变自然与天灾做斗争的水平并不是很高,一个地区水旱灾情的严重程度主要还是由降水量的大小决定,即降水量特大会造成大水灾,降水量特小会造成大旱灾。因此,把水旱灾分5级的做法与当时的实际情况比较接近。

## 1.2.2 历史水旱灾害的特性

有关水旱灾害的记载可追溯到大禹治水时代,但记载过于简略。明清以来,特别是1469年以后,华北平原内分地区的水旱灾害记载较连续,且灾情记叙详略程度大致具备可比性。本研究采用《史料》1469～1948年(480年)水旱灾资料作为历史水旱灾特性分析的依据。

### 1.2.2.1 历史水旱灾害的频次

1469～1948年有105年出现水灾,平均5年一遇。其中特大水灾共发生14次,即1569年、1607年、1652年、1653年、1654年、1668年、1794年、1801年、1822年、1823年、1871年、1890年、1917年、1939年,平均34年一遇。

1469～1948年有104年出现旱灾,平均5年一遇。其中特大旱灾共发生11次,即1560年、1601年、1638年、1639年、1640年、1641年、1689年、1743年、1877年、1900年、1920年,平均44年一遇。

1469～1948年正常年共271年,平均约1.8年一遇。1469～1948年各时期水旱灾害频次见表1-2和表1-3。

表1-2 华北平原1469～1948年分时期水旱灾害的频次

| 时期 | 起止年份 | 年数 | 水灾频次 | | | 旱灾频次 | | | 正常年频次 |
|---|---|---|---|---|---|---|---|---|---|
| | | | 大水灾 | 特大水灾 | 合计 | 大旱灾 | 特大旱灾 | 合计 | |
| 明代 | 1469～1643 | 175 | 30 | 2 | 32 | 43 | 6 | 49 | 94 |
| 清代 | 1644～1839 | 196 | 37 | 8 | 45 | 32 | 2 | 34 | 117 |
| | 1840～1911 | 72 | 21 | 2 | 23 | 10 | 2 | 12 | 37 |
| 民国 | 1912～1948 | 37 | 3 | 2 | 5 | 8 | 1 | 9 | 23 |
| 合计 | | 480 | 91 | 14 | 105 | 93 | 11 | 104 | 271 |
| 频率/% | | | 19.0 | 2.9 | 21.9 | 19.4 | 2.3 | 21.7 | 56.4 |

表1-3 华北平原1469～1948年分世纪水旱灾害的频次

| 起止年份 | 年数 | 水灾频次 | | | 旱灾频次 | | |
|---|---|---|---|---|---|---|---|
| | | 大水灾 | 特大水灾 | 合计 | 大旱灾 | 特大旱灾 | 合计 |
| 1469～1499 | 31 | 4 | 0 | 4 | 7 | 0 | 7 |
| 1500～1599 | 100 | 21 | 1 | 22 | 20 | 1 | 21 |
| 1600～1699 | 100 | 10 | 5 | 15 | 24 | 6 | 30 |

续表

| 起止年份 | 年数 | 水灾频次 | | | 旱灾频次 | | |
|---|---|---|---|---|---|---|---|
| | | 大水灾 | 特大水灾 | 合计 | 大旱灾 | 特大旱灾 | 合计 |
| 1700～1799 | 100 | 26 | 1 | 27 | 13 | 1 | 14 |
| 1800～1899 | 100 | 27 | 5 | 32 | 20 | 1 | 21 |
| 1900～1948 | 49 | 3 | 2 | 5 | 9 | 2 | 11 |
| 合计 | 480 | 91 | 14 | 105 | 93 | 11 | 104 |

由表 1-2 可见，水灾发生频次以清代为高，特别是 1840～1911 年，发生水灾次数和频率分别为 23 次和 32%；民国和明代旱灾发生的频率较高，其频率为 24% 和 28%。

由表 1-3 可见，水灾发生频次以 1800～1899 年为高，频率为 32%；旱灾以 1600～1699 年为高，频率为 30%。

根据表 1-2 和表 1-3 的内容，华北平原历史水旱灾害发生的规律可归纳为"5 年内有 1 年水灾，1 年旱灾，3 年正常"，这符合区域实际情况。华北平原水旱灾害平均发生频率的分布呈"正态型"，关于这种情况，有以下两点说明。

第一，这是一种大范围（13 个区）的平均结果，具体到每个分区，统计资料会显示其本身的特点，如天津区的降水量并不比其他区大很多，但地处九河下梢，全海河水系的大水都会在此有所反映，因此这个区各级水灾发生的频率达 44%（其中特大水灾频率为 11.5%），各级旱灾发生的频率为 21%（其中特大旱灾年为 4.2%）。

第二，各地区历年灾害情况按一年中夏（秋）季的主要灾害而定出其一年内的"代表性灾害"，而华北平原的气候以春旱为主。以北京地区为例，在 480 年中，有 156 年夏秋水涝（评为 2 级），但其中有 49 年为"春旱夏（秋）水涝"年，占 31%。历史上所谓的"春旱"是以当时夏收普遍低产为前提的，若小麦的产量提高，其春旱的发生概率将会更大。

### 1.2.2.2  历史水旱灾害的连续性

由表 1-4 可见，连续 7 年的一次区域性水灾为 1892～1898 年，连续 4 年的一次区域性水灾为 1569～1572 年。连续 3 年和连续 2 年的区域性水灾分别为 7 次和 11 次。连续 7 年的一次区域性旱灾为 1637～1643 年，连续 4 年的一次区域性旱灾为 1875～1878 年。连续三年的区域性旱灾为 8 次，连续两年的区域性旱灾为 13 次。水灾和旱灾连续发生的总年数占全部水灾和旱灾总年数的 51.4% 和 58.7%。

表 1-4  华北平原 1469～1948 年水旱灾害的连续性

| 灾别 | 区域 | 灾害连续发生的年数 | | | | | | | 总年数 | 连续灾害的总年数 |
|---|---|---|---|---|---|---|---|---|---|---|
| | | 1 | 2 | 3 | 4 | 5 | 6 | 7 | | |
| 水灾 | 全区域 | 51 | 22 | 21 | 4 | 0 | 0 | 7 | 105 | 54 |
| 旱灾 | 全区域 | 43 | 26 | 24 | 4 | 0 | 0 | 7 | 104 | 61 |

各区最长连续发生水灾和最长连续旱灾的年数见表 1-5，其中水灾连续最长的是天津，长达 17 年（1882～1898 年）；旱灾连续最长的是新乡，为 10 年。

表 1-5　华北平原各区发生最长连续水灾、旱灾年数统计

| 区名 | 最长连续水灾年数 | 最长连续旱灾年数 | 最长水灾、旱灾连续年比较 | 区名 | 最长连续水灾年数 | 最长连续旱灾年数 | 最长水灾、旱灾连续年比较 |
|---|---|---|---|---|---|---|---|
| 天津 | 17 | 7 | 水>旱 | 邢台 | 8 | 8 | 水=旱 |
| 沧州 | 11 | 7 | | 石家庄 | 7 | 7 | |
| 德州 | 9 | 8 | | 北京 | 6 | 7 | 水<旱 |
| 唐山 | 9 | 5 | | 保定 | 6 | 9 | |
| 安阳 | 9 | 7 | | 邯郸 | 7 | 8 | |
| 衡水 | 8 | 6 | | 新乡 | 5 | 10 | |
| 聊城 | 7 | 5 | | | | | |

### 1.2.2.3　历史水旱灾害的空间分布

13 个区的水灾年、旱灾年、正常年的发生频率见表 1-6，可以看出，历史水灾发生频率的分布规律是天津最大，新乡最小，历史旱灾发生频率的分布规律是南部大于北部，天津、唐山最小，德州最大。

表 1-6　华北平原各分区水灾年、旱灾年、正常年发生频率统计

| 区名 | 资料年数 | 水灾年发生频率/% | 正常年发生频率/% | 旱灾年发生频率/% | 区名 | 资料年数 | 水灾年发生频率/% | 正常年发生频率/% | 旱灾年发生频率/% |
|---|---|---|---|---|---|---|---|---|---|
| 唐山 | 480 | 19 | 71 | 10 | 保定 | 480 | 17 | 67 | 16 |
| 天津 | 480 | 22 | 68 | 10 | 石家庄 | 480 | 15 | 68 | 17 |
| 沧州 | 480 | 19 | 65 | 16 | 邢台 | 399 | 15 | 65 | 20 |
| 德州 | 480 | 18 | 57 | 25 | 邯郸 | 480 | 19 | 60 | 21 |
| 聊城 | 348 | 19 | 59 | 22 | 安阳 | 461 | 15 | 69 | 16 |
| 衡水 | 378 | 18 | 62 | 20 | 新乡 | 340 | 14 | 66 | 20 |
| 北京 | 480 | 17 | 68 | 15 | | | | | |

### 1.2.2.4　历史旱涝南北地区遭遇规律

海河、滦河水旱灾害的遭遇规律问题，滦河的历史水旱灾资料过少、代表性不强，故未进行分析，仅对海河水系南部与北部（即北四河区）的水旱灾害遭遇规律进行初步

分析。

以保定、石家庄、邢台、邯郸、安阳、新乡 6 个区的水旱灾害分级资料平均求得华北平原南部地区的水旱灾害系列（按 5 级灾情分级，平均值四舍五入定区域平均级），这一地区代表海河水系南三河主要暴雨区，即主要产洪区；以北京、唐山 2 个区的水旱灾害分级资料平均求得北四河区的水旱灾害系列。两个代表区发生 1 级大水灾年和 5 级大旱灾年的结果见表 1-7。

**表 1-7    海河水系南北两个代表区大水灾年、大旱灾年发生情况统计**

| 年份 | 南部地区 | 北四河区 | 年份 | 南部地区 | 北四河区 | 年份 | 南部地区 | 北四河区 |
|------|---------|---------|------|---------|---------|------|---------|---------|
| 1472 |   | 5 | 1638 |   | 5 | 1817 |   | 5 |
| 1482 | 1 |   | 1639 | 5 |   | 1822 | 1 |   |
| 1484 | 5 |   | 1640 | 5 | 5 | 1823 | 1 |   |
| 1501 | 1 |   | 1641 | 5 | 5 | 1847 | 5 |   |
| 1517 | 1 |   | 1643 |   | 5 | 1853 | 1 |   |
| 1528 | 5 |   | 1648 | 1 |   | 1871 |   | 1 |
| 1529 | 5 |   | 1653 | 1 |   | 1872 |   | 1 |
| 1559 |   | 1 | 1654 | 1 |   | 1877 | 5 | 5 |
| 1560 | 5 |   | 1668 | 1 |   | 1883 | 1 | 1 |
| 1561 |   | 5 | 1689 | 5 | 5 | 1890 | 1 |   |
| 1569 | 1 |   | 1721 | 5 |   | 1894 |   | 1 |
| 1586 | 5 |   | 1725 |   | 1 | 1900 |   | 5 |
| 1587 | 5 | 5 | 1743 | 5 |   | 1917 | 1 | 1 |
| 1601 | 5 | 5 | 1745 |   | 5 | 1920 | 5 |   |
| 1607 | 1 | 1 | 1761 | 1 |   | 1924 |   | 1 |
| 1609 |   | 5 | 1792 | 5 |   | 1939 | 1 | 1 |
| 1620 |   | 5 | 1794 | 1 |   |   |   |   |
| 1526 | 1 |   | 1801 | 1 | 1 |   |   |   |

1）南部地区发生大水灾 21 年，大旱灾 17 年；北四河区发生大水灾 10 年，大旱灾 15 年。南部地区大水灾年、大旱灾年发生的概率都比北四河区大，南部地区的水灾多于旱灾，北四河区则相反，旱灾多于水灾。

2）南部地区和北四河区同时发生大水灾的有 5 年，频率约为 1.0%，即百年一遇；同时发生大旱灾的有 6 年，频率约为 1.3%，即 80 年一遇。

3）南部地区为大水灾（1 级），北四河区为水灾（2 级），共发生 12 年，频率约为

2.5%，约合 40 年一遇；北四河区为大水灾（1 级），南部地区为水灾（2 级），共发生 4 年，频率约为 0.8%，约合 125 年一遇。

4）南部地区为大旱灾（5 级），北四河区为旱灾（4 级），共发生 11 年，频率约为 2.3%，约合 43.6 年一遇；北四河区为大旱灾（5 级），南部地区为旱灾（4 级），共发生 8 年，频率约为 1.7%，约合 60 年一遇。

5）南部地区和北四河区发生的 2 级水灾年、3 级正常年和 4 级旱灾年有各种遭遇情况，算法比较繁琐，未一一进行分析，这些情况在 480 年中共发生 428 次，频率约为 89.2%，约合 1.1 年一遇。

总之，南部地区 1 级与北四河区 2 级、南部地区 5 级与北四河区 4 级遭遇较多，各为 40 年一遇和 42.5 年一遇，南部地区和北四河区同时发生大水灾或大旱灾的遭遇各为 100 年一遇和 80 年一遇。

### 1.2.2.5 历史水旱灾害的严重性

在《中外历史年表》《中国历史大事编年》《清史编年》《海河流域历代自然灾害史料》等资料中，对华北平原历史上发生的特大水旱灾年均有记述。

**（1）特大水灾年**

清康熙七年（1668 年），华北平原普降特大暴雨，子牙河、大清河、永定河、潮白河、北运河无一例外都发生了洪水，堤坝的决口开裂导致洪水满溢，华北平原整片区域都处于洪水之中，田地无论其地势高低都受到了不同程度的涝灾，影响范围之广，可达 130 余个州县。

清嘉庆六年（1801 年），是海河流域有历史记载以来最严重的一次水灾，直隶（今河北）被灾者达九十余州县，"邢台、怀来、宁津大雨数昼夜，坏庐舍；清苑、新乐淫雨四十余日"。

清光绪二十一年（1895 年），雨区分布全区域，漳卫河、子牙河、大清河、永定河、蓟运河和滦河有大水，天津、沧州、石家庄受大灾，衡水、保定、安阳、德州、聊城受灾。受灾州县 60 余个。

民国二十八年（1939 年），全流域性的大洪水在海河流域暴发，不仅河北全省遭到水灾，山东西部和河南北部也都受到不同程度的灾害，甚至也影响到天津，其受淹面积达全境的 80%。《申报》以醒目标题报道了水灾的严重性——"冀鲁豫等地，几成一片泽国，八十年来仅见之灾情，无家可归者数百万人"。

**（2）特大旱灾年**

区域内发生过的特大旱灾都是全区域性的。例如，1637～1643 年（明崇祯十至十六年）连续 7 年大旱，其中 1638～1641 年为特大旱灾年，遍及整个华北平原。其范围之广、历时之长、灾情之重，亘古罕见。各州府县志均有记载："累岁奇荒，山焦水竭，草死木枯"。有 101 个州县记载着人食人的惨况。由于旱灾连年，民不聊生，百姓纷纷揭竿起义，反抗昏君，从而加速了明皇朝的覆灭。华北平原 480 年间发生的 11 个特大旱灾年分区出现的旱灾情况见表 1-8。

表1-8　华北平原历史特大旱灾年

| 年份 | 北京 | 天津 | 唐山 | 沧州 | 衡水 | 保定 | 石家庄 | 邢台 | 邯郸 | 安阳 | 新乡 | 德州 | 聊城 | 区数 | | |
|---|---|---|---|---|---|---|---|---|---|---|---|---|---|---|---|---|
| | | | | | | | | | | | | | | 合计 | 5级 | 百分比/% |
| 1560（明嘉靖三十九年） | ● | ● | ○ | ● | ● | ● | ● | ● | ● | ● | ○ | ● | ● | 13 | 11 | 84.6 |
| 1601（明万历二十九年） | ● | ● | ● | ● | ● | ● | ● | ● | ○ | ○ | ○ | ● | ● | 13 | 10 | 76.9 |
| 1638（明崇祯十一年） | ○ | | | | | ● | ● | ○ | ● | ● | ○ | ○ | | 8 | 4 | 50.0 |
| 1639（明崇祯十二年） | ● | ● | ○ | ● | ● | ● | ● | ● | ● | ● | ● | ● | ● | 13 | 12 | 92.3 |
| 1640（明崇祯十三年） | ● | ● | ● | ● | ● | ● | ● | ● | ● | ● | ● | ● | ● | 13 | 13 | 100.0 |
| 1641（明崇祯十四年） | ● | ● | ● | ● | ● | ● | ● | ● | ● | ● | ● | ● | ● | 13 | 13 | 100.0 |
| 1689（清康熙二十八年） | ○ | ● | ○ | ● | ● | ● | ● | ● | ● | ● | ● | ● | ● | 13 | 11 | 84.6 |
| 1743（清乾隆八年） | ● | ● | ● | ● | ● | ● | ● | ● | ● | ● | ● | ● | ● | 13 | 13 | 100.0 |
| 1877（清光绪三年） | ○ | | | ● | ● | ● | ● | ● | ● | ● | | ● | ○ | 10 | 8 | 80.0 |
| 1900（清光绪二十六年） | ● | ● | ○ | ○ | ○ | ○ | ● | ● | ● | ○ | ○ | ● | | 12 | | 50.0 |
| 1920（民国九年） | ● | ● | ● | ● | ● | ● | ● | ● | ● | ● | ○ | ● | ○ | 13 | 11 | 84.6 |

注：表中○代表4级干旱；●代表5级干旱。

由表1-8可见，特大旱灾年发生4级、5级旱灾的区数都占全部有资料区数的100%，发生5级的区数占全部有资料区数的50%以上，其中以1640～1641年（明崇祯十三年至十四年）、1743年（清乾隆八年）最重，有资料记载的13个区全部为5级旱灾年，占100%。

**（3）华北平原是我国历史水旱灾害严重的地区**

公元前历史水旱灾害资料较少，缺乏代表性，故只选用公元以来的有关资料分析历史水灾和旱灾在全国的分布，见表1-9和表1-10。

表1-9　中国历史水灾统计　　　　　　　　（单位：次）

| 省（自治区、直辖市） | 1世纪 | 2世纪 | 3世纪 | 4世纪 | 5世纪 | 6世纪 | 7世纪 | 8世纪 | 9世纪 | 10世纪 | 11世纪 | 12世纪 | 13世纪 | 14世纪 | 15世纪 | 16世纪 | 17世纪 | 18世纪 | 19世纪 | 共计 |
|---|---|---|---|---|---|---|---|---|---|---|---|---|---|---|---|---|---|---|---|---|
| 黑龙江 | | | | | | | | | | | | | | | 1 | 1 | 1 | 11 | 5 | 19 |
| 吉林 | | | | | | | | | | | | | | | | | | 7 | 8 | 15 |
| 辽宁 | | | | | | | 1 | 1 | | | | | | | | | 14 | 10 | | 30 |
| 内蒙古 | | | | | | | | | | | | | 3 | | | 1 | 1 | 1 | 1 | 7 |
| 河北 | | 2 | 2 | | | | 2 | 2 | 2 | 5 | 9 | 4 | 7 | 18 | 3 | 1 | 24 | 31 | 52 | 164 |
| 山东 | | 3 | 2 | 1 | 2 | 1 | 1 | 1 | | 3 | 8 | 4 | 2 | 17 | 2 | 2 | 14 | 20 | 35 | 118 |
| 河南 | 2 | 10 | 7 | 1 | 1 | | 3 | 5 | 1 | 15 | 19 | 5 | 26 | 3 | | | 14 | 19 | 31 | 173 |

续表

| 省（自治区、直辖市） | 1世纪 | 2世纪 | 3世纪 | 4世纪 | 5世纪 | 6世纪 | 7世纪 | 8世纪 | 9世纪 | 10世纪 | 11世纪 | 12世纪 | 13世纪 | 14世纪 | 15世纪 | 16世纪 | 17世纪 | 18世纪 | 19世纪 | 共计 |
|---|---|---|---|---|---|---|---|---|---|---|---|---|---|---|---|---|---|---|---|---|
| 山西 |  | 1 |  |  | 1 |  | 1 | 1 | 1 | 4 |  | 1 | 3 | 5 | 12 | 6 | 2 |  | 24 | 62 |
| 陕西 |  | 2 | 1 |  | 1 | 4 | 13 | 8 |  | 1 | 3 | 4 | 3 | 3 |  | 6 | 9 | 5 | 14 | 77 |
| 甘肃 |  | 1 | 1 |  |  |  |  |  |  | 3 |  | 3 |  | 5 |  |  | 1 | 2 | 17 | 33 |
| 江苏 |  |  | 1 | 1 | 10 |  | 1 |  | 2 | 3 |  | 13 | 2 | 3 | 3 | 2 | 28 | 37 | 41 | 151 |
| 安徽 |  | 2 | 1 | 1 |  |  | 1 | 1 |  | 4 | 4 | 6 | 3 | 4 |  |  | 15 | 31 | 42 | 115 |
| 江西 |  |  |  |  |  |  | 1 |  | 1 |  |  | 3 | 8 | 2 |  | 1 | 19 | 8 | 28 | 75 |
| 湖北 |  | 3 | 2 |  |  |  | 1 |  | 2 |  | 5 | 2 | 4 |  |  | 2 | 13 | 14 | 36 | 84 |
| 湖南 |  | 3 |  | 1 |  |  |  |  |  |  | 3 |  |  | 4 |  | 2 | 10 | 7 | 33 | 63 |
| 四川 |  |  | 1 |  |  |  | 1 |  | 1 |  |  | 4 |  | 1 |  | 4 |  |  | 5 | 17 |
| 云南 |  |  |  |  |  |  |  |  |  |  |  |  |  | 3 | 12 | 4 | 2 |  | 4 | 25 |
| 贵州 |  |  |  |  |  |  |  |  |  |  |  |  |  |  |  |  |  |  | 5 | 5 |
| 浙江 |  |  |  |  | 2 |  | 1 |  | 2 |  | 2 | 18 | 10 | 5 | 3 | 4 | 13 | 16 | 27 | 103 |
| 福建 |  |  | 1 |  |  |  |  |  |  |  | 2 | 6 | 1 | 2 | 4 | 3 | 8 | 2 | 8 | 37 |
| 广东 |  |  |  |  |  |  |  |  |  | 1 |  |  | 1 | 1 | 1 | 3 | 1 | 7 | 9 | 24 |
| 广西 |  |  |  |  |  |  |  |  |  | 1 |  |  |  |  | 1 | 1 | 1 |  | 3 | 7 |
| 青海 |  |  |  |  |  |  |  |  |  |  |  |  |  |  |  |  |  |  |  |  |
| 新疆 |  |  |  |  |  |  |  |  |  |  |  |  |  |  |  |  |  | 1 | 5 | 6 |
| 西藏 |  |  |  |  |  |  |  |  |  |  |  |  |  |  |  |  |  |  |  |  |
| 合计 | 2 | 25 | 20 | 5 | 17 | 2 | 15 | 27 | 22 | 48 | 54 | 76 | 43 | 99 | 31 | 57 | 187 | 237 | 443 | 1410 |

注：本表摘自竺可桢《中国历史上气候之变迁》，并作若干补充。

表1-10　中国历史旱灾统计　　　　　　　　　　（单位：次）

| 省（自治区、直辖市） | 1世纪 | 2世纪 | 3世纪 | 4世纪 | 5世纪 | 6世纪 | 7世纪 | 8世纪 | 9世纪 | 10世纪 | 11世纪 | 12世纪 | 13世纪 | 14世纪 | 15世纪 | 16世纪 | 17世纪 | 18世纪 | 19世纪 | 共计 |
|---|---|---|---|---|---|---|---|---|---|---|---|---|---|---|---|---|---|---|---|---|
| 黑龙江 |  |  |  |  |  |  |  |  |  |  |  |  |  |  | 1 | 1 | 1 | 6 | 3 | 12 |
| 吉林 |  |  |  |  |  |  |  |  |  |  |  |  |  |  |  |  |  | 1 | 1 | 2 |
| 辽宁 |  |  |  |  |  |  |  |  |  |  |  |  |  |  | 1 | 7 | 1 | 4 | 2 | 15 |
| 内蒙古 |  |  |  |  |  |  |  |  |  |  |  |  | 3 |  | 1 |  | 4 | 13 | 3 | 24 |
| 河北 |  |  | 2 |  | 1 | 3 | 2 | 1 |  | 6 | 14 | 3 | 23 | 16 | 7 | 5 | 5 | 8 | 47 | 144 |
| 山东 | 1 |  | 1 | 1 |  |  | 5 | 1 | 3 | 5 | 2 | 4 | 8 | 6 | 5 | 4 | 2 | 8 | 30 | 86 |
| 河南 | 5 | 14 |  | 2 | 1 | 3 | 1 | 8 | 30 | 23 | 2 | 12 | 12 | 4 | 3 | 1 | 2 | 20 |  | 143 |
| 山西 |  | 1 | 1 | 1 |  | 1 | 4 | 1 | 5 | 5 | 1 | 1 | 12 | 10 | 7 | 8 | 13 | 3 | 12 | 86 |

续表

| 省（自治区、直辖市） | 1世纪 | 2世纪 | 3世纪 | 4世纪 | 5世纪 | 6世纪 | 7世纪 | 8世纪 | 9世纪 | 10世纪 | 11世纪 | 12世纪 | 13世纪 | 14世纪 | 15世纪 | 16世纪 | 17世纪 | 18世纪 | 19世纪 | 共计 |
|---|---|---|---|---|---|---|---|---|---|---|---|---|---|---|---|---|---|---|---|---|
| 陕西 | | 2 | | 1 | 4 | 5 | 5 | 3 | 8 | 8 | 6 | 6 | 9 | 7 | 9 | 4 | 1 | | 16 | 94 |
| 甘肃 | | | 1 | | | | 1 | | | | | 4 | | 5 | 1 | 1 | | 6 | 9 | 28 |
| 江苏 | | 1 | | 3 | 6 | 1 | 1 | 2 | 9 | 4 | 2 | 17 | 10 | 6 | 3 | 4 | 2 | 5 | 24 | 100 |
| 安徽 | | | | | | | 1 | 2 | 10 | 5 | 7 | 18 | 2 | 4 | 3 | 2 | 1 | 5 | 22 | 82 |
| 江西 | | | | | | | | 1 | 5 | 1 | 1 | 5 | 6 | 2 | 2 | 9 | 1 | | 12 | 45 |
| 湖北 | | | | | | | 2 | | 3 | 2 | 2 | 5 | 5 | 10 | 15 | 23 | 8 | 4 | 14 | 93 |
| 湖南 | | | | | | | | 1 | 4 | 2 | 2 | 7 | 2 | 5 | 9 | 4 | | | 11 | 47 |
| 四川 | | | 2 | | | | | 5 | | | 2 | 10 | 2 | 2 | 2 | | | 1 | | 30 |
| 云南 | | | | | | | | | | | | | | | 2 | 10 | 5 | | 1 | 18 |
| 贵州 | | | | | | | | | | | | | | | | 2 | 1 | | | 3 |
| 浙江 | | | | | | | | 1 | 8 | 2 | 4 | 19 | 7 | 6 | 14 | 22 | 12 | 8 | 15 | 118 |
| 福建 | | | | | | | | 1 | 3 | | | 6 | | 3 | 4 | 13 | 5 | | 14 | 49 |
| 广东 | | | | | | | | | | | | | 3 | 3 | 2 | 6 | | | 2 | 16 |
| 广西 | | | | | | | | | | 1 | | | 5 | | 2 | 7 | 3 | 1 | 4 | 23 |
| 青海 | | | | | | | | | | | | | | | | 2 | 3 | 1 | 1 | 7 |
| 新疆 | | | | | | | | | | | | | | | | | 3 | 2 | 5 | 10 |
| 西藏 | | | | | | | | | | | | | | | | | | 1 | | 1 |
| 合计 | 6 | 16 | 8 | 7 | 9 | 8 | 24 | 24 | 62 | 71 | 68 | 107 | 109 | 105 | 92 | 144 | 75 | 85 | 256 | 1276 |

注：本表摘自竺可桢《中国历史上气候之变迁》，并作若干补充。

由表 1-9 可见以下几点：

1）在 1900 年中，共发生水灾 1410 次，平均 1.3 年一遇。在 1410 次水灾中，19 世纪发生最多，为 443 次，占总次数的 31%，其次是 18 世纪和 17 世纪，分别发生了 237 次和 187 次，占总次数的 17% 和 13%。

2）在水灾频发的地区分布中，河南最多，为 173 次；河北其次，为 164 次；再次为江苏 151 次，山东 118 次，安徽 115 次，浙江 103 次。

由表 1-10 可见以下几点：

1）在 1900 年中，共发生旱灾 1276 次，平均 1.5 年一遇。在 1276 次旱灾中，19 世纪发生最多，为 256 次，占总次数的 20%，其次是 16 世纪，发生了 144 次，占总次数的 11%。

2）在旱灾频发的地区分布中，河北最多，为 144 次；河南其次，为 143 次；再次为浙江 118 次，江苏 100 次。

从表 1-9 和表 1-10 能够清楚看到，就全国的水旱灾情而言，最严重的是河北、河南，江苏、浙江、山东、安徽次之。而在上述这些地区中，南北两方各占三个省，其中北方所属的河南、河北、山东或全部或部分都属华北平原。所以，华北平原是我国历史水旱灾害较严重的地区。

### 1.2.2.6 历史水旱灾害的准周期性

为了探求历史水旱灾害的转化规律，随着科学手段的进步和发展，对旱涝周期的计算和对突变点的检测已然成为研究的重要方式。卢路等（2011a）采用小波分析法、指数分析法和 Mann-Kendall 法等，基于海河流域 540 年的历史旱涝等级资料，对华北平原水旱发生周期和突变点进行了计算分析。小波分析结果如图 1-6 所示，从图中可以看出华北平原的水旱灾害在历史上 8～10 年、23 年、37 年和 47 年左右的主导周期比较显著，其中 37 年的主导周期在整个系列中最为明显。

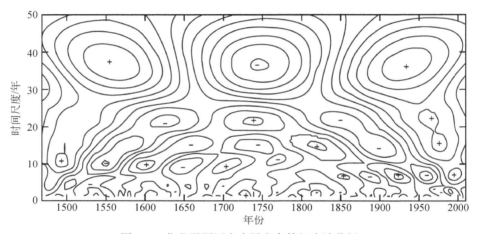

图 1-6　华北平原历史水旱灾害等级小波分析

将 540 年水旱丰枯序列进行多尺度时间窗口分析，从图 1-7 中可以清楚地看出不同时间尺度下区域水旱转化的频率和时期，这可对区域在不同时期的丰枯情况有总体认识。从

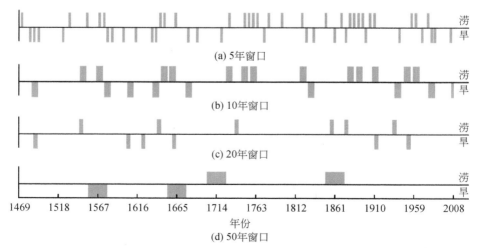

图 1-7　华北平原 5 年、10 年、20 年、50 年窗口旱年代与涝年代

图1-7中也可以看出华北平原在17~18世纪经历了旱型—涝型的转变，在图1-7（c）和图1-7（d）中尤为明显。

为了验证华北平原是在17~18世纪发生的转型及突变点，采用Mann-Kendall法来验证，在给定显著性水平条件下，作UF-UB曲线（图1-8）。由UF曲线可见，自17世纪90年代以来，特别是在18世纪中叶后其值皆为负数，且区域平均水旱序列呈现出显著的下降趋势，证明区域水旱序列一直在持续向偏涝的方向转变，但这种下降趋势没有超过显著性水平0.05的临界线，说明从旱型至涝型转变的过程不是十分显著，而是渐进式的转变。根据UF和UB曲线的交点位置，确定流域水旱序列转变是从1696年开始的。

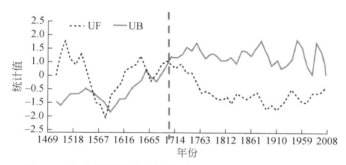

图1-8　华北平原平均水旱序列Mann-Kendall统计量曲线

## 1.2.3　当代水旱灾害

1949年中华人民共和国成立后，华北平原各族人民首先恢复旧社会遗留的残破堤防，并相继开展大规模水利建设。通过兴建水库，扩宽河道，整治蓄滞洪区，发展农田灌溉，建设城市供水工程，逐步推进防洪减灾体系和水资源保障体系建设，以增强防洪抗旱能力。在发生洪涝和干旱时，科学调度，奋力抢救，充分发挥水利设施的作用，使水旱灾害损失降至最低程度。但是水旱灾害造成的损失仍相当大，对社会经济发展的威胁依然严重。本节将阐述华北平原当代的旱涝交替情况及水旱灾害的特征。

### 1.2.3.1　当代降水量丰枯变化及旱涝交替

对华北平原1952~2009年降水量进行统计，见表1-11，并以年代为统计时段计算出各年代降水量平均值，如图1-9所示。由图1-9和表1-11可知，1952~1959年为丰水期，年均降水量613.0mm，为多年（1952~2009年）平均降水量532.4mm的1.15倍；1960~1969年为偏丰期，年均降水量561.1mm，为多年平均降水量的1.05倍；1970~1979年为平水期，年均降水量548.9mm，与多年平均降水量相差很小；1980~1989年为枯水期，年均降水量483.1mm，为多年平均降水量的91%；1990~1999年为偏枯期，年均降水量517.7mm，为多年平均降水量的97%；2000~2009年为枯水期，年均降水量486.6mm，为多年平均降水量的91%。

表 1-11　华北平原 1952～2009 年降水量统计

| 年份 | 降水量/mm | 年份 | 降水量/mm | 年份 | 降水量/mm | 年份 | 降水量/mm | 年份 | 降水量/mm | 年份 | 降水量/mm |
|---|---|---|---|---|---|---|---|---|---|---|---|
| 1950 | — | 1960 | 467.8 | 1970 | 502.9 | 1980 | 441.6 | 1990 | 648.5 | 2000 | 490.0 |
| 1951 | — | 1961 | 595.3 | 1971 | 559.1 | 1981 | 423.7 | 1991 | 532.1 | 2001 | 416.0 |
| 1952 | 458.0 | 1962 | 511.4 | 1972 | 387.4 | 1982 | 515.5 | 1992 | 443.7 | 2002 | 400.4 |
| 1953 | 621.0 | 1963 | 668.9 | 1973 | 698.8 | 1983 | 481.2 | 1993 | 473.6 | 2003 | 582.1 |
| 1954 | 740.0 | 1964 | 797.8 | 1974 | 532.8 | 1984 | 466.3 | 1994 | 578.6 | 2004 | 538.2 |
| 1955 | 629.0 | 1965 | 358.1 | 1975 | 464.1 | 1985 | 542.0 | 1995 | 601.6 | 2005 | 487.0 |
| 1956 | 734.4 | 1966 | 542.8 | 1976 | 591.4 | 1986 | 430.0 | 1996 | 596.8 | 2006 | 438.2 |
| 1957 | 452.1 | 1967 | 603.8 | 1977 | 651.8 | 1987 | 544.1 | 1997 | 366.5 | 2007 | 483.5 |
| 1958 | 585.5 | 1968 | 426.0 | 1978 | 555.2 | 1988 | 553.5 | 1998 | 550.7 | 2008 | 541.0 |
| 1959 | 684.0 | 1969 | 639.0 | 1979 | 545.3 | 1989 | 432.8 | 1999 | 385.1 | 2009 | 489.8 |
| 1952～1959 | 613.0 | 1960～1969 | 561.1 | 1970～1979 | 548.9 | 1980～1989 | 483.1 | 1990～1999 | 517.7 | 2000～2009 | 486.6 |

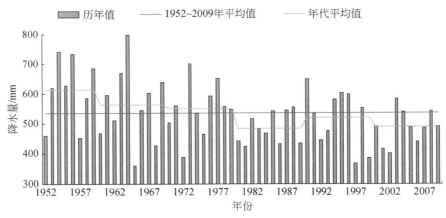

图 1-9　华北平原 1952～2009 年降水量变化

　　由天津、保定、北京三个水文站的长系列降水资料分析可知，华北平原当代降水由丰转枯的突变点发生在 1978～1980 年，如图 1-10 所示。

　　华北平原 1949～2010 年有 8 年发生水灾，11 年发生旱灾，水旱灾的总年数为 19 年；正常年为 43 年。1949 年左右至 2010 年中，20 世纪 60 年代的水灾年均受灾面积最大，为 177.65 万 hm²；50 年代次之，为 157.98 万 hm²；2001～2010 年最小，为 54.73 万 hm²。旱灾的受灾面积上，90 年代最多，为 285.39 万 hm²；80 年代次之，为 254.68 万 hm²；50 年代最小，为 58.62 万 hm²（表 1-12）。

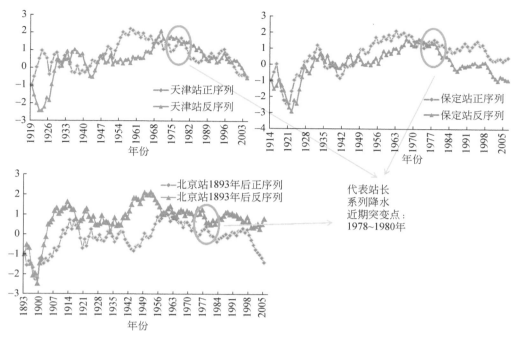

图 1-10　3 个代表站当代降水量长系列分析

表 1-12　华北平原（1949～2010 年）各年代平均受灾面积和灾情分级

| | 指标 | 1949～1959 年 | 1960～1969 年 | 1970～1979 年 | 1980～1990 年 | 1991～2000 年 | 2001～2010 年 | 1949～2010 年 |
|---|---|---|---|---|---|---|---|---|
| 水灾 | 年均受灾面积/万 hm² | 157.98 | 177.65 | 99.89 | 57.82 | 77.57 | 54.73 | 104.39 |
| | 特大灾年数 | 1 | 2 | 0 | 0 | 1 | 0 | 4 |
| | 大灾年数 | 2 | 1 | 1 | 0 | 0 | 0 | 4 |
| | 灾年小计 | 3 | 3 | 1 | 0 | 1 | 0 | 8 |
| 旱灾 | 年均受灾面积/万 hm² | 58.62 | 147.17 | 118.02 | 254.68 | 285.39 | 178.72 | 173.21 |
| | 特大灾年数 | 0 | 0 | 0 | 0 | 0 | 0 | 0 |
| | 大灾年数 | 0 | 1 | 1 | 3 | 4 | 2 | 11 |
| | 灾年小计 | 0 | 1 | 1 | 3 | 4 | 2 | 11 |
| | 正常年数 | 9 | 6 | 8 | 7 | 5 | 8 | 43 |

　　孙安健和高波（2000）通过研究给出了华北平原地区夏季（6～8 月）旱涝演变图，如图 1-11 所示，结果表明旱涝年际变化有明显的阶段性和群发性。从 20 世纪 50 年代到 60 年代中期，雨涝频繁，干旱罕见；60 年代中期至 70 年代旱涝交替发生；80 年代干旱频繁，雨涝罕见；进入 90 年代，雨涝增多。这一演变特征与 6～9 月非洲萨赫勒地区及印度季风雨旱涝变化趋势是大体一致的。这是因为从非洲萨赫勒起经中东、印度、巴基斯坦到我国北部一带存在一个同时的干湿变化，在 60 年代以前偏湿，在此以后转为干旱。华北

平原地区 60 年代由多雨转入少雨,正是上述 60 年代全球气候变化的一种表现。严重干旱也是 80 年代最频繁,60 年代次之。严重雨涝则是 50 年代最频繁,随之出现频率减小,到 80 年代则从未发生过,进入 90 年代又有所增大。异常雨涝仅发生在 50 年代与 60 年代,进入 70 年代以来则从未发生过。尽管 80 年代干旱与严重干旱频繁,但异常干旱仅发生在 60 年代。

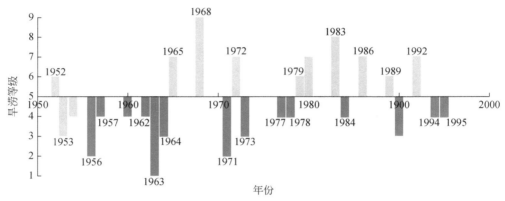

图 1-11 华北平原地区夏季(6～8 月)旱涝演变图

### 1.2.3.2 当代水灾及涝灾特征

水灾包括洪灾和涝灾,两者在水文特性、灾害特点、防治对策和措施上有很大不同。一般认为山洪暴发、河流宣泄不及而漫溢或溃决泛滥所造成的灾害为洪灾;洪水的破坏性极强,且来势凶猛,对很多地区及其基础设置造成破坏,甚至可能威胁到人类和家畜的生命安全,同时也会严重危害到农业生产生活;防洪要按照"蓄泄兼筹"的原则,建设工程与非工程措施相结合的防灾减灾体系。而当地降水过多,长久不能排出的积水所造成的灾害为涝灾;沥涝来势较缓,强度较弱,一般主要影响农作物的收成;除涝主要是通过开挖排水系统,采取自流或抽排的方式排除地面积水。华北平原涝灾相当严重,易涝耕地达 350 万 hm²,因此本节将在分析水灾特征的基础上对华北平原的洪涝灾害做进一步的深入研究。

**(1) 水灾特征**

A. 灾害频繁

1949～2010 年,区域内发生水灾 8 次,7.8 年一遇,其中特大灾年 4 次(1956 年、1963 年、1964 年、1996 年),15.5 年一遇;大灾年 4 次(1953 年、1954 年、1962 年、1977 年),15.5 年一遇。

B. 持续期长

1953～1956 年、1960～1964 年持续发生水灾,分别为 4 年和 5 年,其中 1956 年为全区域特大水灾年,1953 年、1954 年为大水灾年。1961 年徒骇马颊河、漳卫河平原、黑龙港运东地区发生严重内涝灾害,1962 年滦河、蓟运河发生大洪灾,1963 年海河南系发生特大洪灾，1964 年海河平原区发生特大涝灾。

C. 大灾损失严重

由表 1-13 可见，特大水灾年共有 4 年，4 年平均受灾面积 487.76 万 hm²，成灾面积 326.83 万 hm²，占平原区总耕地的 30.2%。

表 1-13 华北平原当代特大水灾灾害特性

| 年份 | 受灾面积/万 hm² | | | 成灾面积/万 hm² | | | 直接经济损失/亿元 | | |
|---|---|---|---|---|---|---|---|---|---|
| | 洪灾 | 涝灾 | 合计 | 洪灾 | 涝灾 | 合计 | 洪灾 | 涝灾 | 合计 |
| 1956 | 315.08 | 122.32 | 437.40 | 209.50 | 92.56 | 302.06 | 96.60 | 4.30 | 100.90 |
| 1963 | 345.92 | 168.48 | 514.40 | 276.80 | 129.13 | 405.93 | 202.20 | 17.60 | 219.80 |
| 1964 | 36.98 | 400.62 | 437.60 | 26.53 | 307.00 | 333.53 | 6.50 | 26.40 | 32.90 |
| 1996 | 422.91 | 138.71 | 561.62 | 162.93 | 102.87 | 265.80 | 296.30 | 160.00 | 456.30 |
| 合计 | 1120.89 | 830.13 | 1951.02 | 675.76 | 631.56 | 1307.32 | 601.60 | 208.30 | 809.90 |
| 4 年平均 | 280.22 | 207.53 | 487.76 | 168.94 | 157.89 | 326.83 | 150.40 | 52.08 | 202.48 |
| 62 年平均 | 38.03 | 66.36 | 104.39 | 22.61 | 48.01 | 70.62 | 10.92 | 9.18 | 20.10 |

**（2）当代沥涝灾情及其特征**

中华人民共和国成立后，即在 1949～2010 年已有了关于涝渍灾害的专门记载。在华北平原的水灾年均受灾面积 104.39 万 hm² 中，涝灾面积占 64%；洪灾、涝灾发生的频次比例基本为 1:2。在特大水灾中，以洪灾为主的有 1956 年、1963 年、1996 年，以涝灾为主的有 1964 年；在大水灾年中，都是以涝灾为主。

为便于进一步综合分析，依照历史资料分析，将涝灾分为两级，具体划分指标则定为按逐年淹地面积占全区域平原耕地面积的比例。研究区耕地面积数值历年变化不太大，相对稳定，故采用 2008 年全区域平原耕地面积 980 万 hm² 这个数值。由于涝灾面积占水灾面积的 60%～70%，华北平原的涝灾分级标准见表 1-14。

表 1-14 华北平原涝灾分级标准

| 等级 | 名称 | 淹地面积占全区域平原耕地面积的比例/% | 淹地面积（受灾）/万 hm² |
|---|---|---|---|
| 1 | 特大涝灾年 | >35 | >343 |
| 2 | 大涝灾年 | (17, 35] | (166, 343] |

注：受灾面积≤88 万 hm² 属轻微灾年，不定等级。

按表 1-14 标准评定华北平原历年洪灾等级，见表 1-15。

表 1-15 华北平原历年涝灾等级

| 年份 | 灾害等级 | 年份 | 灾害等级 | 年份 | 灾害等级 |
|---|---|---|---|---|---|
| 1953 | 2 | 1962 | 2 | 1977 | 2 |
| 1954 | 2 | 1963 | 2 | | |
| 1961 | 2 | 1964 | 1 | | |

由表 1-15 可见，华北平原 62 年间共发生 2 级以上涝灾 7 次，约 8.9 年一遇，其中特大涝灾 1 次（1964 年），约 62 年一遇；大涝灾 6 次，约 10.3 年一遇。这 7 个重大涝灾年，经济损失 49.33 亿元，救灾费用 2.58 亿元，尤其是 1963 年、1977 年，损失更为惨重。

A. 阶段性

根据涝渍灾害治理的进展情况，将中华人民共和国成立后的 62 年划分为 1949 ~ 1957 年、1958 ~ 1965 年、1966 ~ 1978 年、1979 ~ 1990 年、1991 ~ 2010 年 5 个阶段，1958 ~ 1965 年涝灾为最重，年平均受灾面积为 149.38 万 $hm^2$；1949 ~ 1957 年涝灾次之，年平均受灾面积为 102.73 万 $hm^2$；1966 ~ 1978 年又次之，年平均受灾面积为 81.54 万 $hm^2$；1979 ~ 1990 年涝灾明显减轻，年平均受灾面积为 40.54 万 $hm^2$，1991 ~ 2010 年涝灾最轻，年平均受灾面积仅为 22.73 万 $hm^2$。但从经济损失来看，由于国民经济的发展，1990 年后虽然受灾范围及程度有所减少，但经济损失却更大，详见表 1-16。62 年累计受灾面积达 4120.82 万 $km^2$，年平均受灾面积为 66.46 万 $km^2$，受灾最重的 1964 年面积达 400.62 万 $hm^2$，即使干旱的 2001 年也有 4 万 $hm^2$ 遭受涝灾。

表 1-16 华北平原 1949 ~ 2010 年各阶段涝灾损失

| 年份 | 历时/年 | 受灾面积 | | 成灾面积 | | 农业减产量 | | | 经济损失 | |
|---|---|---|---|---|---|---|---|---|---|---|
| | | 累计/万 $hm^2$ | 平均/万 $hm^2$ | 累计/万 $hm^2$ | 平均/万 $hm^2$ | 粮食/亿 kg | 棉花/万担 | 油料/万 kg | 合计/亿元 | 其中农业损失/亿元 |
| 1949 ~ 1957 | 9 | 924.53 | 102.73 | 638.07 | 70.90 | 42.42 | 137.60 | 5 059 | 16.38 | 10.80 |
| 1958 ~ 1965 | 8 | 1 195.07 | 149.38 | 961.87 | 120.23 | 58.32 | 329.58 | 6 516 | 39.85 | 20.72 |
| 1966 ~ 1978 | 13 | 1 060.07 | 81.54 | 739.07 | 56.85 | 84.47 | 431.68 | 6 456 | 38.10 | 26.13 |
| 1979 ~ 1990 | 12 | 486.47 | 40.54 | 230.67 | 19.22 | 51.32 | 515.98 | 6 351 | 55.23 | 37.56 |
| 1991 ~ 2010 | 20 | 454.68 | 22.73 | 323.90 | 16.20 | 71.03 | 711.29 | 41 420 | 419.32 | 267.28 |
| 1949 ~ 2010 | 62 | 4 120.82 | 66.46 | 2 893.58 | 46.67 | 307.56 | 2 126.13 | 65 802 | 568.88 | 382.49 |

B. 地区性

华北平原易涝易渍地区的分布是很广的，从山区到滨海皆有，主要位于各河中下游平原地区。平原地区的涝渍灾害经常发生在黑龙港河系、漳滏区间、清南清北、徒骇马颊河流域、豫北和北三河平原等地，行政区划上，分属京、津、冀、鲁、豫五省（直辖市）。为阐明涝灾的地区分布，将河北省境内的平原区按原地区进行分析，其他省、直辖市由于资料的限制，未进行细分。涝灾程度以耕地受涝灾的比重，即耕地年均受涝灾率作为指标，详见表 1-17，具体结论如下：

表 1-17　华北平原各地区 1949～2010 年耕地年均受涝灾率　　　　（单位:%）

| 年份 | 北京 | 天津 | 山东 鲁北 | 河南 豫北 | 河北 河北全省 | 邯郸 | 邢台 | 衡水 | 沧州 | 石家庄 | 保定 | 廊坊 | 唐秦 |
|---|---|---|---|---|---|---|---|---|---|---|---|---|---|
| 1949～1957 | — | 27.4 | 11.7 | 9.2 | 8.64 | 5.68 | 12.9 | 11.2 | 21.5 | 5.81 | 13.9 | 26.6 | — |
| 1958～1965 | 13.7 | 20.9 | 30.8 | 13.3 | 12.7 | 13.4 | 17.1 | 21.5 | 36.8 | 6.43 | 11.3 | 24.4 | 11.2 |
| 1966～1978 | 6.2 | 19.2 | 11.6 | 6.0 | 7.25 | 7.75 | 6.40 | 8.94 | 18.4 | 1.55 | 5.10 | 15.1 | 8.25 |
| 1979～1990 | 2.94 | 7.6 | 7.3 | 5.1 | 3.28 | 6.58 | 1.38 | 2.00 | 7.26 | 1.64 | 1.76 | 9.25 | 4.54 |
| 1991～2010 | 0.52 | 4.18 | 4.02 | 2.81 | 1.80 | 3.62 | 0.76 | 1.10 | 3.99 | 0.90 | 0.97 | 5.09 | 2.50 |
| 1949～2010 | 5.10 | 13.5 | 10.8 | 6.20 | 5.63 | 6.62 | 5.93 | 7.02 | 14.4 | 2.61 | 5.20 | 13.6 | 5.68 |

注：耕地年均受涝灾率是指各时期年均受涝耕地面积/地区总耕地面积或秋季播种面积。北京、唐秦（唐山和秦皇岛）缺 1949～1957 年资料。

1）1949～2010 年耕地年均受涝灾率在 13%～15% 的有沧州、廊坊、天津，在 7%～13% 的有鲁北（徒骇马颊河流域）和衡水，受涝灾率在 5%～7% 的有北京、豫北、邢台、邯郸、保定、唐秦，在 5% 以下的只有石家庄，如图 1-12 所示。

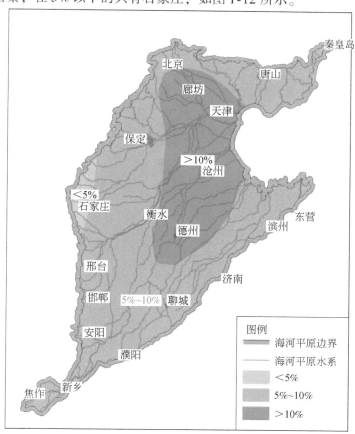

图 1-12　华北平原耕地年均受涝灾率的空间分布示意图

2）1958～1965 年是华北平原涝灾最严重的时期，沧州、鲁北、廊坊、衡水和天津的耕地年均受涝灾率分别达到 36.8%、30.8%、24.4%、21.5% 和 20.9%。河北全省耕地年均受涝灾率在此期间也较高，达到了 12.7%。1958～1965 年是耕地年均受涝灾率高值时段，其以后的各个时段的耕地年均受涝灾率均呈下降趋势。1991～2010 年，各地区的耕地年均受涝灾率均达到最低值，北京为 0.52%，河北为 1.80%，鲁北为 4.02%，过去耕地年均受涝灾率最高的沧州也下降到 3.99%，说明治涝工程逐渐发挥了效益，当然这个时段的降水量较少也是一个重要因素。

通过治理后，华北平原 2010 年易涝易渍耕地面积见表 1-18，华北平原现状低于 5 年一遇易涝易渍农田与耕地面积比值分布如图 1-13 所示。

**表 1-18　华北平原 2010 年易涝易渍耕地面积统计**

| 项目 | 各种类型易涝易渍耕地面积 | | |
| --- | --- | --- | --- |
| | 总面积 | 平原坡地 | 平原洼地 |
| 耕地面积/万 hm² | 334.1 | 243.3 | 90.8 |
| 占易涝易渍总面积/% | 100.0 | 72.8 | 27.2 |

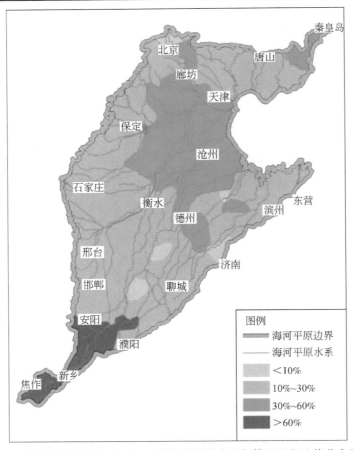

图 1-13　华北平原现状低于 5 年一遇易涝易渍农田与耕地面积比值分布示意图

C. 季节性

从降水角度分析，华北平原的涝灾可分为暴雨型涝灾和淫雨型涝灾两种，按季节可分为春涝、伏涝和秋涝。根据 1950~2010 年华北平原中部平原地区平均雨量资料可知，多年平均降水量为 567.7mm，略高于华北平原的平均值，汛期（6~9月）多年平均雨量为 450.0mm，占年雨量的 79.3%，说明汛期降水集中是涝灾的重要原因，因此伏涝是主要的表现形式，即暴雨型涝灾是最常遇到的，如 1950 年、1954 年、1959 年都属此种类型。一般来说，太行山迎风区 8 月上旬发生洪水次数最多，海河南系的大清河、子牙河、漳卫南运河各站实测最大洪峰流量均发生在 8 月上旬。所以，8 月又是洪涝灾害的多发季节，详见表 1-19。

**表 1-19 华北平原中部平原地区平均雨量统计**

| 指标 | 邯郸 | 邢台 | 衡水 | 沧州 | 石家庄 | 保定 | 廊坊 | 总平均 |
|---|---|---|---|---|---|---|---|---|
| 多年平均降水量/mm | 583.0 | 545.9 | 533.8 | 568.0 | 547.3 | 601.9 | 594.2 | 567.7 |
| 多年平均汛期雨量/mm | 440.8 | 430.3 | 414.8 | 453.4 | 424.3 | 493.9 | 492.4 | 450.0 |
| 汛期占比/% | 75.6 | 78.8 | 77.7 | 79.8 | 77.5 | 82.1 | 82.9 | 79.3 |

淫雨型涝灾虽然发生的机遇较少，但往往灾情更严重，受灾范围更广。淫雨型涝灾降水强度不大，但是阴雨天数较长，使大部分降水入渗，造成土壤饱和或局部洼地积水成灾。根据平原区站网长期统计，当阴雨天数大于 10 天，降水总量超过 250mm 时，即可能形成涝灾。被选为典型涝灾年的 1964 年和 1977 年即是如此，1964 年 4 月开始降水，9 月方止，雨期长达 6 个月之久，受灾面积达 400 万 hm²。

### 1.2.3.3 当代农业旱灾与农业干旱

中华人民共和国成立以来，华北平原各有关方面均积累了大量资料，如农业旱灾资料（受旱亩数、减产粮食数等），以及农业干旱有关的资料（如降水量资料、作物需水量资料等），这对定量分析华北平原的干旱灾害的严重程度及规律性等都提供了丰富的资料，其分析成果比历史资料更具有科学性。因此本节将对 1949 年中华人民共和国成立后至 2010 年的农业旱灾、农业旱象及其相互关系等进行分析。

**（1）农业旱灾**

A. 农业旱灾的分级及统计

农业旱灾的调查资料包括区域内总的粮食播种面积、作物因受旱灾而减产的面积。受旱面积是指干旱使粮食作物受到不同程度减产的面积，因旱减产 30%~80% 的为成灾面积，减产在 80% 以上的为绝收面积。国家目前还没有出台气象干旱灾害相关标准，因此应根据区域特点进行干旱灾害等级的划分。依据《海河流域水旱灾害》的农业干旱灾害划分标准，我们将华北平原农业旱灾等级划分标准定为以受旱率 $\alpha$ 为指标（$\alpha$ = 受旱耕地面积/播种总耕地面积×100%），其具体的分级标准见表 1-20（水利部海河水利委员会，2009），华北平原农业旱灾统计见表 1-21。

表1-20  华北平原旱灾分级标准

| 等级 | 名称 | $\alpha$/% | 附注 |
|---|---|---|---|
| 1 | 特大旱灾年 | >55 | $\alpha$=受旱耕地面积/播种总耕地面积×100%; |
| 2 | 大旱灾年 | (30, 55] | 受旱面积≤10%的年份为轻度旱灾年，不定等级 |
| 3 | 一般旱灾年 | (10, 30] | |

表1-21  华北平原农业旱灾统计

| 年份 | 粮食总面积/万 hm² | 受旱面积/万 hm² | $\alpha$/% | 年份 | 粮食总面积/万 hm² | 受旱面积/万 hm² | $\alpha$/% |
|---|---|---|---|---|---|---|---|
| 1949 | 1 307.93 | 37.42 | 2.9 | 1981 | 1 186.47 | 366.19 | 30.9 |
| 1950 | 1 366.07 | 24.71 | 1.8 | 1982 | 1 127.53 | 219.64 | 19.5 |
| 1951 | 1 302.67 | 83.71 | 6.4 | 1983 | 1 121.40 | 270.54 | 24.1 |
| 1952 | 1 360.87 | 110.91 | 8.1 | 1984 | 1 091.93 | 208.78 | 19.1 |
| 1953 | 1 385.53 | 36.98 | 2.7 | 1985 | 1 088.27 | 165.77 | 15.2 |
| 1954 | 1 417.47 | 6.93 | 0.5 | 1986 | 1 146.40 | 385.88 | 33.7 |
| 1955 | 1 369.48 | 61.53 | 4.5 | 1987 | 1 127.13 | 341.76 | 30.3 |
| 1956 | 1 377.13 | 7.67 | 0.6 | 1988 | 1 102.47 | 127.20 | 11.5 |
| 1957 | 1 392.20 | 145.60 | 10.5 | 1989 | 1 122.67 | 309.69 | 27.6 |
| 1958 | 1 266.00 | 17.72 | 1.4 | 1990 | 1 126.40 | 50.35 | 4.5 |
| 1959 | 1 199.87 | 111.68 | 9.3 | 1991 | 1 144.11 | 186.18 | 16.3 |
| 1960 | 1 165.93 | 187.03 | 16.0 | 1992 | 1 116.83 | 428.64 | 38.4 |
| 1961 | 1 204.67 | 214.86 | 17.8 | 1993 | 1 164.61 | 327.45 | 28.1 |
| 1962 | 1 247.21 | 183.62 | 14.7 | 1994 | 1 128.43 | 165.78 | 14.7 |
| 1963 | 1 243.27 | 87.27 | 7.0 | 1995 | 1 137.32 | 113.76 | 10.0 |
| 1964 | 1 217.07 | 3.84 | 0.3 | 1996 | 1 170.91 | 151.39 | 12.9 |
| 1965 | 1 239.40 | 432.50 | 34.9 | 1997 | 1 159.26 | 457.29 | 39.4 |
| 1966 | 1 311.73 | 154.48 | 11.8 | 1998 | 1 183.77 | 161.22 | 13.6 |
| 1967 | 1 259.67 | 45.49 | 3.6 | 1999 | 1 172.33 | 444.84 | 37.9 |
| 1968 | 1 235.20 | 143.97 | 11.7 | 2000 | 1 100.81 | 417.32 | 37.9 |
| 1969 | 1 263.00 | 18.64 | 1.5 | 2001 | 1 053.09 | 353.91 | 33.6 |
| 1970 | 1 282.60 | 46.24 | 3.6 | 2002 | 1 029.15 | 365.85 | 35.5 |
| 1971 | 1 278.27 | 41.21 | 3.2 | 2003 | 956.04 | 210.98 | 22.1 |
| 1972 | 1 270.53 | 407.89 | 32.1 | 2004 | 904.90 | 67.54 | 7.5 |
| 1973 | 1 286.07 | 26.93 | 2.1 | 2005 | 991.65 | 99.08 | 10.0 |
| 1974 | 1 331.73 | 37.03 | 2.8 | 2006 | 1 029.59 | 174.57 | 17.0 |
| 1975 | 1 338.53 | 196.58 | 14.7 | 2007 | 1 045.32 | 157.53 | 15.1 |
| 1976 | 1 351.80 | 91.89 | 6.8 | 2008 | 1 035.44 | 78.37 | 7.6 |
| 1977 | 1 333.87 | 59.29 | 4.4 | 2009 | 1 029.47 | 206.50 | 20.1 |
| 1978 | 1 299.87 | 182.89 | 14.1 | 2010 | 1 038.43 | 72.86 | 7.0 |
| 1979 | 1 283.40 | 90.21 | 7.0 | 合计 | 74 227.77 | 10 739.25 | 14.5 |
| 1980 | 1 206.60 | 355.67 | 29.5 | 平均 | 1 197.22 | 173.21 | 14.5 |

综合全区域情况，1949 ~ 2010 年华北平原受旱面积总计 10 739.25 万 $hm^2$，平均每年 173.21 万 $hm^2$。62 年中华北平原受旱面积超过耕地面积 30% 的年份有 11 年，即 1965 年、1972 年、1981 年、1986 年、1987 年、1992 年、1997 年、1999 年、2000 年、2001 年、2002 年。受旱面积最小的年份是 1964 年，为 3.84 万 $hm^2$。

1949 ~ 2010 年共发生一般旱灾 24 年，大旱灾 11 年，特大旱灾 0 年，旱灾总计 35 年，占 62 年的 56.5%，见表 1-22。值得指出的是，1980 ~ 1989 年连续 10 年都是旱灾年，其中一般旱灾 7 年，大旱灾 3 年。1996 ~ 2003 年连续 8 年都为旱灾年，尽管 1996 年在夏季发生了洪涝灾害，但冬春季雨量的不足也使得春旱受灾范围大、灾情重，属于旱涝同时发生的年份。

表 1-22　华北平原 1949 ~ 2010 年各等级旱灾年统计

| 旱灾等级 | 年份 | 年数 | 占比/% |
|---|---|---|---|
| 特大旱灾 | — | 0 | 0 |
| 大旱灾 | 1965、1972、1981、1986、1987、1992、1997、1999、2000、2001、2002 | 11 | 17.7 |
| 一般旱灾 | 1957、1960、1961、1962、1966、1968、1975、1978、1980、1982、1983、1984、1985、1988、1989、1991、1993、1994、1996、1998、2003、2006、2007、2009 | 24 | 38.7 |
| 合计 | | 35 | 56.5 |

B. 1949 ~ 2010 年农业旱灾变化趋势

华北平原及各河系 1949 ~ 2010 年分年代农业受旱情况见表 1-23。全区域 62 年年均受旱面积为 173.21 万 $hm^2$，占播种面积的 14.5%（即受旱率）。各年代中，1991 ~ 2000 年年均受旱面积最大，为 285.39 万 $hm^2$，受旱率为 24.9%；1949 ~ 1960 年年均受旱面积最小，受旱率为 5.2%。

表 1-23　华北平原 1949 ~ 2010 年分年代农业受旱情况

| 年份 | 年均受旱面积/万 $hm^2$ | 受旱率/% |
|---|---|---|
| 1949 ~ 1960 | 69.32 | 5.2 |
| 1961 ~ 1970 | 133.09 | 10.6 |
| 1971 ~ 1980 | 148.96 | 11.5 |
| 1981 ~ 1990 | 244.58 | 21.8 |
| 1991 ~ 2000 | 285.39 | 24.9 |
| 2001 ~ 2010 | 178.72 | 17.7 |
| 1949 ~ 2010 | 173.21 | 14.5 |

注：年均受旱面积为历年夏作与秋作受旱面积之和的平均值。

1949 ~ 2000 年，华北平原受旱率呈上升的趋势，20 世纪 90 年代 > 80 年代 > 70 年代 >

60 年代>50 年代，而进入 21 世纪以后，受旱率比 20 世纪 90 年代有明显下降，形成这种情况的主要原因如下。

1）1954～2010 年，华北平原经历了从丰水期转变为枯水期又转变为偏枯期的过程。1954～1964 年为丰水期，1965 年开始向干旱期过渡，特别是 20 世纪 80 年代及进入 21 世纪后，干旱最为突出，90 年代的年均降水量有所增加，这是因为 1994～1996 年的洪涝灾害使得夏季降水量增加，并没有对春旱的灾情带来好转，一年之中春旱夏涝同时发生的情况增多，这也表明 1990 年后华北平原极端气候有所增加。旱灾面积的上升与各个年代尤其是春季降水量的减少，大体上是相对应的。

2）华北平原灌溉面积的发展虽然很快，已占总耕地面积的 70%，但是保证灌溉面积，即干旱时能满足农作物需水量的灌溉面积，只有其一半，尚不足总耕地面积的 40%。那些在全生育期只能浇一次或两次水的农田，在干旱严重的年份，保证不了农业丰收，只能争取少减产。另外，还有 440 多万公顷的耕地属雨养农业，更是逃脱不了干旱的威胁。因此，旱灾面积随旱情而增长合乎情理。

3）中华人民共和国成立以来，由于水利设施的增加、农业技术的进步以及农民生产积极性的提高，农作物的单位面积产量逐年提高，农作物需水量也在增加，单位水量的农业收成回报率也有所提高。因此，农作物的单位面积产量与其需水量满足程度密切相关。20 世纪 50 年代单位面积产量低，农田需水量亦低，90 年代单位面积产量高，农田需水量亦高，遇一般干旱年份，相同的降水量，50 年代不显得旱，到 90 年代就显得旱。所以，在同样降水量情况下，90 年代旱灾面积要大于 50 年代，即呈上升趋势，虽然成灾面积增加了，但粮食产量并不一定减少。

综上所述，华北平原农业抗御旱灾的综合能力已大大提高，农业经济总的趋势是向上的，但是干旱是影响农业发展的关键因素，抗旱工作开展的如何，关系到农业的发展以及广大人民群众生活进一步提高的要求。所以从人力、物力、财力、科研等方面加强防旱、抗旱工作，积极研究改进防旱、抗旱措施是至关重要的。

C. 当代农业旱灾的特征分析

a. 旱灾的阶段特征

1949～2010 年华北平原水文系列中 1949～1960 年为丰水期，1961～1970 年、1971～1980 年为平水期，1981～1990 年、1991～2000 年、2001～2010 年为枯水期。华北平原1949～2010 年各年代旱灾频次及频率统计见表 1-24。

表 1-24　华北平原 1949～2010 年各年代旱灾频次及频率统计

| 年份 | 特大旱年 | | 大旱年 | | 一般旱年 | | 合计 | |
|---|---|---|---|---|---|---|---|---|
| | 频次 | 频率/% | 频次 | 频率/% | 频次 | 频率/% | 频次 | 频率/% |
| 1949～1960 | — | — | — | — | 2 | 16.7 | 2 | 16.7 |
| 1961～1970 | — | — | 1 | 10 | 4 | 40 | 5 | 50 |
| 1971～1980 | — | — | 1 | 10 | 3 | 30 | 4 | 40 |
| 1981～1990 | — | — | 3 | 30 | 6 | 60 | 9 | 90 |

| 年份 | 特大旱年 | | 大旱年 | | 一般旱年 | | 合计 | |
|---|---|---|---|---|---|---|---|---|
| | 频次 | 频率/% | 频次 | 频率/% | 频次 | 频率/% | 频次 | 频率/% |
| 1991~2000 | — | — | 4 | 40 | 5 | 50 | 9 | 90 |
| 2001~2010 | — | — | 2 | 20 | 4 | 40 | 6 | 60 |
| 1949~2010 | — | — | 11 | 17.7 | 24 | 38.7 | 35 | 56.5 |

注:此表为区域灾害等级划分所得结果。

由表 1-24 可见,华北平原丰水期旱灾发生频率为 16.7%,且全部为一般灾害年;平水期旱灾发生频率为 40%~50%,其中大旱灾 2 次,频率为 10%;枯水期旱灾发生频率为 60%~90%,其中大旱灾 9 次,频率为 30%,一般旱灾 15 次,频率为 50%。

b. 农业旱灾的地区分布

从 1949~2010 年各地区农田受灾率的情况看,受灾率较高(16%~30%)的地区主要分布在东营、衡水。受灾率较低(10%以下)的地区主要分布在山前平原区的唐秦、石家庄、邯郸、天津。广大海河平原区,包括北系黑龙港运东地区、徒骇马颊河流域、豫北的受灾率为中等,详见表 1-25。

**表 1-25　华北平原 1949~2010 年旱灾空间分布情况**　　　　（单位:%）

| 地区 | 受灾率 | 地区 | 受灾率 | 地区 | 受灾率 | 地区 | 受灾率 |
|---|---|---|---|---|---|---|---|
| 北京 | 11.8 | 邯郸 | 9.8 | 廊坊 | 11.6 | 济南 | 15.3 |
| 天津 | 8.5 | 邢台 | 12.9 | 唐秦 | 9.3 | 滨州 | 14.8 |
| 保定 | 10.3 | 衡水 | 17.4 | 德州 | 13.8 | 东营 | 20.8 |
| 石家庄 | 6.2 | 沧州 | 11.7 | 聊城 | 13.4 | 豫北 | 15.4 |

c. 旱灾的连续性

在 1949~2010 年的 35 次旱灾年中,连续 10 年旱灾 1 次(1980~1989 年),连续 8 年旱灾 1 次(1996~2003 年),连续 4 年旱灾 1 次(1991~1994 年),连续 3 年旱灾 1 次(1960~1962 年),连续 2 年旱灾 2 次(1965~1966 年、2006~2007 年),合计为 29 年,占旱灾总年数的 82.9%。

**(2) 农业旱象**

华北平原全年降水量的 70%~80% 都集中在 6~9 月,春季降水量很少,一般年份春季降水都不能满足农作物的需要(以小麦为代表),因此春旱严重是华北平原的突出特点,而前面提供的农业干旱灾害实际调查成果,不足以反映区域春旱的特点,因此,利用"农业干旱"指标分别计算 13 个区的夏作(春旱)和秋作(夏旱)的作物水量平衡情况,以进一步阐明区域春旱的特征。

A. 农业干旱的指标及等级划分

农田作物水量平衡能够说明作物在每个时期内的变化供水情况,是描述农田作物水分状况的基本理论,也是能够反映降水、蒸发、土壤质地、地下水、作物类型等各个方面的因子。因此，用农田作物水量平衡方程来描述和评价作物干旱，可以较为全面地反映其干旱特征。当前华北平原各省（直辖市）关于干旱指标及其计算方法尚不统一，都是结合本地特点及其所掌握的资料条件，建立不同形式的干旱指标计算公式，方法繁简各异，采用的计算因子也有差别。为了便于在全区域比较，采取简单的计算公式，即

$$K = S/D$$

式中，$K$ 为农业旱象指标；$S$ 为生育期可供水量，本次计算简化为同期实际降水量；$D$ 为作物需水量。

作物需水量受气候条件、土壤种类、作物品种、土壤肥力、耕作制度、产量高低等因素的影响。本研究参考各地的试验资料和大面积农田的实际情况，以确定作物需水量数值。

华北平原部分地区在充分供水条件下代表作物需水量见表 1-26。

表 1-26　在充分供水条件下代表作物需水量

| 地区 | 作物品种 | 生育期 | 需水量/mm |
|---|---|---|---|
| 河北 | 冬小麦 | 10 月 1 日至次年 6 月 10 日 | 345~486 |
| | 夏玉米 | 6 月 20 日~9 月 25 日 | 287~366 |
| | 春谷 | 5 月 13 日~9 月 5 日 | 277 |
| 山东 | 冬小麦 | 10 月 1 日至次年 6 月 5 日 | 470 |
| | 夏玉米 | 6 月 6 日~9 月 30 日 | 407 |

表 1-26 数据是在小面积的试验田上取得的。通过对广大农田面积做进一步调查分析，在天然降水条件下，作物需水量较试验数值小得多。例如，河北若底墒较好，冬小麦全生育期有 200mm 较均匀的降水就不会受旱。参照河北的数值，结合各地区的蒸发资料，确定各地区代表作物逐月所需降水量，见表 1-27。

表 1-27　代表作物生育期所需降水量

| 地区 | | 作物品种 | 所需降水量 |
|---|---|---|---|
| 河北 | 中南部 | 冬小麦 | 冬季月（10~2 月）60mm，春季月（3~5 月）140mm，全生育期 200mm |
| | | 夏玉米 | 6 月 40mm，7 月 80mm，8 月 110mm，9 月 40mm，全生育期 270mm |
| | 北部 | 春谷 | 5 月 30mm，6 月 80mm，7 月 80mm，8 月 60mm，全生育期 250mm |
| 河南 | | 冬小麦 | 冬季月（10~2 月）60mm，春季月（3~5 月）140mm，全生育期 200mm |
| | | 夏玉米 | 6 月 35mm，7 月 75mm，8 月 105mm，9 月 35mm，全生育期 250mm |
| 山东鲁北 | | | 冬季月（10~2 月）60mm，春季月（3~5 月）140mm，全生育期 200mm |

因华北平原所跨纬度较大，地形、地貌比较复杂，作物品种、耕作制度也有差别，本研究只选取主要作物，即冬小麦和夏玉米为代表进行计算分析。

由于冬小麦全生育期一般不会出现集中暴雨，为简化计算，采用10月至次年5月的总降水量和总需水量计算；汛期多集中暴雨，夏玉米的生育期也集中在汛期，且土壤水分消退快，雨量时空分布不均，所以按逐月计算，以地区为计算单元。

按以上干旱指标划分干旱等级，标准如下：$K \geq 1.0$ 为不旱（一）；$0.7 \leq K < 1.0$ 一般旱（一般）；$0.4 \leq K < 0.7$ 大旱（大）；$K < 0.4$ 特大旱（特大）。

B. 成果的综合与分析

华北平原农业春旱、夏旱按频率分类结果见表1-28。

表1-28　华北平原农业春旱、夏旱按频率分类结果

| 频率/% | 春旱 | | 夏旱 | |
|---|---|---|---|---|
| | 地区数/个 | 地区 | 地区数/个 | 地区 |
| 90~100 | 6 | 唐秦、廊坊、保定、石家庄、沧州、德州 | 0 | — |
| 80~89 | 5 | 衡水、邢台、邯郸、聊城、新乡 | 1 | 德州 |
| 70~79 | 2 | 安阳、滨州 | 5 | 保定、石家庄、邢台、新乡、滨州 |
| 60~69 | 0 | — | 6 | 廊坊、沧州、衡水、邯郸、安阳、聊城 |
| 40~59 | 0 | — | 1 | 唐秦 |

a. 春旱、夏旱

由表1-28可见，华北平原各地区一般是春旱发生的频率大于夏旱，按13个代表区统计平均春旱频率为87.0%，夏旱为69.5%，春旱较夏旱发生的频率高17.5个百分点。

1）华北平原春旱发生频率最高的地方为燕山迎风区、太行山北段（石家庄以北）和中部平原区，这些地区春旱发生的频率为80%~100%，是华北平原主要的春旱区，体现了本区域春季为"十年九旱"的特点。

2）夏旱发生频率超过平均值70%的地区有保定、石家庄、邢台、新乡、德州、滨州，可见华北平原夏旱严重的地区大致分布在太行山南段及鲁北平原区，这些地区夏旱的平均频率为79.8%，其他地区平均为56.7%。

b. 连季旱

华北平原除春旱、夏旱外，尚存在"春夏连旱""夏秋连旱""春夏秋连旱"等旱象，故将各地区这三种旱象也进行了计算。计算时，考虑到各季的旱象都有特大、大、一般三个等级，故分季计算了其加权农业干旱总频率，计算公式为

$$N' = 0.5N_{一般} + N_{大} + 1.5N_{特大}$$
$$P' = N'/N$$

式中，$N_{一般}$、$N_{大}$、$N_{特大}$为各季发生的一般、大、特大农业干旱的总频次；$N'$为加权计算的农业干旱总频次（包括一般、大、特大农业旱象）；$P'$为加权计算的农业干旱总频率。计

算结果见表1-29。

表1-29 华北平原部分地区连季农业干旱的发生频率

| 地区 | 春夏连旱 | | 夏秋连旱 | | 春夏秋连旱 | |
|---|---|---|---|---|---|---|
| | 频次/次 | 频率/% | 频次/次 | 频率/% | 频次/次 | 频率/% |
| 唐秦 | 17 | 27.4 | 12 | 19.4 | 8 | 12.9 |
| 廊坊 | 17 | 27.4 | 18 | 29.0 | 12 | 19.4 |
| 保定 | 14 | 22.6 | 15 | 24.2 | 9 | 14.5 |
| 沧州 | 8 | 12.9 | 14 | 22.6 | 3 | 4.8 |
| 衡水 | 14 | 22.6 | 9 | 14.5 | 6 | 9.7 |
| 石家庄 | 6 | 9.7 | 15 | 24.2 | 3 | 4.8 |
| 邢台 | 9 | 14.5 | 11 | 17.7 | 3 | 4.8 |
| 邯郸 | 12 | 19.4 | 14 | 22.6 | 8 | 12.9 |
| 安阳 | 18 | 29.0 | 12 | 19.4 | 0 | 0.0 |
| 德州 | 16 | 25.8 | 0 | 0.0 | 0 | 0.0 |
| 惠民 | 15 | 24.2 | 0 | 0.0 | 0 | 0.0 |
| 聊城 | 7 | 11.3 | 0 | 0.0 | 0 | 0.0 |
| 平均 | 13 | 21.0 | 10 | 16.1 | 4 | 7.0 |

由表1-29可见，华北平原"春夏连旱"发生的频率为21.0%，即约5年一遇，各地变化在3~10年。"夏秋连旱"发生的频率为16.1%，即约6年一次。"春夏秋连旱"发生的频率为7.0%，即约14年一遇，各地变化在5~20年。其中廊坊、保定两地区三种旱象发生的频率都较大。

**（3）农业旱灾与农业干旱相关分析**

农业旱灾与农业干旱的相关性对比见表1-30。

表1-30 华北平原1949~2010年夏季农业旱灾和农业干旱出现次数

| 干旱等级 | 廊坊 | | 唐秦 | | 保定 | | 沧州 | | 石家庄 | | 衡水 | | 邢台 | | 邯郸 | |
|---|---|---|---|---|---|---|---|---|---|---|---|---|---|---|---|---|
| | A | B | A | B | A | B | A | B | A | B | A | B | A | B | A | B |
| 特大旱 | 4 | 7 | 1 | 0 | 7 | 3 | 3 | 0 | 0 | 9 | 7 | 6 | 1 | 4 | 1 | 6 |
| 大旱 | 4 | 21 | 3 | 9 | 0 | 13 | 3 | 22 | 1 | 21 | 9 | 25 | 6 | 27 | 4 | 21 |
| 一般旱 | 12 | 10 | 7 | 18 | 9 | 27 | 13 | 16 | 12 | 16 | 13 | 9 | 18 | 13 | 10 | 15 |
| 合计 | 20 | 38 | 11 | 27 | 16 | 43 | 19 | 38 | 13 | 46 | 29 | 40 | 25 | 44 | 15 | 42 |

注：A表示旱灾次数；B表示农业干旱次数。

表1-30的农业干旱等级是指非灌溉条件下形成的农作物受旱程度。对历史上每个年份中的作物在全生育期的降水过程进行回顾，分析在不进行灌溉等抗旱措施的情况下，作物发生旱象的轻重程度，揭示当地农业气象条件对农业生产影响的自然规律及其基本属性。

由表 1-30 可知，农业干旱次数基本比调查的实际旱灾次数多，前者为后者的 1.4 ~ 3.5 倍。其中石家庄、保定、邯郸、唐秦灌溉抗旱能力较好的地区农业干旱发生的次数为旱灾发生次数的 2.5 ~ 3.5 倍。而灌溉抗旱能力较差的地区，如廊坊、沧州、衡水、邢台等，两者发生次数之比均在 1.4 ~ 2.0。除了灌溉抗旱能力以外，一些自然条件和人类活动因素也影响农业干旱与农业旱灾的相关性。

1）降水时空分布不均。在按农业干旱指标计算的结果中，有些年份依据降水量属平水年、丰水年甚至是大洪涝年，但有些地区在这些年份也发生了旱灾。例如，1963 年为特大洪水年，但是中部的唐秦、廊坊等地区发生了大旱和特旱。这是由降水的空间分布不均匀造成的。而该年发生特大洪涝灾害的保定、沧州、石家庄、衡水、邢台等地区，由于 6 月和 9 月降水量特别少也出现旱情，这是由降水的时间分配不均匀造成的。又如，1977 年是海河平原的特大涝灾年，但是该年 9 月降水量特别少，中部和南部只有 10mm 左右，出现了大旱。可见华北平原在一年中洪、涝、旱都出现的情况时有发生。

2）在连旱年中，灾情比旱情滞后。例如，1987 年华北平原降水量 553mm，为一般平水年，但因 1984 ~ 1985 年连续干旱的滞后影响，1987 年农业旱灾为大灾年。又如，1965 年是中华人民共和国成立以来最旱的年份，但是夏粮却获得了空前的丰收。其原因是 1964 年是历年降水量最多的年份，近 701.3mm，频率为 8.9%，冬小麦播种前后以及越冬前 9 ~ 11 月降水量 199.5mm，为同期多年平均降水量的 1.67 倍，其相应频率为 1%。1965 年在冬小麦拔节、抽穗关键时期的 4 月，又降水 60mm，为同期多年平均降水量的 2.09 倍。从全年来看，1965 年是大旱，但对夏粮作物来说是风调雨顺年，所以获得了夏粮的丰收。然而干旱的延续，造成 1966 年夏粮作物减产。

3）农业种植结构与气候条件相适应，可减少干旱灾害。农业种植结构是当地农民群众为适应其气候条件，积累了多年的种植经验而形成的，特别是雨养农业区，它通过不同的作物品种和种植时间，争取农业丰收，减少干旱灾害。华北平原西部地区按气象干旱统计，春旱发生频率高达 80% ~ 90%，但是该地区农业在此时段采取种植杂粮为主的措施，农作物需水量很少，所以春旱造成的灾情频率仅为 60%。有些年份，上年秋季降水量充足，即使本年 1 ~ 3 月降水量很少，出现严重的气象干旱，只要 4 ~ 5 月降水量较多，仍可使农作物获得较高的产量。群众中流传着这方面的谚语，如"麦种泥窝窝，来年吃白馍""伏里有雨多种麦""伏雨春用"等，这些谚语反映了增产经验（冯平等，2003）。

## 1.2.4 华北平原旱涝灾害规律小结

根据本节对华北平原旱涝灾害及特征分析，可以总结出华北平原旱涝灾害的规律。

1）历史时期华北平原为旱涝多发地区。华北平原旱涝主要受东亚夏季风年际变化影响，干旱多发生在夏季风偏弱的年份，雨涝多发生在夏季风偏强的年份。雨涝和旱灾的发生频率约为 5 年 1 次。近 500 年内发生特大水灾 14 次，特大旱灾 11 次。

2）华北平原旱涝交替具有一定的周期性变化特征。小波分析表明，旱涝灾害在历史上分别存在 10 年、23 年、37 年、75 年左右的主导周期。历史时期华北平原存在一次大的旱涝转型，时间约在 1696 年，前期主要偏旱，后期主要偏涝。17 世纪为旱灾频发时段，19 世纪为涝灾频发时段。

3）当代洪涝灾害呈阶段性减少趋势。华北平原历史上是洪涝灾害多发的地区，由于其大量修建水利工程，区域调蓄能力增强，洪水灾害呈现显著的减少趋势。1949~2010 年曾发生四次特大洪涝灾（1956 年、1963 年、1964 年、1996 年）、四次大洪涝灾（1953 年、1954 年、1962 年、1977 年），这些大洪涝灾基本都发生在 1980 年以前，1980 年以后仅有 1996 年一次。

4）当代干旱灾害趋势明显增加。1949~2010 年华北平原曾发生大干旱 11 次，3 次大旱灾（1981 年、1986 年、1987 年）均发生在 20 世纪 80 年代，1990 年以后华北平原干旱灾害更为频发，1999~2002 年发生了连续四年的干旱，2009 年华北平原再次发生严重干旱。

# 1.3  华北平原旱涝成因分析

## 1.3.1  致旱因子分析

干旱灾害的成因非常复杂，涉及降水、干旱指数、土质与地下水条件、全球气候变化、人类活动及水资源承载力等诸多因素，本节对这些因素进行论述。

### 1.3.1.1  降水

干旱是华北平原重要的自然灾害之一，水资源短缺已经成为制约国民经济发展的重要因素。为了说明华北平原干旱缺水的成因，主要从区域降水量及其时空分布特点和水资源量及其时空分布特点来论述。

**（1）降水的地区分布**

华北平原降水的地区分布差异较大。平原区 600mm 等值线走向大体与黄河下游干流一致。在 550~600mm 等值线之间的广大地区，形成许多高值、低值区。平原区大部分地区多年平均降水量为 500~600mm，鲁北多年平均降水量为 591mm。在衡水、无极、行唐、灵寿、正定、巨鹿、南宫、邢台、永年之间为低值区，多年平均降水量不足 500mm。

**（2）降水的时间变化**

降水的时间变化分为年际变化、年内变化。年际变化用年降水量的时间序列进行分析，年内变化用降水的年内分配进行分析。

A. 年际变化

华北平原降水量年际变化大，并有丰水段和枯水段交替出现的情况。利用 1956~2010 年面雨量系列，分析丰枯变化规律。从整体上看虽然有一定的周期性，但随机性更为显著。利用 1952~2010 年各站降水量系列，选择 10 个代表站，计算最大最小降水量的比值，可以看出丰水年和枯水年降水量的差距及不同差距的地区分布，见表 1-31。

表 1-31　华北平原代表站 1952～2010 年最大最小降水量统计

| 站名 | 最大值 | | 最小值 | | 最大值/最小值 |
|---|---|---|---|---|---|
| | 年份 | 降水量/mm | 年份 | 降水量/mm | |
| 唐山 | 1964 | 1022.3 | 1972 | 373.7 | 2.736 |
| 北京 | 1959 | 1406.0 | 1965 | 333.0 | 4.222 |
| 天津 | 1977 | 976.2 | 1968 | 269.5 | 3.622 |
| 保定 | 1954 | 1316.8 | 1975 | 202.4 | 6.506 |
| 衡水 | 1964 | 906.0 | 1965 | 209.1 | 4.333 |
| 石家庄 | 1963 | 1047.0 | 1972 | 224.7 | 4.660 |
| 邢台 | 1963 | 1269.0 | 1986 | 222.9 | 5.693 |
| 沧州 | 1964 | 1160.7 | 1968 | 246.5 | 4.709 |
| 德州 | 1964 | 1058.9 | 1965 | 256.7 | 4.125 |
| 安阳 | 1963 | 1159.1 | 1965 | 266.6 | 4.348 |

从表 1-31 中看出，差距最大的是太行山山前平原的保定、邢台，最大最小降水量的比值达 6.506 和 5.639；其次是北京、衡水、石家庄、沧州、德州、安阳，比值都在 4 以上；滦河水系的唐山比值为 2.736。降水量的年际变化大，使得枯水年降水量远远满足不了作物生长的需要，因此形成干旱。枯水年连续出现就会造成严重的干旱灾害（卢路等，2011b，2011c；张兰霞，2012；王利娜等，2012）。

从 2000～2009 年的降水量来看，华北平原各河系降水量均偏小，见表 1-32。

表 1-32　华北平原 2000～2009 年分区年降水量与多年平均值对比

| 分区 | 1956～2000 年均值/mm | 2000～2009 年均值/mm | 模比系数 | | | | | | | | | |
|---|---|---|---|---|---|---|---|---|---|---|---|---|
| | | | 2000 年 | 2001 年 | 2002 年 | 2003 年 | 2004 年 | 2005 年 | 2006 年 | 2007 年 | 2008 年 | 2009 年 |
| 滦河及冀东沿海诸河 | 549 | 463.4 | 0.73 | 0.87 | 0.69 | 0.96 | 0.92 | 0.92 | 0.77 | 0.84 | 1.01 | 0.73 |
| 海河北系 | 489 | 402.4 | 0.62 | 0.73 | 0.65 | 0.80 | 1.00 | 0.86 | 0.82 | 0.89 | 1.07 | 0.79 |
| 海河南系 | 549 | 511.7 | 1.00 | 0.73 | 0.81 | 1.11 | 1.00 | 0.90 | 0.84 | 0.93 | 1.02 | 0.98 |
| 徒骇马颊河 | 564 | 538.1 | 0.95 | 0.68 | 0.53 | 1.37 | 1.17 | 1.05 | 0.82 | 0.94 | 0.84 | 1.19 |

从分区 2000～2009 年年降水量均值与 1956～2000 年年降水量均值之比（即模比系数）来看，滦河及冀东沿海诸河为 0.84，10 年中最小的年份是 2002 年，仅为 0.69；海河北系为 0.82，10 年中最小的年份是 2000 年，为 0.62，只有 2008 年为 1.07，略大于多年平均值；海河南系为 0.93，10 年中最小的年份是 2001 年，为 0.73，只有 2003 年为 1.11，略大于多年平均值；徒骇马颊河为 0.95，10 年中有 5 年大于等于多年平均值，最小的年

份是 2001 年，为 0.68。这些年份由于长期连续干旱少雨，土壤水分和地下水长期处于亏空状态，径流系数明显减小，河川径流量衰减严重。初步估算，10 年平均年径流量比多年平均值减少 10%，有些年份减少一半左右。干旱灾害一直威胁着人们的生产和生活，制约着经济的发展。

B. 年内变化

降水量年内分配不均是华北平原各地都具有的特征，只是程度不同。不少年份从年降水总量上看，不属干旱年，然而由于降水年内分配很不均匀，干旱频频发生。又有一些年份由于无雨日和无效雨日很多，必然形成连季旱。

为了概括说明降水量在年内分配的具体情况，本研究在区域内选择了 7 个代表站，分别代表各个地区多年平均降水量年内分配情况，见表 1-33。

表 1-33  华北平原代表站多年平均降水量年内分配

| 指标 | | | 唐山 | 通县 | 保定 | 衡水 | 石家庄 | 沧州 | 禹城 |
|---|---|---|---|---|---|---|---|---|---|
| 多年平均逐月降水量及占比 | 1 月 | 降水量/mm | 3.1 | 2.8 | 2.3 | 3.2 | 3.1 | 3.3 | 4.6 |
| | | 占比% | 0.49 | 0.44 | 0.41 | 0.62 | 0.58 | 0.55 | 0.78 |
| | 2 月 | 降水量/mm | 5.8 | 6.8 | 6.5 | 6.3 | 8.4 | 5.4 | 7.0 |
| | | 占比% | 0.91 | 1.07 | 1.17 | 1.22 | 1.57 | 0.89 | 1.19 |
| | 3 月 | 降水量/mm | 8.4 | 9.2 | 7.2 | 9.5 | 11.0 | 5.1 | 11.4 |
| | | 占比% | 1.32 | 1.45 | 1.29 | 1.84 | 2.06 | 0.84 | 1.93 |
| | 4 月 | 降水量/mm | 23.1 | 22.9 | 19.7 | 22.3 | 22.5 | 22.8 | 31.7 |
| | | 占比% | 3.62 | 3.60 | 3.53 | 4.31 | 4.21 | 3.78 | 5.38 |
| | 5 月 | 降水量/mm | 34.3 | 32.3 | 31.7 | 31.9 | 35.4 | 34.1 | 35.3 |
| | | 占比% | 5.38 | 5.08 | 5.69 | 6.17 | 6.62 | 5.65 | 5.99 |
| | 6 月 | 降水量/mm | 81.1 | 82.8 | 65.2 | 61.1 | 54.4 | 75.8 | 67.3 |
| | | 占比% | 12.72 | 13.01 | 11.70 | 11.81 | 10.17 | 12.56 | 11.41 |
| | 7 月 | 降水量/mm | 209.2 | 194.9 | 169.7 | 151.8 | 138.3 | 214.3 | 194.6 |
| | | 占比% | 32.80 | 30.63 | 30.45 | 29.35 | 25.85 | 35.50 | 33.00 |
| | 8 月 | 降水量/mm | 184.5 | 203.0 | 174.8 | 152.5 | 160.3 | 145.8 | 136.7 |
| | | 占比% | 28.93 | 31.90 | 31.37 | 29.49 | 29.97 | 24.15 | 23.18 |
| | 9 月 | 降水量/mm | 50.5 | 50.0 | 43.4 | 39.8 | 52.5 | 55.5 | 49.5 |
| | | 占比% | 7.92 | 7.86 | 7.79 | 7.69 | 9.81 | 9.19 | 8.39 |
| | 10 月 | 降水量/mm | 26.0 | 22.1 | 23.9 | 25.3 | 29.3 | 25.4 | 30.1 |
| | | 占比% | 4.08 | 3.47 | 4.29 | 4.89 | 5.48 | 4.21 | 5.10 |
| | 11 月 | 降水量/mm | 7.8 | 7.0 | 9.7 | 9.9 | 15.7 | 11.7 | 16.1 |
| | | 占比% | 1.22 | 1.10 | 1.74 | 1.91 | 2.93 | 1.94 | 2.73 |
| | 12 月 | 降水量/mm | 3.9 | 2.5 | 3.2 | 3.6 | 4.0 | 4.5 | 5.4 |
| | | 占比% | 0.61 | 0.39 | 0.57 | 0.70 | 0.75 | 0.74 | 0.92 |

| 指标 | | 唐山 | 通县 | 保定 | 衡水 | 石家庄 | 沧州 | 禹城 |
|---|---|---|---|---|---|---|---|---|
| 年降水量/mm | | 637.7 | 636.3 | 557.3 | 517.2 | 534.9 | 603.7 | 589.7 |
| 最大四个月 | 降水量/mm | 525.3 | 530.7 | 453.1 | 405.2 | 405.5 | 491.4 | 448.1 |
| | 占比% | 82.37 | 83.40 | 81.30 | 78.34 | 75.81 | 81.40 | 75.99 |
| 最小四个月 | 降水量/mm | 20.6 | 19.1 | 19.2 | 22.6 | 26.5 | 18.3 | 28.4 |
| | 占比% | 3.23 | 3.00 | 3.45 | 4.37 | 4.95 | 3.51 | 4.82 |
| 最大四个月/最小四个月 | | 25.50 | 27.79 | 23.60 | 17.93 | 15.30 | 26.85 | 15.78 |

注：通县现通州区。

### 1.3.1.2 干旱指数

用气象部门提出的干旱指数（$\gamma$）来反映自然地理系统中的能量（即蒸发能力）和物质（即降水）的分配、组合与水分循环规律，说明不同地区干旱程度形成的原因。

干旱指数（$\gamma$）用年水面蒸发能力与降水量之比来表示。

$$\gamma = \frac{E_0}{P}$$

式中，$E_0$ 为用 $E_{601}$ 型蒸发皿实测的多年平均水面蒸发量；$P$ 为同期观测的降水量多年平均值。

当蒸发能力超过降水量，即 $\gamma>1$ 时，说明该地区偏于干旱，蒸发能力超过降水量越多，即 $\gamma$ 越大，干旱程度越严重。

据推算，华北平原的干旱指数：大清河上游2.19，滹沱河区2.20，漳河区1.76，卫河区1.58。

据河北省4个水文站的统计资料，1949~2010年年平均蒸发量为1117.6~1348.3mm，年平均降水量为504.9~673.3mm，年平均蒸发量为年平均降水量的1.7~2.7倍，见表1-34。

**表1-34　河北省4个水文站干旱指数**

| 站名 | 滦县 | 保定 | 石家庄 | 衡水 |
|---|---|---|---|---|
| 所在地区 | 唐山 | 保定 | 石家庄 | 衡水 |
| 年平均蒸发量/mm | 1160.4 | 1117.6 | 1147.0 | 1348.3 |
| 年平均降水量/mm | 673.3 | 570.3 | 547.7 | 504.9 |
| 干旱指数 | 1.7 | 2.0 | 2.1 | 2.7 |

注：滦县现滦州。

如果用3~5月历年蒸发量的均值与同期降水量的均值对比计算，则蒸发量为降水量的5.4~7.1倍，见表1-35。3~5月的干旱指数远大于多年平均的干旱指数，也大于1949~2010年最大干旱指数，这是春旱经常发生的重要原因（王文生等，2010）。

表 1-35 河北省 4 个水文站 3~5 月干旱指数

| 站名 | 滦县 | 保定 | 石家庄 | 衡水 |
|---|---|---|---|---|
| 所在地区 | 唐山 | 保定 | 石家庄 | 衡水 |
| 年平均 3~5 月蒸发量/mm | 402.1 | 385.0 | 384.4 | 466.4 |
| 年平均 3~5 月降水量/mm | 74.5 | 61.8 | 66.5 | 65.8 |
| 干旱指数 | 5.4 | 6.2 | 5.8 | 7.1 |

## 1.3.1.3 土质与地下水条件

华北平原大部分地区为壤质土,耕作层薄,结构差,土壤保水能力弱。尤其是分布于各河系两岸及泛区,古河道地带的风沙土壤,渗透性强,储水能力小,易于失墒,因而易形成干旱。山东鲁北地区主要是冲积地貌,以黄河泛滥沉积为主,微地貌复杂,多为砂壤土,滨海一带为盐土,易旱易涝,在土地构造上属华北台坳的一部分,巨厚的松散土层沉积在其上,而沉积物主要是黄河泥沙的第四纪地层,厚度近百米。以细沙和粉沙为主的含水层含水量较大,滨海地区地下水矿化度大于5g/L,无淡水资源可以利用。以上都是形成或加重干旱灾害的因素。

地下水资源受地形、地貌、地质构造、岩性以及水文气象的多种影响,有其自身的分布特点。根据华北平原的具体情况,采用多年平均地下水资源模数的方法描述地下水资源的地区分布。华北平原地下水资源的地区分布不但受降水量地区分布和下垫面条件的影响,还受人类活动对地下水开发利用情况的影响,表现为地区分布上的不均匀性。华北平原浅层地下水资源模数见表 1-36。

表 1-36 华北平原浅层地下水资源模数 (矿化度<2g/L)

[单位:万 m³/(km²·a)]

| 水资源分区 | | 行政分区 | 浅层地下水资源模数 |
|---|---|---|---|
| 滦河及冀东沿海诸河 | | 河北省 | 22.39 |
| 海河北系 | 北系四河 | 北京市 | 30.87 |
| | | 天津市 | 13.63 |
| | | 河北省 | 18.63 |
| | | 平均 | 23.02 |
| 海河南系 | 淀西清北 | 北京市 | 50.00 |
| | | 河北省 | 20.53 |
| | | 平均 | 26.70 |
| | 淀西清南 | 河北省 | 18.62 |
| | 淀东清北 | 河北省 | 16.68 |
| | | 天津市 | 10.10 |

续表

| 水资源分区 | | 行政分区 | 浅层地下水资源模数 |
|---|---|---|---|
| 海河南系 | 淀东清南 | 河北省 | 14.25 |
| | | 平均 | 13.53 |
| | 大清河 | 平均 | 18.45 |
| 海河南系 | 漳滏平原 | 河北省 | 21.47 |
| | 滏西平原 | 河北省 | 17.99 |
| | 子牙河 | 平均 | 19.59 |
| | 漳卫河平原 | 河北省 | 16.68 |
| | | 河南省 | 18.63 |
| | | 平均 | 18.20 |
| | 黑龙港 | 河北省 | 15.81 |
| | 运东 | 河北省 | 15.43 |
| | 海河南系 | 平均 | 18.17 |
| 徒骇马颊河 | 徒骇马颊河 | 山东省 | 17.35 |
| | | 河南省 | 10.69 |
| | | 河北省 | 15.89 |
| | | 平均 | 16.82 |
| 华北平原 | | 平均 | 18.79 |

华北平原浅层地下水资源模数一般是山前平原区大于中东部平原区；同是山前冲积扇、洪积扇，其轴部的模数要比两翼大；同是中东部平原，补给条件不同，模数也有差别。从二级区的范围看，滦河及冀东沿海诸河浅层地下水资源模数为 22.39 万 m³/(km²·a)；海河北系平均为 23.02 万 m³/(km²·a)，不同区域模数变化范围为 13.63 万 ~ 30.87 万 m³/(km²·a)；海河南系平均为 18.17 万 m³/(km²·a)，最小为 10.10 万 m³/(km²·a)，在北京市境内，最大为 50.00 万 m³/(km²·a)，在河北省境内，一般为 14 万 ~ 20 万 m³/(km²·a)；徒骇马颊河平均为 16.82 万 m³/(km²·a)，变化范围为 10.69 万 ~ 17.35 万 m³/(km²·a)。

为了概括地说明地下水资源量的分布情况，现将地下水矿化度小于 2g/L 的浅层地下水资源量分区，见表 1-37。从华北平原 2010 年的地下水埋深情况来看，山前平原地区地下水埋深达到 20m 以上，在北京、保定、石家庄、邢台等地区的某些区域地下水埋深甚至达到了 30m 以上，超采而加大的地下水埋深使得大部分地区土壤失去地下水毛细涵养，抵御气象干旱的能力也随之减弱。总之，华北平原地下水资源的地区分布很不均匀，地区之间的调剂使用比地表水资源更困难，这加剧了贫水区的干旱灾害（姚文锋等，2009）。

表 1-37　华北平原地下水资源量分布　　　　　　　　（单位：亿 m³）

| 二级区/行政区 | 本流域 | 本流域+引黄 |
|---|---|---|
| 滦河及冀东沿海诸河 | 8.9 | 8.9 |

续表

| 二级区/行政区 | 本流域 | 本流域+引黄 |
|---|---|---|
| 海河北系 | 28.84 | 28.84 |
| 海河南系 | 68.13 | 69.93 |
| 徒骇马颊河 | 25.22 | 33.22 |
| 流域合计 | 131.09 | 140.89 |
| 北京 | 21.56 | 21.56 |
| 天津 | 5.31 | 5.31 |
| 河北 | 70.93 | 70.99 |
| 河南 | 9.57 | 11.49 |
| 山东 | 23.72 | 31.54 |

### 1.3.1.4　全球气候变化

　　随着区域经济社会的快速发展和水资源的减少，水资源供需失衡的矛盾进一步加剧，在水资源的演变和区域气候的关系中，特别是区域降水量和气温之间存在着紧密的关系。我国是一个对于气候变化比较敏感的发展中国家，气候变化对农业、水资源及自然生态系统等都有很大的影响，因此也影响着区域的旱涝灾害。

　　郝春沣等（2010）选取降水量和气温两个气候变化的主要表征参数作为研究对象，以1956~2005年的降水量和气温作为基础资料，通过趋势检验、突变点检验结合小波分析的方法，对华北平原降水量、气温变化的特征和规律从趋势性、突变性以及周期性等多个角度进行了分析。结果表明，在全球变暖的大背景下，华北平原年平均气温明显升高，而年降水量则出现了明显下降的趋势，如图1-14和图1-15所示。

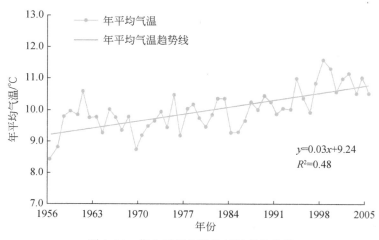

图 1-14　华北平原年平均气温变化趋势

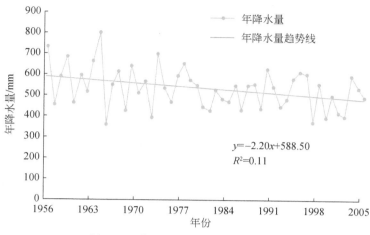

图 1-15　华北平原年降水量变化趋势

通过对 1956~2005 年华北平原的年平均气温系列分析后可知，华北平原在 1998 年出现年平均气温系列极大值，为 11.6℃，在 1956 年出现年平均气温系列极小值，达到 8.5℃，而华北平原的多年平均气温为 10.0℃，年平均气温系列的标准差为 0.7℃。由图 1-14 可以看出，1956~2005 年华北平原的年平均气温呈增加趋势，尤其在这个系列的后半叶，年平均气温正距平值表现出增加的趋势，这种趋势在 20 世纪 90 年代后表现得更为明显：90 年代以后的时段分布着这个系列年平均气温最高的 10 个年份。通过对华北平原四季气温进行分析比对，可知在这个系列时间内区域春季和冬季气温有了显著升高，夏季和秋季气温变化幅度较小。

由图 1-15 可以看到，华北平原年降水量在 1956~2005 年呈现出减少趋势，尤其是在 20 世纪 80 年代以后，年降水量明显较少，在年降水量最少的 12 个年份中 80 年代以后占到 9 个。通过对华北平原四季降水量进行分析，可知夏季降水量明显较少，其他三个季节没有明显变化，因此可以把华北平原年降水量减少归于夏季降水量的减少。

近年来，气候趋于暖干，温度增高趋势明显，同时 20 世纪 80 年代后降水明显减少，造成华北平原水分严重亏缺，导致干旱灾害更频繁的发生（郝立生等，2009；丁相毅等，2010；董恒等，2010；邵爱军等，2010）。

### 1.3.1.5　人类活动

**（1）人类活动对地表水资源的影响**

地表水资源（即地表径流），直接来源于降水，而区域下垫面的构成及其特征是生成径流的条件。区域下垫面指的是地壳表层部分，包括土壤、地质、植被、地形、地貌等，具有吸水、持水和输水的功能。华北平原地表水减少的主要原因首先是对浅层地下水高强度的长期超量开采，这造成地下水埋深下降甚多，同时使包气带增厚，增加了降水入渗的路径长度，从而使包气带总吸水量增多，增加了区域产流的入渗损失量，进而减少了区域的产流量。其次是耕作形式和种植结构的改变，这造成农田灌溉面积的增加，农作物生长需水量不断增加，从而使区域蒸发量、散发量大大增加，造成产流量明显减少（费宇红等，2007）。此外，人口的增加，生态用水量的不断增长，也是华北平原水资源短缺的一个原因。

**（2）人类活动对地下水资源的影响**

通过对华北平原水资源评价中的1956~1979年系列成果与1980~2000年系列成果进行对比，发现后者水资源量有所减少。造成这种情况的因素有四个方面：一是地下水资源的开采超采活动，不仅逐年降低华北平原的地下水位，使平原区包气带厚度增大，而且间接使降水入渗补给的时间周期增长，造成入渗系数减小，一些地区的入渗系数由1979年之前的0.30~0.40转变为现状年的0.20~0.30；二是山前拦蓄，可能导致常年河流断流或变成季节性河流，减少平原区沿河道线对地下水的补给量；三是农田灌溉中采取防渗和管道输水，渠系渗漏量减少；四是区域性降水量减少。

**（3）水资源量的比较**

《海河流域水资源评价》的统计数据显示，1956~1979年华北平原多年平均降水量为584mm，1956~2000年为552mm，两者相差5.5%。1956~1979年地表水资源量为73.6亿m³，1956~2000年为52.0亿m³，两者相差29.3%。1956~1979年地下水资源量为157.9亿m³，1956~2000年为140.9亿m³，两者相差10.8%，见表1-38。

表1-38　两个水文系列多年平均水资源值比较

| 系列 | 降水量 | 地表水资源量 | 地下水资源量≤2g/L |
|---|---|---|---|
| 1956~1979年 | 584mm | 73.6亿m³ | 157.9亿m³ |
| 1956~2000年 | 552mm | 52.0亿m³ | 140.9亿m³ |
| 1956~2000年比1956~1979年减少 | 5.5% | 29.3% | 10.8% |

据评价，由于气候变化和人类活动影响，整个海河流域水资源总量从1956~1979年的421亿m³衰减为1956~2000年的370亿m³，衰减比例为12.1%。流域水资源总量的减少导致可用水量减少，这加剧了资源性缺水干旱状况。

### 1.3.1.6　水资源承载力

干旱是一种自然现象，干旱对社会经济和生态环境的危害都是直接或间接对人类生存的威胁或损害；而人类社会经济发展、变化也会使干旱灾害的情势发生变化。人口增长和生活水平的提高以及社会经济的发展会使社会需水量增加，导致水的供需不平衡，造成缺水，形成不同程度的干旱灾害。华北平原水资源仅占全国的1.3%，人均水资源仅为206m³，全国各大流域中最少，但人口占全国的10%，耕地面积为1.74亿亩，占全国的12%。近年来，人口和经济社会发展规模的增多，造成区域水资源的需求量远大于水资源承载力，因此要通过超采地下水和引黄来维持用水量（薛小妮等，2012）。

刘德民等（2011）通过1995~2005年华北平原的实际水资源平均开发情况来分析其水资源开发利用状况，海河北系和华北平原地区的年均地表水开发利用率分别为0.88和

0.67，华北平原地表水开发利用率大大超过了国际公认的 0.4 合理上限。由图 1-16 可知，华北平原年平均开采量和浅层地下水资源量分别为 172m³ 和 141m³，浅层地下水开发利用率为 1.22。四个二级区中除徒骇马颊河外其余三个均处于超采状态，其中海河南系更甚，其浅层地下水开发利用率达到 1.49。华北平原浅层地下水总体处于严重超采状态。除此以外，对深层承压水也进行了每年约 39 亿 m³ 的开采。

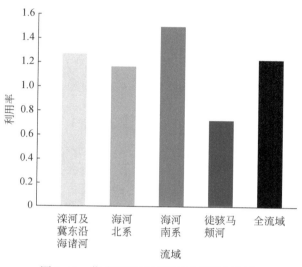

图 1-16　华北平原浅层地下水开发利用率

长期的超采活动造成华北平原的供水保障和用水安全难以维持，水环境条件十分恶劣，流域的生态环境也变得恶劣，限制了工农业经济的发展和人民生活质量的提升。对 1956~2000 年水资源供需分析，华北平原多年平均缺水率和缺水量分别为 21% 和 96 亿 m³，其中河北、河南、山东和天津的缺水率分别为 27%、23%、18%、13%（图 1-17）。长期的产业布局不合理造成用水大省和缺水大省并存的现象（金光振和金光明，2003）。这种现象的

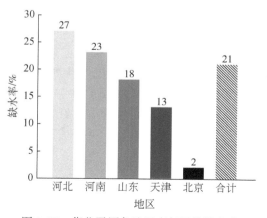

图 1-17　华北平原各地区多年平均缺水率

原因很多，主要是各省片面追求经济发展，没有根据自己的水资源承载力合理安排产业比重，缺乏有效的利益补偿和激励机制，妨碍了节水水平和水资源利用效率的进一步提高，因此造成水资源供需矛盾难以调和，这在一定程度上造成水资源整体配置的不合理。水资源承载力的不足将大大削弱华北平原对干旱事件的处置能力，致灾风险增加。

# 1.3.2 致涝因子分析

华北平原涝碱灾害形成主要受地形地貌、气候、水文地质、土壤等方面的自然地理因素影响，同时人类活动因素也产生正面和负面影响。

## 1.3.2.1 地形地貌

华北平原独特的地形和地势对降水、径流与洪水都有直接影响，主要有以下几点：一是自东北至西南的燕山—太行山一脉形成一道屏障，若是夏季风盛行，就可以阻挡海洋水汽向内陆输送，使山前迎风坡在地形的抬升作用下，易于形成暴雨。因此，燕山和太行山的山前坡地成为平原内的多雨带与径流高值区，经常暴发山洪，给下游地区带来洪水灾害。另外，山地向平原过渡的丘陵不发育，使山区洪水向平原迅速倾泻，也加剧了平原地区的洪水灾害。二是平原地区的地形地势，为洪涝灾害的发生提供了条件。平原区的地势是南部自西南向东北倾斜，北部自西北向东南倾斜，中部自西向东倾斜。这种地势决定了洪水的自然流向，即由西南、西、西北三个方向流来的洪水向平原地面高程最低的天津汇集，然后流入渤海湾。暴雨移动的途径与各河洪水流向、流速的自然组合，使各河洪水遭遇洪峰叠加的现象经常出现。当山区洪水与平原暴雨同时发生时，由于洪沥争泄，平原易发生较大的涝渍灾害。三是山前平原周边的山地高原区地形复杂多变，高差变化大，下垫面情况对天气的影响非常突出。在群山起伏的山区，高空虽都处在同一种大尺度天气过程的控制下，但低空底层气流受局部地区的动力、热力因素影响，造成低空气流不稳定，从而可能导致局部地区出现雷阵雨，并且由于局部地区雷阵雨的雨强通常较大，这些山前平原地区也会出现一定的洪水灾害（关铁生等，2012）。

公元前的1000~2000年，黄河下游基本上是由西南流向东北，夺海河水系入海；公元后黄河南移，至11世纪时又改道北流，持续100年左右。黄河对华北平原的形成及地形地貌特点有着非常重要的作用。首先，黄河主流的频繁迁徙，连同海河水系自身的冲积，导致海岸不断向前推移，平原不断扩大，形成了如今的华北平原；其次，黄河所经沿途都有大量泥沙淤积，在两侧平原上造成次一级的分水脊，河床高出两侧地面1~4m，在海河冲积扇和黄河冲积之间形成若干交接洼淀。而平原坡地、平原洼地、滨湖地区和滨海地区也是易发生涝碱灾害的主要区域。

## 1.3.2.2 气候

华北平原地区降水年内分配很不均匀，由于受蒙古高压控制，冬春两季雨雪稀少，气候干燥；由于太平洋副热带高压北移，7~8月是暴雨集中的季节，也是洪涝灾害的最直接原因。区域多年平均降水量的年内分配,春季(3~5月)占 11.9%,汛期(6~9月)占 78.5%,秋冬季(10月至次年2月)占 9.6%。

华北平原地区汛期降水多以暴雨出现,暴雨的特征是笼罩面积大、连续暴雨多、暴雨中心分散,其中长历时大范围暴雨(2~10天)最易形成特大洪涝灾害。根据中华人民共和国成立以后区域内 12 次(不包括 1963 年)主要暴雨中心时-面-深统计资料,发生在平原区的有 3 次。第一次是 1958 年 7 月 13~15 日,暴雨中心位于天津市宝坻县(现宝坻区)九王庄,中心点雨量 519mm,3 日雨量大于 100mm 的笼罩面积 74 160km²。第二次是 1961 年 7 月 10~13 日,暴雨中心位于德州,中心点 3 日雨量 470.7mm,大于 200mm 的笼罩面积 4320km²。第三次是 2012 年 7 月 21~22 日,暴雨中心位于北京市房山区,中心点雨量 460mm,接近 500 年一遇,雨量在 100mm 以上的面积达到 14 000km² 以上,强降水一直持续近 16h,这次暴雨过程对北京市的基础设施及居民正常生活造成了巨大影响。

华北平原受风暴潮影响也很严重,汛期潮位越高,越易造成排水河道入海口水位顶托,影响沥水下泄。例如,天津市塘沽区(已并入滨海新区)平均潮差 2.46m,最大潮差 4.30m,1992 年潮位为 4.84m,冀东沿海平均潮差 2.20m。风暴潮 10~15 年为一周期,如 1880 年、1895 年、1915 年、1926 年、1938 年、1949 年、1985 年、1992 年、1994 年等均发生过大潮,使沿海地区排涝受阻(郭璞和王希衡,2002;陈福军等,2011)。

华北平原属大陆性季风气候,多年平均春冬季降水量在 50mm 左右,占全年降水量的 10% 左右,干季长于湿季。在旱季强烈蒸发影响下,土壤表层水分不断补充蒸发,根据"盐随水来,水去盐留",土壤表层水分不断补充土壤中毛细管水流运动,在地表积聚了很多原来溶于水中的盐分。雨季是自然淋碱压碱的时期,但雨量分配不均,极易造成涝灾,涝灾之后抬高了水位,又造成盐脱。据多年观测,一年之内积盐与脱盐大致可以分为以下阶段:3~6 月强烈积盐,7~8 月迅速下淋,9~10 月缓慢上升,11 月至次年 2 月相对稳定。所以易碱地区既怕旱又怕涝,特别是春旱秋涝更为不利。

### 1.3.2.3 水文地质

华北平原地区地下水赋存于第四纪沉积中,按第四纪地层自上而下可分为四个含水组,即全新统、上更新统欧庄组、中更新统杨柳青组及下更新统固安组,分别相当于第 I、II、III、IV 含水组。平原区浅层地下水类型主要是潜水,局部有一些微承压水,大多赋存于第 I、II 含水组内。廊坊—宝坻—乐亭以北、廊坊—宁晋—邯郸—滑县以西及沿黄河地带为矿化度小于 2g/L 的淡水分布区称为全淡区,其水化学类型由冲洪积扇顶部的重碳酸盐型变为扇前及扇间地带重碳酸盐硫酸盐或硫酸盐重碳酸盐型。在上述界线的东南部地区出现咸水,为有咸区,有咸区分布于中东部平原和滨海平原。咸水呈楔形体,厚度由中部平原的 10m 逐渐增至滨海平原的 100m 以上。浅层淡水是指咸水体以上的悬浮淡水,深层淡水是指咸水体以下的淡水。咸水区是指没有浅层淡水分布的咸水体以上的部分。浅层淡水主要沿河道带分布,以呈条带状或岛状的形式分布于中东部平原的第 I 含水组内。其主要成分为重碳酸钙镁型水、重碳酸硫酸盐或重碳酸盐氯化物型水,矿化度小于 2g/L。微咸水的水化学类型与浅层淡水接近,与浅层淡水相间分布,边界呈过渡状,矿化度 2~

5g/L。咸水分布在中东部平原及滨海平原，其水质变化规律在水平方向由西向东为硫酸盐型过渡为氯化物型，矿化度由 2～10g/L，直至 20g/L，滨海平原高达 50g/L 以上；咸水体化学类型在垂直方向变化一般不大，而矿化度则变化甚大，一般在咸水体上下部矿化度低，中部高，高矿化度的咸水多为透镜状分布。深层淡水分布于中东部平原，位于咸水层之下，以重碳酸钙镁型水为主，地下水呈中性—弱碱性，矿化度一般小于 2g/L。深层淡水中氟化物含量一般较高，绝大部分地区大于 1mg/L，最高达 7.1mg/L。

华北平原矿化度<2g/L 的淡水、矿化度在 2～5g/L 的微咸水、矿化度>5g/L 的咸水分别占总面积的 69.15%、23.46% 和 7.39%。各水文地质分区的矿化度面积见表1-39。

表1-39 华北平原地区各水文地质分区的矿化度面积

| 水文地质分区 | 矿化度面积/km² | | | | 总面积/km² |
| --- | --- | --- | --- | --- | --- |
| | <2g/L | 2～3g/L | 3～5g/L | >5g/L | |
| 山前平原 | 40 889 | 1 694 | 373 | 11 | 42 967 |
| 中东部平原 | 42 583 | 17 690 | 5 849 | 1 904 | 68 026 |
| 黄河冲积扇 | 12 526 | 914 | 248 | | 13 688 |
| 滨海平原 | 212 | 1 236 | 4 635 | 8 365 | 14 448 |
| 合计 | 96 210 | 21 534 | 11 105 | 10 280 | 139 129 |
| 占总面积的百分数/% | 69.15 | 15.48 | 7.98 | 7.39 | 100 |

地下水条件是盐碱化的重要因素，地面地下径流不畅，地下水埋深较浅（一般 1.5～2.5m），而矿化度较高（一般为 2～5g/L），在强烈蒸发影响下，盐分积累地表，通常来说地下水越浅，其潜水蒸发会越大，土壤盐碱化越重，地下水盐分越浓，矿化度越高。至于中部平原地带盐分的来源：一是上游岩石风化产生的盐分，随地面、地下径流进入平原；二是各河泛滥沉积的母质本身也含有一定盐分。滨海平原属海退地，本来就残留大量盐分，而海潮带返回给陆地大量的盐分。又由于海水顶托的影响，滨海平原地下水埋深在1m 左右，矿化度在 10～50g/L，因而大量积盐，形成大面积盐碱荒地。

### 1.3.2.4 土壤

华北平原土壤发育在轻壤土、砂壤土质近代冲积物母质上，以浅色草甸土、盐化浅色草甸土、沼泽化浅色草甸土为主，局部有沼泽土。华北平原土壤种类及其分布如图1-18所示。

燕山、太行山山麓是由洪积扇构成的山前平原，在河流的两侧有浅色草甸土及砂土，土壤以耕作草甸褐土、耕作褐土为主，局部洼地有沼泽土和沼泽化浅色草甸土，并分布有壤质、砂质及黏化潮土、褐土、潮土等。山前平原排水条件较好，涝渍灾害相对较轻。

华北平原中下游冲积平原一般为耕作草甸土区。文安洼、白洋淀、大陆泽和宁晋泊及近海平原等洼地，土壤为盐化沼泽浅色草甸土及沼泽土；滨海平原洼地的盐化草甸土、盐土区占滨海平原的大部分。这些地区土壤中可能有不透水的障碍层，从而导致排水不良，且土质较黏，透水性差，如砂姜土层、鸡粪土层、黏土层等，一般埋深在

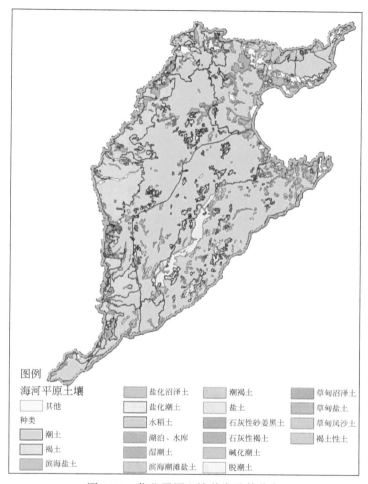

图例

海河平原土壤

| | | | |
|---|---|---|---|
| □ 其他 | 盐化沼泽土 | 潮褐土 | 草甸沼泽土 |
| 种类 | 盐化潮土 | 盐土 | 草甸盐土 |
| 潮土 | 水稻土 | 石灰性砂姜黑土 | 草甸风沙土 |
| 褐土 | 湖泊、水库 | 石灰性褐土 | 褐土性土 |
| 滨海盐土 | 湿潮土 | 碱化潮土 | |
| | 滨海潮滩盐土 | 脱潮土 | |

图 1-18 华北平原土壤种类及其分布

1.0m 左右。雨季降水入渗土壤后，地面虽无积水或积水已消退，但地下水埋深较浅，重力水下渗受阻，使作物根系长期被水浸泡窒息而成灾或使可溶盐分聚积土壤表层产生盐碱危害。平原地区地面 30~50m 深度以下有一黏土、亚黏土隔水层，透水性差，垂直入渗困难。

华北平原中东部平原盐碱地的形成与土壤质地密切相关，由于河流泛滥影响，砂、黏土交互沉积，土壤质地复杂。一般土质毛细管水分上升强烈，易于积累盐分，黏质土质不利于毛细管水分运行，上升速度慢，盐分不易积累。

### 1.3.2.5 人类活动

**（1）华北平原历史上无完整的除涝排沥工程体系**

历史上，一是靠就近排入洪涝并用的河道，洪涝并用的河道，往往因洪水位高，两岸涝水无法排入而受灾，如子牙河、漳卫南运河、大清河和蓟运河等都属于此种类型；二是靠滞于洼淀，依靠蒸发、渗漏泄入河道，有时因洼淀水位过高而影响其上游和周边涝水的排入，如白洋淀为大清河南支的主要滞洪区，当上游支流发生洪水时，淀内水位升高导致周边涝水难以排入。

**（2）南北大运河截断南系河流的入海流路，造成运河西部地区历史上经常内涝成灾**

华北平原南系的河流多为东西流向，被大运河南北走向所截断，形成泄洪、排涝集中天津入海的局面。清代为使大运河的航运不受运西地区来水影响，对徒骇马颊河运西地区发布诸如有灾情"只准报灾，不准挖河"的政令。直到20世纪30年代徒骇马颊河才得以全线贯通，直泄入海；由于南运河的阻挡，黑龙港河历来只靠贾口洼容纳，无排水出路，直到60年代才开通了南排河，有了自身的通道。

**（3）"重蓄轻排""重骨干轻配套"延缓了除涝治碱工程体系的形成**

从中华人民共和国成立以后到60年代初期的十几年间，强调"以蓄为主"，着重于山区水库建设，延缓了除涝治碱工程的建设，使平原地区在较长时间内除涝治碱工程抗灾能力处于极低的状态。例如，黑龙港及运东地区，共有耕地144.2万 $hm^2$，1949～1979年，涝灾面积超过13.3万 $hm^2$ 的年份就有14年。60年代中期以后，端正了治水思想，确立了"蓄泄兼筹"的治水方针，大力开展了除涝治碱工程建设，但在工程安排上，又出现了"重骨干轻配套"，易涝易碱地区虽已陆续建成较完善的骨干排水工程体系，但是田间各级配套工程进展缓慢，影响了工程效益的充分发挥。扩大骨干排水工程，不管配套，致使骨干排水工程不能充分发挥效益，加重了涝灾。

20世纪70年代以来，由于水资源缺乏，许多地区都在排涝河道上建闸蓄水，如徒骇马颊河、漳卫新河、清凉江、南排河等都有此举。社会对此褒贬不一，上下游，灌与排往往立场不同，观点相悖。山东鲁北地区虽采取限制地下水临界深度的办法来防止发生次生盐碱化，但终归是排涝河道运用上的一大新问题，需要在工程和管理上采取措施，以利于泄洪排涝治碱。

**（4）河道淤积严重影响了河道排涝能力，加重了涝灾**

徒骇马颊河扩大治理以来已40余年，水土流失、河道输送黄河水以及建闸蓄水等因素使河道严重淤积。河道淤积，除了引黄挟沙淤积之外，还有以下原因：一是河岸坍塌；二是入海水量逐年减少，海口泥沙（主要是海相泥沙）冲淤失衡；三是河道设障严重，影响水流。

# 1.4　旱涝演化规律及趋势研究

## 1.4.1　旱涝演化规律分析

华北平原在气候演变和人类活动的共同作用下，近百年来水循环呈现以下演化规律。

1）华北平原年降水量整体上呈现缓慢上升趋势，但检验并不显著，降水的季节分布从1979年后呈现主汛期（7～9月）持续减少，春季（3～5月）降水持续增多的趋势。

降水演变在百年尺度上有一个约 80 年的丰枯周期，有明显的 5 年和 22 年周期，根据气候模式预测结果和降水周期演变规律（车少静，2010），华北平原未来降水将结束自 1997 年以来的连续枯水期，进入一个平水期或者丰水期，进而进入一个暖湿的演化阶段。

2）华北平原天然径流和入海水量整体上呈现衰减趋势，1980 年以后这种衰减趋势更为明显。天然径流和入海水量的衰减主要是由下垫面条件变化引起的，即使未来华北平原降水有一定幅度的增加，天然径流和入海水量也很难恢复到历史平均水平。

3）近 50 年来，华北平原洪水灾害显著减少，干旱灾害显著增多，在未来气候变化情境下，气温升高导致的气候系统稳定性下降可能使华北平原出现更多的暴雨和连续干旱，但是由于华北平原水利工程调蓄能力很大，未来发生全区域洪灾的可能性较小，在气候整体趋于暖湿的调节下，长期干旱出现的概率也会有所下降，但是局部地区的山洪和极端干旱出现的概率可能会有所增加。

## 1.4.2　趋势预测

### 1.4.2.1　降水变化趋势预测

降水的演化趋势预测具有较大的不确定性，不同气候模式结果间具有很大的差异，对未来降水演化趋势的预测将综合考虑极端降水的变化趋势、气候模式预测结果和基于历史资料的降水年代波动规律。

**（1）极端降水的变化趋势**

殷水清等（2012）利用 1961～2004 年华北平原 21 个气象站的夏季逐时降水资料，分析了华北平原降水过程的极端小时降水和雨强的长期变化趋势。研究表明，短历时降水量占总降水量的比重以 1.3%/10a 的速度增加，而流域内长、短历时降水量分别以 12.8mm/10a 和 2.5mm/10a 的速度减少，如图 1-19 和图 1-20 所示。而空间分布上，小时降水发生频率和降水量在区域内表现出一致的减少趋势；而 ≥10mm/h 的极端小时降水以及长历时降水的平均雨强和峰值雨强在流域的东西部呈相反的变化趋势，即东部呈减少趋势，西部呈增加趋势。大部分站点短历时降水的平均雨强和峰值雨强呈增加趋势。

**（2）气候模式预测结果**

根据美国国家大气研究中心（NCAR）模式在 A1B 情景下的预测结果，可以得到 2020 年和 2030 年水平年相对于现状水平年的降水变化，2020 年华北平原的降水量有明显增加，2030 年降水将在 2020 年的基础上进一步小幅增长。根据 NCAR 模式预测结果，在 2020 年和 2030 年水平年，华北平原降水将分别增加 14.3% 和 16.4%。

**（3）基于历史资料的降水年代波动规律**

根据对近百年华北平原降水演变的分析，降水演变有一个约为 80 年的周期，自 2007 年开始，华北平原降水量开始转丰，根据华北平原降水丰枯变化周期，未来 10～15 年华北平原可能结束自 1997 年以来的枯水期，进入平水期（黄荣辉等，1999；王晓霞等，2010；马颖和张松涛，2010；王哲等，2012）。

气候模式预测结果和基于现有资料降水年代波动的分析均表明，未来华北平原在气温持续升高的同时，降水可能结束自 1997 年以来的连续枯水期，进入一个平水或者丰水周期，未来华北平原有望进入一个较为暖湿的时期，由此带来的影响为：一方面短历时降水过程频率增加，强度增强，峰值雨强提前，可能增加城市内涝和局地洪水及土壤侵蚀的风险；另一方面，降水时间过分集中不利于土壤水分的维持，可能增加干旱的风险。

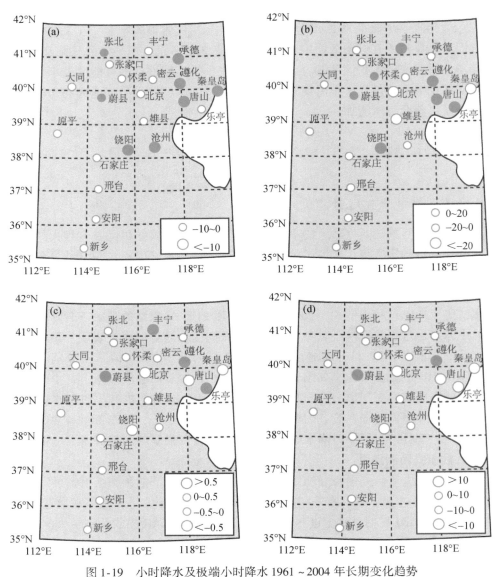

图 1-19　小时降水及极端小时降水 1961～2004 年长期变化趋势
（a）降水小时（≥0.1mm）数目；（b）总小时降水量；（c）极端小时（≥10mm）降水数目；
（d）总极端小时降水量。黄色和天蓝色实心点分别表示增加和减少趋势能通过显著性水平 $\alpha=0.1$ 检验的站点

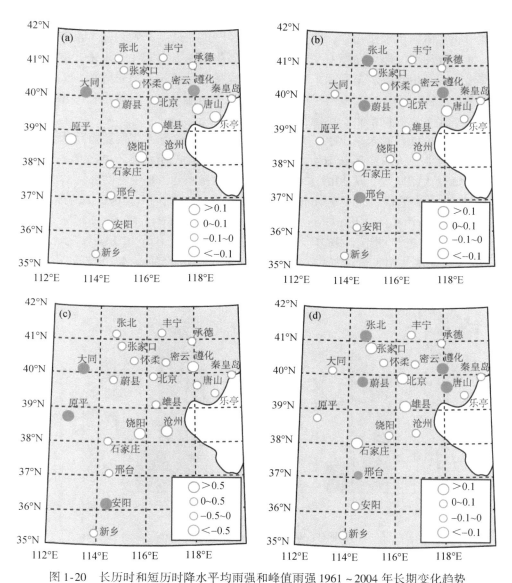

图 1-20　长历时和短历时降水平均雨强和峰值雨强 1961～2004 年长期变化趋势

（a）长历时降水平均雨强；（b）短历时降水平均雨强；（c）长历时雨强峰值；（d）短历时雨强峰值。
黄色和天蓝色实心点分别表示增加和减少趋势能通过显著性水平 $\alpha=0.1$ 检验的站点

### 1.4.2.2　社会水循环因子演变预测

华北平原作为我国的政治中心和经济增长的第三极，未来经济社会仍将保持较快的发展，城市化水平将进一步提高，经济结构中第三产业的比重将继续上升，这种经济社会发展将驱动生活用水的持续增长；由于未来对生态环境的重视，生态用水还将出现较大的增长；农业用水和工业用水在先后达到峰值，已经开始出现缓慢下降的情况下，而且由于未来用水效率和经济结构的提高与调整，工业用水和农业都将维持目前缓慢下降的趋势。

未来华北平原的供水结构中，地表水由于已经严重的过度开发，基本没有进一步开发的潜力，地下水长期的超采在海河平原形成了大面积的地下水漏斗，未来开源潜力也十分有限，南水北调东中线调水工程通水后，外调水源将有所增长，但是外调水总量有限，同时部分外调水还需用于替换区域内过度开发的地表水和地下水，对供水量的增长作用十分有限，未来华北平原的供水将基本维持当前的水平。

张光辉等（2011）对未来2030～2040年华北平原的经济社会发展需用水量趋势进行了预测，研究表明，人口的不断增加，不仅造成生活和生产用水量不断增加，而且导致人均占有水资源量大幅减少。从2010～2040年的需用水量来看，基于可供水量371.8亿 $m^3$/a，2020年将缺水91.2亿 $m^3$/a（总需水量463.0亿 $m^3$/a）。2030年、2040年的预测需水量分别为483.0亿 $m^3$/a和531.0亿 $m^3$/a，将分别缺水111.2亿 $m^3$/a和159.2亿 $m^3$/a，如果考虑社会发展和科技进步的节水潜力，则分别缺水99.0亿 $m^3$/a和140.0亿 $m^3$/a（图1-21）。即使考虑南水北调工程增加供水量70.3亿 $m^3$/a，仍分别缺水28.7亿 $m^3$/a和69.7亿 $m^3$/a，水资源供需之间紧缺矛盾难以缓解（田燕琴，2006；张利平等，2010）。

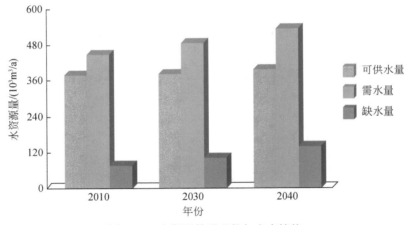

图 1-21　水资源供需现状与未来情势

### 1.4.2.3　干旱化特征及其变化趋势分析

对1961～2010年华北平原干旱等级的时空演变规律、未来干旱趋势及其与气候变化的关系进行分析，可得出以下结论。

1）时空演变特征在不同等级干旱的表现：空间上，重大干旱主要集中在衡水、邢台等地；流域西北部则是中旱的高发区；而轻旱频发区位于流域东北部的秦皇岛、唐山等地。时间上，重大干旱发生频率最小，约为5%；中旱发生频率相对较少，在40%～50%；而全流域最易发生轻旱，频率高达80%～90%。流域未来轻旱范围趋于扩大，重大干旱、中旱影响范围缩小，区域整体干旱化有减弱趋势（李庆祥等，2002）。

2）气候变化与干旱之间的关系：年代/年代际降水量、蒸发量呈双降趋势，蒸发量的线性减小速率相对较小，区域干旱化的形势趋于缓和。但在年代/年际变化上，平均相对湿润度指数逐渐减小，流域总体仍趋向干旱化。

3) 未来干旱的时空分布：空间上，北京、廊坊、唐山、秦皇岛等地未来受干旱化影响显著。其中，秦皇岛降水明显减少，而北京、廊坊、唐山蒸发加剧，导致这些区域在未来干旱化可能更甚。时间上，流域干旱存在三类尺度的周期（25~40 年、15~25 年、3~15 年），其中 2007 年前后干旱突变，预计到 2017 年区域总体上仍处于干旱化阶段，故以 10 年尺度为周期的变化能量最大。

因此，随着华北平原气温的升高、降水量及蒸发量的增大、城市化水平的提高，区域干旱化的趋势趋于缓和；与此同时，由于全球变暖，区域的微量雨日普遍减少，大暴雨事件的可能性增加，极端气候（即旱涝事件）也将出现增加趋势。结合华北平原的实际情况，将研究区分为华北山前平原、华北东部黑龙港地区、华北南部引黄灌区三个特征区域，以区域旱涝事件为基础，对华北平原的旱涝综合应对展开研究，并提出战略任务和战略布局。

# 第2章 | 华北山前平原旱涝应对研究

## 2.1 华北山前平原区位特征

山前平原位于华北平原西北部，位于燕山山前50m地面等高线以南和太行山山前100m地面等高线以东的平原区，由规模大小不等和不同时期的河流冲洪积扇叠置与连接而成，主要为第四系冲洪积的砂砾石层、亚砂土及亚黏土的松散沉积物。

山前平原地处京广铁路沿线，总面积为43 860km²，主要包括北京、河北（唐山、保定、石家庄、邢台和邯郸）以及河南（安阳、新乡）等山前平原区。其中河北的山前平原面积占华北山前平原总面积的67.01%，河南的山前平原面积占华北山前平原总面积的15.02%，北京的山前平原面积占华北山前平原总面积的14.59%，天津的山前平原面积较小，仅为1481km²，占华北山前平原总面积的3.38%。按水系和流域分区，华北山前平原可分为五个部分。

1）滦河及冀东山前平原位于华北平原的东北部，属于流域分区"滦河及冀东平原"中上游带，隶属河北省唐山市和秦皇岛市，由滦河、洋河、沙河和陡河等冲洪积扇构成，面积为4236km²。

2）海河北系山前平原位于华北平原的北部，属于流域分区海河北系的"北四河平原"上游带，隶属北京市、天津市和河北省唐山市及廊坊市，由永定河、潮白河、温榆河和白沟河等冲洪积扇构成，面积为9407km²。

3）大清河水系山前平原位于华北平原的西北部，地处河北省保定市、石家庄市以及北京市，属于流域分区海河南系的"大清河淀西平原"，由拒马河、唐河、易水河、漕河和府河等冲洪积扇构成，面积为12 323km²。

4）子牙河水系山前平原位于华北平原中西部，地处河北省石家庄市、邢台市和邯郸市，属于流域分区海河南系的"子牙河平原"，由滹沱河、沙河、磁河和坻河等冲洪积扇构成，面积为11 537km²。

5）漳卫河水系山前平原位于华北平原的西南部，地处河北省邯郸市和河南省黄河以北地区，属于流域分区在海河南系的"漳卫河平原"，由漳河、卫河、淇河、安阳河、沙河和白马河流冲洪积扇构成，面积为6357km²。

从燕山、太行山流出的多条河流在山麓向平原缓缓倾斜，于低平原交界处形成洼地，构成了山前平原优越的自然条件。区内地势平坦开阔，土层深厚，光热条件好，农耕历史悠久，耕地自然质量等别较高。作物单产水平高，是华北平原粮食主产区之一。区内的实际蒸散发量远高于同期降水量，为800~900mm，其典型的农作系统为冬小麦-夏玉米一年两熟制。山前平原属暖温带半湿润半干旱气候，年均气温 12～14℃，年降水量介于 480～650mm，多集中在 7～8 月，雨热同季，主要采用地下水灌溉以保证较高的产量水平。

华北平原作为我国三大粮食生产基地之一，适于农作物生长，山前平原又是华北平原农业生产的高产区。华北平原作为全国粮食储备的主要地区，农业有着悠久的发展历史。早在春秋战国时期始开展兴修水利，农耕区由区域的南部向北部推进；秦汉时期实行屯兵垦荒，移民垦荒，农业得到进一步发展；宋朝出于军事上的需要，以大清河、海河为界，构筑东西长 300km、南北宽 50km 的水域防线，为当地农业的发展提供了有利条件。明清两代相继采取水利、屯垦、种稻等措施，促进京畿农业。

中华人民共和国成立以后，华北平原的农业得到迅速的恢复和发展。在"水利是农业的命脉"思想指导下，大力兴修防洪、灌溉设施，提高防洪抗旱能力。2010 年农业总产值为 4231 亿元，耕地面积为 14 824 万亩。主要的经济作物有棉花、油料、麻类、烟叶等，主要粮食作物有小麦、大麦、玉米、高粱、水稻、豆类等。有效灌溉和实际灌溉面积分别为 10 387 万亩和 10 163 万亩，其中有效灌溉面积占耕地面积的 70%，粮食总产量 4576t，为 1949 年的 5.7 倍，人均粮食占有量 523kg。华北平原年均实灌面积约占耕地面积的50%，而其粮棉总产量约占总产量的 2/3。

农业耕作是山前平原主要的生产方式，而农业生产对灌溉的依赖性相当大。为保证较高产量水平，山前平原多采用地下水灌溉方式。区域农业经济生产对干旱特别敏感，干旱年受水源的限制，灌溉面积大幅减少，农业减产甚多。农业生产从 1949 年以来增幅甚大，但波动起伏，不太稳定。历史上华北平原兴修了一些水利设施，但其抗御水旱灾害的能力较弱，基本上"靠天吃饭"，干旱对山前平原农业生产威胁甚大。基于此，本书研究华北山前平原干旱应对战略方案。

## 2.2 华北山前平原旱涝历史、现状与演化趋势

### 2.2.1 干旱

干旱是一种自然现象，其主要是降水稀少，致使水量相对亏缺，不能够满足经济社会的发展和人类生存的气候现象。干旱会导致供水水源匮乏，不仅可能危害作物生长，减产农作物产量，还可能危害居民生活，影响工业生产及其他社会经济活动。干旱不等于旱灾，只有造成损失成为灾害才称为旱灾。在华北山前平原的自然灾害中，干旱灾害发生概率最高，笼罩范围最大，影响人口最多，损失巨大，历史上有"十年九旱"之称，春旱几乎年年发生，其中以山前平原受影响最大、农业受灾最为典型。

据竺可桢《中国历史上气候之变迁》，按照《古今图书集成》的零星记载，华北平原由晋朝至元代，发生旱灾 71 次，平均百年 6.4 次。明代以后，自然灾害史料较全，可以大致看出旱灾发生的年份、次数、灾害程度和范围。据中国科学院历史研究所编印的《中国历代自然灾害大事记》记载，从明代的 1368 年至清代前期的 1839 年，华北山前平原发

生的规模较大旱灾 123 次，平均百年 26 次。按照中国科学院河北省分院经济历史地理研究所 1961 年 8 月编印《1840—1948 年河北省的水旱灾害》统计，自清代后期的 1840 年至民国 1949 年，华北山前平原发生小旱灾 60 次，大旱灾 12 次，特大旱灾 3 次，共 75 次，平均百年 68 次。

**（1）汉代至元代（公元前 206～公元 1367 年）干旱灾害**

这一历史时期自然灾害史料甚少，难以具体确定各朝代旱灾实际发生次数和等级。仅就史料中记载比较详细的旱灾举例，具体如下。

东晋成帝咸康二年（336 年），"冀、青等六州自咸康元年十一月不雨雪，至二年八月久旱谷贵，百姓饥馑，野无生草，金一斤值米二斗，银一两值肉一斤，流亡死者十有六七"。

北魏孝明帝神龟元年（518 年），"幽州正月大饥，民死者三千七百九十九人，北魏自正月不雨，至于六月"。

唐代宗大历六年（771 年），"河北三月旱，斗米千钱，春旱至于八月"。

宋太祖建隆三年（962 年），"河北、河南大旱，霸州苗皆焦仆，孟津、濮、郓、滑等州并春夏不雨"。

宋神宗熙宁七年（1074 年），"自春及夏，河北、山东、京东西诸路久旱，九月诸路复旱"。

元仁宗延祐五年（1318 年），"七月真定、河间、广平、中山大旱"。

元顺帝至正十二年（1352 年），"大名路六月旱、蝗，饥民七十余万"。

**（2）明代至民国时期（1368～1949 年）的干旱灾害**

根据《海河流域历代自然灾害史料》和《海河流域历史上的大水和大旱》等文献资料，明代、清代和民国时期，华北山前平原发生特大旱灾的频次有：明代 11 次（1472 年、1484 年、1560 年、1561 年、1586 年、1601 年、1615 年、1628 年、1639 年、1640 年、1641 年），清代 5 次（1689 年、1721 年、1743 年、1792 年、1877 年），民国时期 2 次（1920 年、1942 年），共 18 次。兹记录其中几次特大旱灾，具体如下。

A. 明万历二十七至二十九年（1599～1601 年）特大旱灾

明万历二十七至二十九年，华北平原连遭三年大旱，其中以万历二十九年最为严重，当时"畿辅八府及山东、山西、辽东、河南荒旱"，野无青草，载道流离。吏部尚书李载等于万历二十年奏言："自去年六月不雨，至今年五月，三辅嗷嗷，民不聊生，草木既尽，剥及树皮，夜盗成群，兼以昼劫；道殣相望，村空无烟，坐以待毙者十八万人"。在三年大旱中，有全年不雨的记录。深州从万历二十七年就大旱，"二十八年旱，蝗复作，民大饥，瘟疫流行，村落为墟"。这次大旱最严重的万历二十九年，受极重灾的地区有张家口、唐山、沧州、衡水、保定、石家庄、邢台及北京、天津，山前平原尽数覆盖其中。

B. 明崇祯十至十六年（1637～1643 年）特大旱灾

明崇祯十至十六年，华北平原连遭大旱。从李永茂《邢襄题稿》中可以看出，冀南最重："畿内之荒惨，莫甚于顺德，顺德之荒惨，莫甚于沙河、唐山（隆尧）、内丘，盖以地方之瘠薄，从来已久，而五载（1638～1642 年）之蝗、旱、贼、疫，遂至民亡十九"。

康熙《雄县志》中，"崇祯十五年壬午，河水竭，水淀数百里尽枯，民种麦尽为鼠食"。内丘"春旱，百室皆空，人掘草根剥树皮殆尽，夏无雨，麦斗米七百二十钱，八月九月无雨，不布麦，至十六年六月犹不雨，斗米千二百钱"。崇祯十三年旱灾最为严重，"是年两京、河南、山东、山西、陕西、浙江大旱蝗，人相食，草木俱尽"（《明季北略》卷十六·岁饥）。赵县"大旱，绝禾稼饥馑，人食树皮草根，饿殍载道"。大名"夏四月旱，大疫，五月蝗，时斗米千钱，人相食"。鸡泽"大旱自前秋七月至夏六月不雨，民大饥食树皮草根"。肥乡"大疫岁饥，树皮草粒皆尽，人相食，村无烟火"。崇祯末年大旱，最重的崇祯十三年，受极重灾的地区有张家口、唐山、沧州、衡水、保定、石家庄、邢台、邯郸及北京、天津，极重灾遍及山前平原。这次大旱灾是华北平原有资料记载以来最严重的大旱灾。

C. 清康熙二十八至二十九年（1689～1690 年）特大旱灾

康熙二十八年华北平原大旱，"顺天、保定、河间、真定、顺德、广平、大名及宣化各府属均旱"（《清朝通志》）。据康熙朝《东华录》载："……自去秋（康熙二十七年）以来，雨雪不能沾足，闻直隶、山西、山东以及江南、浙江皆旱""直隶被灾地方，宣化、广平、真定等府所属被灾十分者共十四州、县、卫、所……又保定、顺天、河间等府五十六州、县、卫所被灾七八分不等……"。永定河上游因旱歉收，马羊多饿死，入秋居民多以山核桃做粥。清·康熙二十八年河北省遭受极重灾的地区有张家口、沧州、衡水、保定、石家庄、邢台、邯郸，以及北京、天津，华北山前平原地区尽数受灾。

D. 清光绪元年至四年（1875～1878 年）特大旱灾

这次大旱灾持续 4 年，其中以 1877 年最为严重。晋、冀、鲁、豫、陕五省同时发生旱灾，灾区连成一片。在华北平原，几乎遍及各县，受灾最严重的为山前平原的邯郸、邢台、衡水、石家庄、保定等，许多地方志中，有 1877 年"终年无雨"的记载。威县"三、四年亢旱，道殣相望"。石家庄"夏秋大旱，岁大荒，人相食"，平山县"秋禾尽枯，至四年，人民饿死者，道途相望"。保定各州县自 1875 年"雨泽衡少"，1876 年清苑等"赤地千里，人苦饥馑"，1877 年各县亢旱，定县"大旱岁饥，有人相食者，饿殍满路"。华北山前平原地区各州县全部受灾。

E. 民国九年（1920 年）特大旱灾

1920 年晋、冀、鲁、豫、陕五省同时发生旱灾，灾区连成一片。河北省受灾最重，达 85 县，灾民 800 多万。1920 年旱灾一直延续到 1921 年夏，不少县份一年或一年以上无透雨或无雨。是年河北省降水量仅 205mm，是迄今降水量最少的年份。1921 年入春以来，"直省北部久未得雨，春苗未播，保定一带麦苗发生火虫，以致大半枯槁"。石家庄地区"获鹿、束鹿、正定、赵县、高邑各县被旱。晋县、无极、藁城、元氏大旱。获鹿、高邑至 1921 年春仍连旱。深泽 1921 年旱"。邢台地区"威县亢旱成灾"。邯郸地区"邯郸、永年、丘县、鸡泽、广平、肥乡、大名、成安、磁县、临漳皆大旱。邯郸、肥乡、成安、磁县至翌年春仍旱"。衡水地区"交河、献县、河间大旱"。保定地区"清苑、满城、容城、阜平、望都、定县、高阳皆大旱"。"行唐、灵寿、平山、井陉、获鹿、石家庄、元氏、赞皇、新乐均系亢旱，复遭蝗虫冰雹之害"。

民国时期，军阀混战连年，天灾人祸交加，人民遭受的苦难更为惨重。1920 年，人们吃尽树叶、草根，铁路沿线挤满灾民，鬻子女卖妻室者甚多，冻死饿死者难以数计。交河县泊头镇附近某村，仅百余户，因饥而死者 80 余人，有的地方甚至"人吃人"，完县、元氏、武安、井陉等县的地方志中均有"人相食"的记载。这次大旱灾重和极重区主要在山前平原地带，如衡水、保定、石家庄、邢台、邯郸，以及张家口、承德、唐山、沧州、北京、天津。

F. 民国三十一至三十二年（1942~1943 年）特大旱灾

1942 年大旱灾是在 1940 年、1941 年干旱的基础上发展起来的，一些地区持续大旱到 1943 年秋。当年日寇疯狂扫荡和掠夺，人祸甚于天灾。1941~1943 年，华北地区有 1/3 以上地方年降水量在 300mm 左右，1943 年 7 月仅 30~40mm，是正常年该月降水量的 1/10。该年大旱灾冀南、鲁北、豫北、晋东南连成一片，华北平原受灾以山前平原地区最重。继 1942 年大旱，1943 年入春后严重旱灾又持续发展，直至 8 月 5 日，全区有千万亩耕地未能播种，除滏阳河、卫河两岸部分地区外，大部分地区农作物旱死。灾民普遍以糠菜、树叶为食，除松柏以外，几乎所有的树叶、树皮被吃光，大批灾民饿死或逃亡，大名、元城每日每村均有饿死与逃亡者。山前平原是这次大旱的重灾区，包括邯郸、邢台、衡水、保定、石家庄等地区全部受灾。

**（3）中华人民共和国成立后典型大旱年**

中华人民共和国成立后，修建了大量的农田水利和防洪除涝灌溉工程，因此相对于中华人民共和国成立前旱涝灾害较轻。但是由于自然地理条件的制约，地表、地下水资源不足，在遇到大旱年份时，工农业生产和城乡人民生活供水仍然受到严重影响。

A. 1965 年特大旱灾

1965 年华北平原年均降水量 347mm，比多年平均值少 37.1%，是 1942 年以来降水最少的一年。这一年春旱连夏旱又连秋旱，造成许多地区河水断流，井塘干涸，干旱严重的 6 个专区受旱面积占总耕地面积的一半以上。邯郸专区 180 万亩春播作物，有 120 万亩叶子干枯，不能抽穗；400 万亩夏播作物，有 200 万亩大量死苗，由于伏季无雨，萝卜、白菜都未种上。邢台专区受旱面积 441 万亩，其中严重的 150 万亩，禾苗已经枯死或大部分枯死。衡水专区受旱面积 616 万亩，有 194 万亩干旱严重，春玉米二三尺[①]高不能出穗，已出穗的也无花粉。整个山前平原地区有 100 多万亩麦茬地因旱未播上种，已播种的有 700 万亩未出苗或严重缺苗断垄。干旱灾害造成粮食大量减产，群众吃水困难。

为了加强抗旱，1965 年农业部召开河北、山西、山东、辽宁和北京五省市防旱抗旱座谈会，讨论制定了几项防旱抗旱的具体措施；河北省政府成立了抗旱指挥部，动员各地群众千方百计挖掘水源潜力，除现有河、库、渠、井、坑水全部利用起来外，平原地区还大力开发地下水，沿河地区挖河中河、渠中渠、坑中坑、开渠、打拦河坝，山区凿水泉、截潜流、修水池、水窖、打大口进，低洼地区抓浅锄保墒，以利种麦。各行各业支援抗旱，工业部门组织维修队伍，商业物资部门抓紧抗旱物资的调运和供应，电力部门调整负荷抓好节约用电支援农业抗旱，金融财政部门加速信贷周转及合理使用资金。全行业鼎力

---

① 1 尺≈0.3333m。

配合，有力地支持了各地的抗旱斗争。

B. 1972 年特大旱灾

1972 年的降水量从全区域总的情况看略大于 1965 年，年均降水量为 349.8mm，但从降水系列上看仍然属于枯水年，仅为多年平均值的 60%。局部地区年均降水量在 300mm 以下。无雨持续天数大部地区超过 50 天，太行山前坡水区达到 80～90 天。1972 年降水特点是年降水量小，年内分配反常，局部暴雨多，降水季节晚。降水推迟，造成山前平原区不同程度的春、夏连续干旱，对农作物生长极为不利。干旱严重，造成地下水位普遍下降，一般井水位下降 3～5m，衡水地区 1972 年 6 月与 1971 年同期相比，地下水位最大下降 6.9m；机井有一半抽不出水来或只出半管水。山前平原受灾面积 2307 万亩，其中减产 30%～50% 的有 1137 万亩，减产 50%～80% 的有 378 万亩，绝收面积 68 万亩，减产粮食 8.86 亿 kg，受灾人口 830 万人。

1972 年在河北省革命委员会的领导下，河北省各地机关、厂矿和驻军，抽出大批人力物力进行支援，全省投入抗旱劳力 1200 多万人，形成了"千军万马齐上阵，战天斗地夺丰收的人民战争"，有效地控制了旱情发展，减轻了受灾程度。

C. 1980～1984 年五年连旱

在 1979 年中南部地区遇到了严重伏旱连秋旱的情况下，1980 年以后又连续五年干旱。这五年中，不仅春旱严重，而且有些年还出现夏旱甚至夏旱连秋旱。汛期大部分河道径流很少，滹沱河岗南水库以上，汛期径流量只有 1.6 亿 m³，比干旱严重的 1972 年还少 0.38 亿 m³，是建库以来第二个少水年。漳河岳城水库以上，汛期径流量 0.31 亿 m³，卫河径流量 2.3 亿 m³，都是中华人民共和国成立以来罕见的少水年。由于伏旱严重，夏播和大秋作物的生长受到影响。中南部地区的春玉米和麦田套播玉米正值灌溉、抽穗、包棒，不少干枯而死，造成绝产。

1981 年继续干旱，由于干旱时间长，地上蓄水很少。2 月底，河北省 600 多条大小河流，除滦河、青龙河、拒马河外，都已断流。地下水位普遍下降，浅井一般下降 1～2m，深井下降 3～5m。华北平原约有 40% 的配套机井不出水或出半管水。由于水源不足，山前平原大量减少水浇地面积，春播时多数耕地含水量降到临界线以下，不少地块种上旱死，再种上又旱死，有的连种三四次。由于干旱严重，持续时间长，人畜饮水也存在困难。沧州、衡水两个平原地区有 900 多个村，50 多万人外出担水。邯郸、邢台、沧州等城市生活和工业用水也很紧张，邯郸自 5 月以来，一直实行人口限量供水。

华北平原 1982 年春旱严重，约一半以上的耕地春季失欠墒。地上灌溉水源减少，河北全省大中型水库最多时蓄水仅 19 亿 m³，可用水量 7 亿 m³，不足常年的 1/4，而且集中在潘家口、王快、西大洋、岗南、黄壁庄 5 座水库，其他水库基本无水可用。地下水在前几年大幅度下降的情况下，又继续下降，浅层水比上年同期下降 1～2m；深层水下降 2～4m。石家庄地区由于地下水位下降，漏斗区面积由 1979 年的 1220km² 扩大到 3130km²。邯郸地区武安县每天油费开支就要 2645 元，主要由 60 辆汽车、382 台大小拖拉机、280 辆马车和小拉车外出拉水。

1983 年春季山前平原地区恢复降水，适时完成了春播任务，夏季获得了空前好收成，但汛期雨少,出现了严重夏旱。这一年山前平原地区干旱特点如下:一是汛期无汛,夏旱严重,不仅面积大,而且时间长,有些地方近百天无雨;二是集中降水少,大部分地区是局部降水,分布不均,使农作物交替受旱或连续受旱;三是干旱时间正是夏播和大秋作物需水的关键时期,加重灾情。长期抗旱浇地,地下水采大于补,地下水位继续下降,平原地区比上年同期一般下降1m左右,严重的下降2~3m;山丘区下降3m左右,严重的下降5m。石家庄地区8月平均地下水埋深12.2m,为有史以来最低水位,漏斗面积发展到4942km$^2$,相当于1972年漏斗区面积的5.2倍。

1984年春旱严重,汛期雨少,夏季出现"卡脖旱",秋季种麦又遇干旱,给农业生产和适时种麦带来很大困难。据不完全统计,山区有1502个村的95.5万人,平原有1432个村的148万人存在饮水困难,有的要到十几里外担水吃。

1980~1984年的连续干旱对华北平原的农业生产是个很大的威胁。为了抗旱夺丰收,各级党委和政府对抗旱工作十分重视,及时召开各种形式的会议进行研究部署,各行各业大力支援抗旱,采取一系列措施组织群众抗旱浇地,使农业生产在大旱之年仍然取得了较好收成,减轻了受灾程度。

## 2.2.2  洪涝

洪水灾害和雨涝灾害统称为洪涝灾害。洪水灾害是指强降雨、冰雪融化、冰凌、堤坝溃决、风暴潮等原因引起江河湖泊及沿海水量增加、水位上涨而泛滥以及山洪暴发所造成的灾害;雨涝灾害是指大雨、暴雨或长期降雨量过于集中而产生大量的积水和径流,因排水不及时,致使土地、房屋等渍水、受淹而造成的灾害。洪水灾害和雨涝灾害往往同时或连续发生在同一地区,有时难以准确界定,往往统称为洪涝灾害。历史上的水灾,由于资料限制,无法区分洪灾、涝灾,以洪涝灾害统称。

华北平原历史上洪涝灾害极为频繁。1501~1990年较大洪涝灾害共发生了28次,平均17.5年一次。其中1604~1668年大洪水较为集中,共发生了8次,平均约8年一次;19世纪后期又是一个洪水频发期,1871~1963年大洪水发生了9次,平均约10年一次。

从洪水成因来看,华北平原的洪水主要来自海河南系,大清河、子牙河、漳卫河三条水系洪水量占2/3以上,1963年最大,达到洪水流量的95%。北部水系流域山区面积占37%,洪水量占1/3以下。华北平原整个地形是从北、西、南三个方向向渤海倾斜,河系走向也是从北、西、南三个方向向渤海之滨的天津汇集。造成南系大洪水的暴雨中心位置一般在南部漳卫河流域,之后暴雨中心沿太行山迎风坡逐渐向北移动。地形和大暴雨走向造成海河南系洪水在下游叠加,加上洪水出山至入海的距离是南长北短,造成南北各河洪水在下游天津附近遭遇叠加集中,洪灾加大。

华北平原的洪涝灾害在"63.8"大洪水后得到极大改善。在"一定要根治海河"的号召下,以及各级政府的领导下,人民群众为大清河、子牙河、漳卫南运河先后开辟了各自入海通道——独流减河、子牙新河和漳卫新河,自此各河洪水分流入海,自成体系,不再在下游交叠汇集。经此治理后,华北平原洪涝灾害极大减少,与过去相比,在同样的降水条件下往往受灾不成灾。加上自 20 世纪 80 年代初华北平原进入枯水期，连年偏旱，大量开采地下水造成地下水位下降，渗漏作用加强，地面径流减少，这都是对减轻洪涝灾害有利的方面。

## 2.2.3 华北山前平原水旱灾害规律分析

参考第 1 章研究成果，统计华北平原的 13 个区的水灾年（1、2 级）和旱灾年（4、5 级）及相应正常年（3 级）华北平原历史水灾年发生频率（表 1-6），其分布规律是山前平原地区发生水灾频率最低，随着地势和河道汇集，黑龙港运东地区水灾最为频繁，造成经济损失最大。旱灾分布规律是引黄灌区干旱成灾频率最高，黑龙港运东地区发生旱灾频率最低，山前平原干旱灾害介于两者之间。

参考中华人民共和国成立后的 1949~2010 年山前平原区水旱灾害发生频率，可见自华北平原 1963 年"根治海河"大运动之后，山前平原水灾忧患大大减轻，大水灾只在 1996 年发生，且山前平原地区受影响小。与水灾比较，干旱频次更多，持续期更长，影响更广。1949~2010 年华北平原曾发生大旱灾 11 年（1965 年、1972 年、1981 年、1986 年、1987 年、1992 年、1997 年、1999 年、2000 年、2001 年、2002 年），频率为 17.74%，约为 5.6 年一次。大旱灾年中除了 1972 年河南省轻灾外，其他各年都是全区域性的，其中尤以山前平原地区受旱灾影响大，对粮食产量、经济发展、人民生活均造成重大损失。

华北平原是我国粮食主产区，而山前平原区又是华北平原的粮食主产区，农业干旱应对是华北山前平原地区急待解决的重要问题。

为便于反映研究区域历史旱灾情况及其相应程度，将 1469~2007 年和研究区域相关的历年干旱事件进行整理，根据历史资料和有关数据制定干旱事件的级别，并绘制其干旱事件图谱，如图 2-1 所示，从而直观地反映出研究区域干旱事件影响的后果、等级和发生的年份。

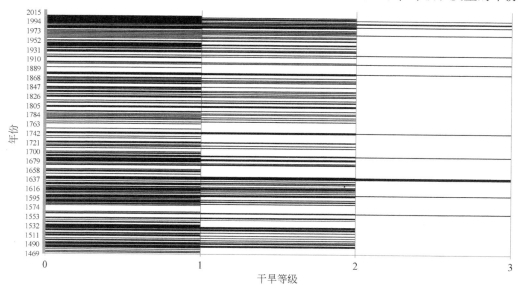

图 2-1　邯郸东部平原历史干旱事件图谱（1469~2007 年）

1949 年以前，由于没有观测数据，根据历史资料记载的灾害情况（如"赤地千里""父子夫妇相食，村落间杳无人烟"等）进行级别判定；1949 年以后，根据降水数据进行参考有关标准和干旱影响的实际情况进行划分。不同干旱事件等级及其对应干旱程度、干旱特征和影响的对照情况见表 2-1。

表 2-1 干旱事件等级对照表

| 事件等级 | 干旱程度 | 干旱特征 | 干旱事件影响 |
|---|---|---|---|
| 0 | 正常或湿涝 | 降水正常或较常年偏多，地表湿润，无旱象 | 无 |
| 1 | 一般干旱 | 降水持续较常年偏少，土壤表面干燥出现水分不足，地表植物叶片白天有萎蔫现象 | 对农作物和生态环境造成一定影响 |
| 2 | 重大干旱 | 土壤出现水分持续严重不足，土壤出现较厚的干土层，植物萎蔫、叶片干枯、果实脱落 | 对农作物和生态环境造成严重影响，工业生产、人畜饮水产生较大影响 |
| 3 | 特大干旱 | 土壤出现水分长时间严重不足，地表植物大面积干枯、死亡 | 对农作物和生态环境造成特别严重影响，工业生产、人畜饮水特别困难；大量饥民饿死，出现"人相食"情形 |

由图 2-1 可知，邯郸东部平原在 1949 年以前发生特大干旱事件的年份有 1560 年、1601 年、1638～1641 年、1689 年、1743 年、1877 年、1900 年及 1920 年。

## 2.3　华北山前平原水资源承载力研究

### 2.3.1　降水状况及演化趋势分析

山前平原春季多风，夏季炎热多雨，秋季晴朗气爽，冬季寒冷干燥，属欧亚大陆东岸暖温带半干旱季风型气候区。根据 1956～2010 年气象资料，山前平原地区多年平均降水量 531mm，枯水年 95% 保证率下降水量 339mm，水量最大的 1977 年降水量 888mm，而水量最小的 1965 年只有 297mm。从时间演变过程来看，20 世纪 50～70 年代为降水偏丰期，1956～1979 年年平均降水量 608.1mm；80 年代以来为降水偏枯期，1980～2010 年年平均降水量 528.5mm，相对 1956～1979 年降水量减少了 13.09%。1980 年以来降水偏枯年份明显增多。

随着山前平原地区的年降水量减少，极端强降水量、频数、强度和年降水天数也减小，旱化情势显著。从整个华北平原来看，年降水天数呈西北向东南递减趋势，且年降水天数少于 70 天的范围明显扩大。降水越少，农业开采量越大，干旱对农林减控灌溉用水量形成压力也越大。

### 2.3.2　气温与蒸发变化特征

山前平原区的气温变化特征与整个华北平原一致，总体上呈现上升趋势。增温速率

0.25℃/10a，多年平均气温 12.2℃，大于全国平均增幅 0.22℃/10a。在 1976 年前，该区年均气温 11.9℃，相对多年平均气温低 0.3℃，1976~1998 年，年均气温高于多年平均气温，其中 20 世纪 90 年代增温显著，1998 年气温达 13.4℃。1998 年以来，气温呈下降迹象，年均气温 12.9℃，但仍比多年平均气温高 0.7℃。山前平原区不仅年均气温上升，而且年内最高气温与最低气温都呈升高趋势，其中最低气温增温幅度最大。

山前平原区多年平均蒸发量为 1046.2mm，是华北平原蒸发量较高的区域。近 50 年山前平原区的蒸发量呈持续减少趋势：20 世纪 60 年代为 1088mm，70 年代为 1081mm，80 年代为 1032mm，90 年代为 1019mm，2001 年以来为 1011mm。从年内过程来看，近 50 年来春季（3~5 月）、夏季（6~8 月）和秋季（9~11 月）蒸发量都呈明显地减少趋势，夏季最为显著，减少幅度为 9.8mm/10a，春季为 6.4mm/10a，秋季和冬季分别为 3.7mm/10a 和 2.1mm/10a。

### 2.3.3 区域水资源与地下水资源时空变化特征

区域水资源总量是指当地降水形成的地表径流量和地下水天然资源量之和。山前平原多年平均水资源总量 56.65 亿 m³，其中地表水资源量 15.19 亿 m³，占水资源总量的 26.8%，地下水资源量 41.46 亿 m³，占水资源总量的 73.2%。山前平原多年平均地表水资源模数 3.12 万 m³/(km²·a)，远小于华北平原全区地表水资源模数 4.28 万 m³/(km²·a)；多年平均地下水资源模数 8.14 万 m³/(km²·a)，大于华北平原全区地下水资源模数 8.01 万 m³/(km²·a)。可见山前平原地表水资源量明显少于华北平原地表水资源量。

从时间变化上看，相对多年平均值，1980~2010 年山前平原地表水资源量减少显著，比多年平均值减少了 31.82%；相对 1956~1979 年的平均值，地下水资源量也显著减少，减少了 34.19%（宋献方等，2007）。

### 2.3.4 用水量与结构变化特征

20 世纪以来，随着山前平原经济社会发展和人口数量不断增加，用水量大幅持续增加。从最初有限地利用地表水资源，发展到 20 世纪 70 年代以来大规模开采地下水，以及目前以开采地下水供水为主导，地下水供水量占总用水量比例达 65% 以上的现状，其中 2003 年高达 69.23%，以地下水为主要水源的生活用水量持续增加，其中农业用水量最大，达 68.12 亿 m³，工业用水 9.7 亿 m³，生活用水 9.48 亿 m³，生态环境用水 0.19 亿 m³。

山前平原是华北地区农业的精华所在，是我国粮食生产的重要主产区，在保障粮食安全和持续提升粮食生产能力方面占据不可替代的地位（马林等，2011）。与此同时，地下水超采和山前平原水资源短缺的事实与农田灌溉的耗水密切相关。1978 年以前，山前平原灌溉用水以粮食作物为主，受"以粮为纲"主导，果林灌溉和蔬菜用水水平较低，其中夏粮作物占总灌溉量的 62.73%，秋粮作物占总灌溉量的 31.25%，蔬菜作物占总灌溉量的 4.33%，果林灌溉用水占总灌溉量的 1.69%；2010 年左右这个比例分别是 46.51%、

27.57% 、20.85%和5.07%。

1978年以来，山前平原农业灌溉用水量总体上呈减少趋势，包括小麦等夏粮作物和玉米等秋粮作物灌溉用水量，特别是1997年以来灌溉农业加大了节水技术应用，粮食作物灌溉用水量呈不断减少趋势，而蔬菜作物灌溉水量大幅增加，耗水型果林灌溉用水量也不断增加，且主要开采地下水。1977年以前，当小麦和玉米每增产1万t时，年平均地下水开采增加约0.14亿 $m^3$；1978年以后，当小麦和玉米每增产1万t时，年平均地下水开采增加约0.04亿 $m^3$。

## 2.3.5　山前平原水资源特征与作物布局结构适应性

山前平原区农业灌溉量和农产品产量的关系研究表明，农业灌溉用水比例在逐渐下降，农产品产量却在逐渐上升。灌溉水的比例由20世纪90年代初的83%逐渐降低到2005年的72%左右，下降了11个百分点，而同期粮食产量增加了28亿kg，这充分反映了农业节水工作的成就。

中国地质科学院通过综合研究（野外调查、遥感、单元精细填图），调查出灌溉区域水资源特征、地下水承载力之间和灌溉农田作物布局结构之间的适应性状况。张光辉等（2010）通过对比华北平原耗水作物种植强度与华北平原小麦布局高精度遥感解译成果，得出山前平原区是华北平原小麦主产区，也是耗水强度最大的区域。

参考《华北平原地下水可持续利用图集》中的，华北平原地下水资源更新能力分布与模数图，对比华北平原的农业种植耗水分布，可得出华北平原农业用水资源承载力分布。燕山山前平原的秦皇岛地区农林用水量和山前平原的京津以南农业区用水强度大于18万 $m^3/(km^2 \cdot a)$。大兴—固安、元氏—栾城—正定—行唐—无极—藁城—辛集、浚县—内黄一带的农林用水强度大于28万 $m^3/(km^2 \cdot a)$，区域平均用水强度33.84万 $m^3/(km^2 \cdot a)$，是华北平原平均用水强度的3.06倍。

采用多年平均（1991～2010年）可利用总水资源量的70%作为度量基值来衡量农林灌溉用水的水资源承载力，可见山前平原总体农业可利用水资源模数约为11万 $m^3/(km^2 \cdot a)$，大于华北平原的均值7.54万 $m^3/(km^2 \cdot a)$。衡水—廊坊—天津—沧州一带农林灌溉水资源可利用量低于平均值，其中40%的区域小于4.0万 $m^3/(km^2 \cdot a)$，承载农业灌溉用水的能力最弱。可见，当前的灌溉作物生产习惯对山前平原水资源条件来说具有不适应性，即使考虑到各种最大限度的节流措施的介入以及其他产业的节水因素，仍不能遏制水资源的超采趋势。所以，只有对山前平原灌溉农业进行技术与管理的彻底革新，才能最大限度地缓解水资源危机，应对气候变化。

## 2.4　典型区域农业干旱的定量预测

农业干旱是最具复杂性的一种干旱，不仅受到气候、土壤岩性等自然因素影响，还受到作物类型和供水条件等人为因素影响。如上所述，农业干旱的产生与二元水循环过程密切相关，是极端情景下区域二元水循环的伴生结果。随着水库、灌区及调水工程的不断建设，在作物种类相对固定的区域内，人工灌溉调控对区域土壤墒情的影响愈加显著。在红线总量控制下，考虑区域多种水源对农业灌溉的影响，基于区域农田水循环模拟的结果进行区域农业干旱的定量预测，为区域干旱预警提供重要的技术支撑。

## 2.4.1 多水源调配典型区域的灌溉制度设计

### 2.4.1.1 干旱情景下农业供水优化调配

依据区域农业用水优化配置原则和区域未来"十三五"经济规划中农业发展内容，对邯郸东部平原未来干旱情景下的农业供用水进行了分水源优化调配。

从供水总量上来看，未来区域农业用水略呈上升趋势，到 2020 年，优化分配的农业供水量为 16 亿 m³。就地表水而言，外调水、水库供水及河道供水量都呈明显上升趋势，到 2020 年，分水源优化分配的供水量分别约为 3.92 亿 m³、4.02 亿 m³ 和 0.53 亿 m³，与 2014 年相比，其供水量分别增加了约 1.36 倍、2.24 倍和 2.64 倍。非常规水也是供水量增加较显著的水源，设计阶段内，增加了约 1.25 倍。就地下水而言，无论是浅层地下水还是深层地下水，均呈减少趋势，其中，深层地下水供水量锐减，由 2014 年的约 1.16 亿 m³ 减少到 2020 年的约 0.19 亿 m³，减少了 83.6%；浅层地下水供水量减少率尽管只有 38.29% 左右，但其减少的数量可观，约 3.6 亿 m³（表 2-2）。

表 2-2    2014～2020 年邯郸东部平原分水源农业优化供水量　　（单位：万 m³）

| 年份 | 河道供水 | 水库供水 | 浅层地下水 | 深层地下水 | 外调水 | 非常规水 | 合计 |
|---|---|---|---|---|---|---|---|
| 2014 | 1 467.135 | 12 388.41 | 93 683.26 | 11 630.62 | 16 591.5 | 6 929.079 | 142 690.004 |
| 2015 | 1 420.13 | 9 411.824 | 95 666.49 | 11 630.62 | 14 770.48 | 6 929.079 | 139 828.623 |
| 2016 | 6 137.333 | 24 589.35 | 81 947.54 | 8 626.66 | 21 533.71 | 8 181.083 | 151 015.676 |
| 2017 | 3 145.562 | 18 869.08 | 90 837.87 | 6 559.5 | 20 778.84 | 9 556.988 | 149 747.84 |
| 2018 | 7 644.45 | 38 997.16 | 64 265.51 | 3 947.211 | 29 584.7 | 11 057.39 | 155 496.421 |
| 2019 | 2 482.719 | 22 826.07 | 74 607.39 | 3 210.056 | 26 524.91 | 12 817.8 | 142 468.945 |
| 2020 | 5 338.756 | 40 237.89 | 57 808.28 | 1 928.278 | 39 208.53 | 15 566.1 | 160 087.934 |

从受降水丰枯特性影响上来看，当地地表可供水量、外调水（主要是引黄水）供水量以及浅层地下可供水量与区域降水量密切相关，这些水源供水量在各自增减的大趋势下，有小范围的波动变化。其中，河道、水库等当地地表供水与外调水供水量在枯水年（2017年和 2019 年）略微有所减少，浅层地下水受降水丰枯影响相对较小，水源保障较好，因此在枯水年分配水量比在丰水年（2016 年和 2018 年）有所增加。因实施地下水压采方案，区域深层地下水每年分解了压采任务，相对而言，受降水丰枯特性影响较小。非常规水与区域污水处理厂的改扩建工程密切相关，且供水总量较少，因此基本不受降水丰枯的影响。

由表2-3和图2-2可以了解区域分水源供给农业的比例。其中非常规水所占比例明显增加，浅层地下水比例明显减少，外调水比例和水库供水比例有所增加，河道供水比例波动性较大。因区域农业用水总量增加不是很多，有关受降水丰枯变化影响方面，各水源比例响应变化与供水量的响应变化具有同步性和一致性，在此不再赘述。

表2-3　2014~2020年邯郸东部平原分水源农业优化供水比例　（单位：%）

| 年份 | 河道供水 | 水库供水 | 浅层地下水 | 深层地下水 | 外调水 | 非常规水 |
|---|---|---|---|---|---|---|
| 2014 | 1.0 | 8.7 | 65.7 | 8.1 | 11.6 | 4.9 |
| 2015 | 1.0 | 6.7 | 68.4 | 8.3 | 10.6 | 5.0 |
| 2016 | 4.1 | 16.3 | 54.3 | 5.7 | 14.2 | 5.4 |
| 2017 | 2.1 | 12.6 | 60.6 | 4.4 | 13.9 | 6.4 |
| 2018 | 4.9 | 25.1 | 41.3 | 2.6 | 19.0 | 7.1 |
| 2019 | 1.7 | 16.0 | 52.4 | 2.3 | 18.6 | 9.0 |
| 2020 | 3.4 | 25.1 | 36.1 | 1.2 | 24.5 | 9.7 |

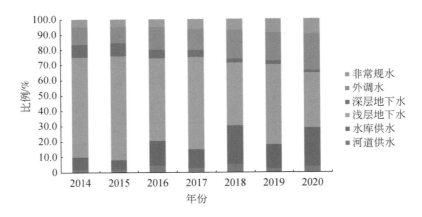

图2-2　2014~2020年分水源农业优化供水比例示意

## 2.4.1.2　干旱情景下的灌溉制度设计

在上述农业用水优化配置结果的基础上，考虑适水农业的发展，在原有的灌溉制度上进行修订，如表2-4所示。依据设定原则，新的灌溉制度与原有制度相比，其不同主要体现在如下几方面。

表2-4　邯郸东部平原干旱情景下适水农业灌溉制度

| 编号 | 种植作物名称 | 灌溉月份 | 灌溉日期 | 灌溉定额 | AWC阈值 |
|---|---|---|---|---|---|
| 1 | 冬小麦 | 4 | 1 | 45 | 0.38 |
| 2 | 冬小麦 | 4 | 11 | 45 | 0.38 |

续表

| 编号 | 种植作物名称 | 灌溉月份 | 灌溉日期 | 灌溉定额 | AWC 阈值 |
|---|---|---|---|---|---|
| 3 | 冬小麦 | 9 | 29 | 60 | 0.5 |
| 4 | 夏花生 | 9 | 5 | 45 | 0.38 |
| 5 | 夏薯 | 9 | 5 | 45 | 0.38 |
| 6 | 棉花 | 4 | 26 | 60 | 0.50 |
| 7 | 春油菜 | 3 | 26 | 60 | 0.50 |
| 8 | 春谷子 | 4 | 22 | 60 | 0.50 |
| 9 | 春谷子 | 7 | 18 | 45 | 0.38 |
| 10 | 春大豆 | 4 | 16 | 60 | 0.50 |
| 11 | 春大豆 | 7 | 10 | 45 | 0.38 |
| 12 | 春薯 | 4 | 29 | 60 | 0.50 |
| 13 | 春玉米 | 4 | 21 | 60 | 0.50 |
| 14 | 春玉米 | 7 | 10 | 45 | 0.38 |
| 15 | 林果 | 4 | 18 | 45 | 0.38 |
| 16 | 林果 | 5 | 20 | 45 | 0.38 |
| 17 | 棉间蔬菜 | 4 | 26 | 60 | 0.50 |
| 18 | 棉间蔬菜 | 9 | 1 | 45 | 0.38 |
| 19 | 棉间瓜果 | 4 | 26 | 60 | 0.50 |
| 20 | 棉间瓜果 | 9 | 11 | 60 | 0 |
| 21 | 蔬菜 | 3 | 11 | 60 | 0 |
| 22 | 蔬菜 | 4 | 11 | 60 | 0 |
| 23 | 蔬菜 | 5 | 11 | 60 | 0 |
| 24 | 蔬菜 | 6 | 22 | 60 | 0 |
| 25 | 蔬菜 | 7 | 22 | 60 | 0 |
| 26 | 麦复夏大豆 | 4 | 1 | 45 | 0.38 |
| 27 | 麦复夏大豆 | 5 | 11 | 45 | 0.38 |
| 28 | 麦复夏大豆 | 9 | 29 | 60 | 0.50 |
| 29 | 麦复夏谷子 | 4 | 1 | 45 | 0.38 |
| 30 | 麦复夏谷子 | 5 | 11 | 45 | 0.38 |
| 31 | 麦复夏谷子 | 5 | 25 | 0 | 0.38 |
| 32 | 麦复夏谷子 | 9 | 29 | 60 | 0.50 |
| 33 | 麦复夏花生 | 4 | 1 | 45 | 0.38 |
| 34 | 麦复夏花生 | 5 | 11 | 45 | 0.38 |
| 35 | 麦复夏花生 | 9 | 5 | 45 | 0.38 |
| 36 | 麦复夏花生 | 9 | 29 | 60 | 0.50 |
| 37 | 麦复夏薯 | 4 | 1 | 45 | 0.38 |
| 38 | 麦复夏薯 | 5 | 11 | 45 | 0.38 |

| 编号 | 种植作物名称 | 灌溉月份 | 灌溉日期 | 灌溉定额 | AWC 阈值 |
|---|---|---|---|---|---|
| 39 | 麦复夏薯 | 6 | 17 | 60 | 0.50 |
| 40 | 麦复夏薯 | 9 | 1 | 45 | 0.38 |
| 41 | 麦复夏薯 | 9 | 29 | 60 | 0.50 |
| 42 | 麦复夏玉米 | 4 | 1 | 45 | 0.38 |
| 43 | 麦复夏玉米 | 5 | 11 | 45 | 0.38 |
| 44 | 麦复夏玉米 | 9 | 29 | 60 | 0.50 |
| 45 | 麦复蔬菜 | 4 | 1 | 45 | 0.38 |
| 46 | 麦复蔬菜 | 5 | 11 | 45 | 0.38 |
| 47 | 麦复蔬菜 | 6 | 22 | 60 | 0 |
| 48 | 麦复蔬菜 | 7 | 22 | 60 | 0 |
| 49 | 麦复蔬菜 | 9 | 29 | 60 | 0.5 |
| 50 | 麦复夏大豆 | 3 | 26 | 60 | 0.5 |

1）在实际调研的基础上，考虑的作物种类更为繁多。原有的灌溉制度中涉及的作物只是区域的主要作物，在不同县区设定灌溉制度时，灌溉面积较少作物种类并没有考虑，这在大水漫灌的灌溉方式以及充分保证灌溉次数的灌溉制度下，是否考虑这些因素对模型的模拟结果影响较小。但在同一生长期内，不同作物生长需水不同；由于区域降水量年内差异较大，同一作物不同季节所需的灌溉定额亦有差异。在非充分灌溉制度和用水总量控制下，基于模拟精度的考虑，这些差异应该被考虑。因此特别的增加了夏花生、夏玉米等夏季播种作物的灌溉制度，以及棉间蔬菜、棉间瓜果等不同混合轮作作物的灌溉制度。

2）考虑非充分灌溉，灌溉次数减少，灌溉定额减少。在农业用水总量控制下，基于非充分灌溉思想，只针对作物生长的关键期进行灌溉，减少灌溉次数和灌溉定额。以冬小麦和麦复夏玉米的灌溉制度为例，去掉5月25日的一次灌溉。考虑区域主汛期降水的可能性，去掉所有作物在8月的一次灌溉。在灌溉定额上，参考区域内作物亏缺试验（郭秀林等，2002；李晋生等，2003），降低灌溉定额。

3）设定灌溉启动变量及阈值。以往模型模拟计算时，灌溉方式选择的是大水漫灌，因此灌溉定额较高，且基本不考虑灌溉前底墒，到日期后模型就启动灌溉运算，这与实施地下水压采方案和最严格水资源管理制度前的实际情况比较符合。但未来，由于实施地下水压采方案和最严格水资源管理制度，不得不发展适水农业的前提下，必须充分考虑用水的效率性，由此以土壤含水量（AWC）为灌溉启动变量，并根据不同干旱等级的 AWC 阈值设定作物的灌溉启动阈值。不同作物和不同生长期需水要求不同，因此阈值相应也有所不同（表2-4）。

## 2.4.2 多年连旱情景下典型区域农业干旱的定量预测

将干旱情景下设计的日降水过程、计算得出的供用水优化配置结果、设定的灌溉制度以及构建的土壤湿度–土壤有效含水量（SM-AWC）干旱指标输入到不同的计算模块中，通过模型计算可得未来干旱情景下逐日土壤 SM-AWC 值。冬小麦和麦复夏玉米是邯郸东部平原最主要的生产作物和生产方式；4 月 1 日～5 月 21 日又是冬小麦[①]拔节—抽穗—灌浆初期，这一时期是生长的最关键时期（郭秀林等，2002；李晋生等，2003），因此基于 SM-AWC 干旱指标，就区域冬小麦 4 月 1 日～5 月 21 日的旱情进行分析。

### 2.4.2.1 冬小麦拔节—抽穗期干旱空间演变的差异性特征

根据本研究干旱等级的划分标准，邯郸东部平原 2014～2020 年 4 月冬小麦拔节—抽穗期干旱空间分布特征如图 2-3～图 2-9 所示。结果表明，2014 年邯郸东部平原各地区无明显干旱发生；2015 年除中部肥乡县无旱情出现，其余地区有轻度及以上干旱发生，其中永年县（现永年区）西部、邯郸县（现邯山区和丛台区）北部等地均有中旱和重旱发生；2016 年除邱县和肥乡县（现肥乡区）北部地区无旱情出现外，其余地区均有轻度及以上干旱发生，且永年县西北部地区有中旱及重旱发生；2017 年、2018 年仅有永年县西北部与鸡泽县西部等地区有轻旱发生，其余地区无明显旱情；2019 年永年县中西部、鸡泽县东南部、邯郸县东北部以及魏县东南角有轻旱发生，永年县西北角有中旱发生，其余无明显旱情；2020 年除肥乡县西部及邱县地区无明显旱情发生外，其余大部分地区出现轻旱现象，尤以邯郸县北部、鸡泽县西北部和永年县西部为主，永年县西北部发生中旱。

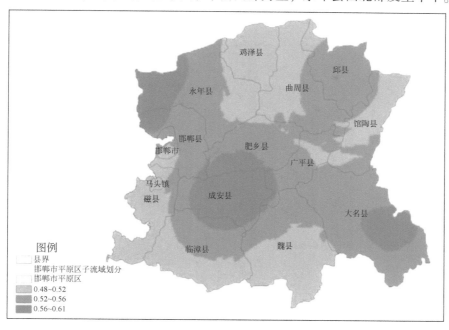

图 2-3　典型区域 2014 年 4 月冬小麦拔节—抽穗期干旱空间分布

---

① 春复玉米的小麦生长与冬小麦同期，以冬小麦统称，下同。

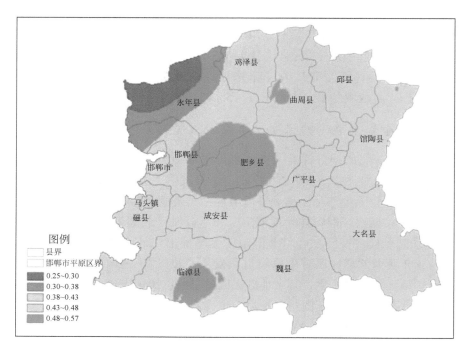

图 2-4　典型区域 2015 年 4 月冬小麦拔节—抽穗期干旱空间分布

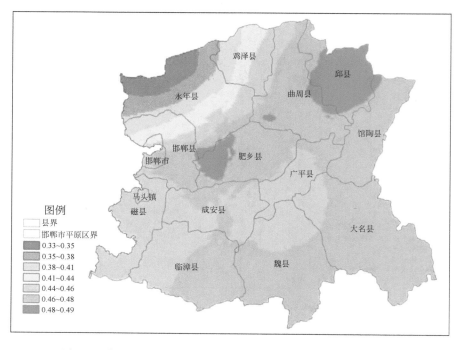

图 2-5　典型区域 2016 年 4 月冬小麦拔节—抽穗期干旱空间分布

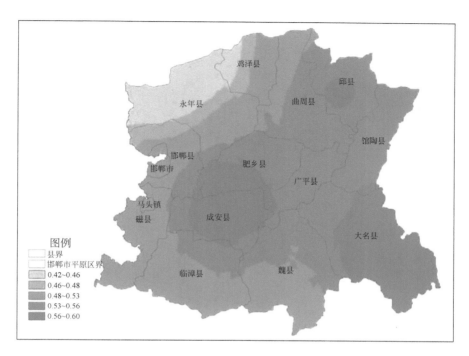

图 2-6　典型区域 2017 年 4 月冬小麦拔节—抽穗期干旱空间分布

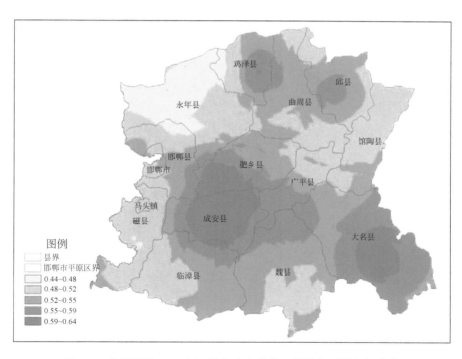

图 2-7　典型区域 2018 年 4 月冬小麦拔节—抽穗期干旱空间分布

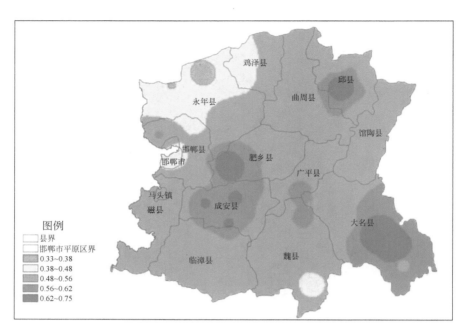

图 2-8 典型区域 2019 年 4 月冬小麦拔节—抽穗期干旱空间分布

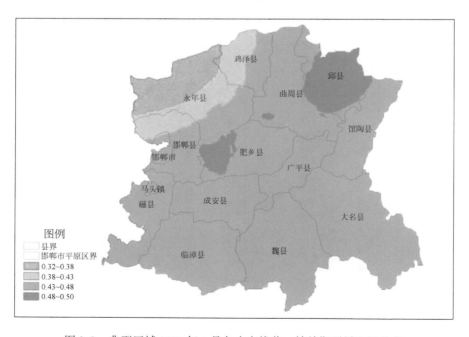

图 2-9 典型区域 2020 年 4 月冬小麦拔节—抽穗期干旱空间分布

#### 2.4.2.2 冬小麦抽穗—灌浆初期干旱空间演变的差异性特征

根据本研究干旱等级的划分标准，邯郸东部平原2014～2020年5月冬小麦抽穗—灌浆初期干旱空间分布特征如图2-10～图2-16所示。结果表明，2014年除西北部的永年县、鸡泽县和邯郸县等地区有轻旱发生外，其余大部分地区无明显旱情；2015年邯郸东部平原各地区均出现轻旱现象；2016年除肥乡县及东北部各地区无旱情出现外，其余地区均有轻度及以上干旱发生，其中永年县西部地区有中旱发生；2017年各地区无明显旱情；2018年邯郸东部平原西部地区有轻度及以上干旱发生，其中中旱发生在永年县西部和邯郸县北部等地区，其余地区无明显旱情；2019年成安县及东北部各地区、大名县及以北地区无旱情发生，其余地区均有不同程度干旱发生，永年县西北地区有中旱及重旱发生；2020年除西南部临漳县及磁县等地区无明显旱情发生外，其余大部分地区均出现轻度及以上干旱现象，其中永年县、鸡泽县和邯郸县内有中旱和重旱发生。

#### 2.4.2.3 典型子流域农业干旱时间演变的差异性特征

通过上述干旱空间差异性分析，选择冬小麦干旱空间差异性较大的六个子流域进行分析，子流域编号及其空间分布如图2-17所示。

本研究以AWC大小作为不同干旱判定阈值，因此各子流域AWC过程线就表示了相应子流域的干旱演变过程。

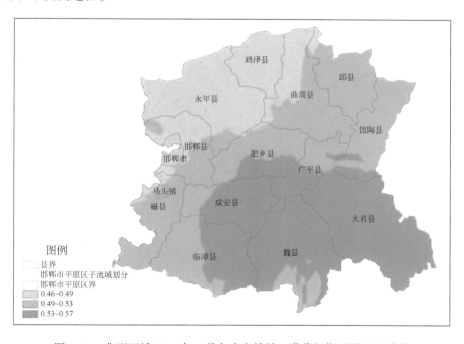

图 2-10  典型区域2014年5月冬小麦抽穗—灌浆初期干旱空间分布

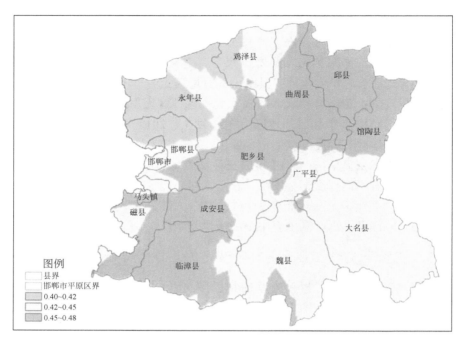

图 2-11　典型区域 2015 年 5 月冬小麦抽穗—灌浆初期干旱空间分布

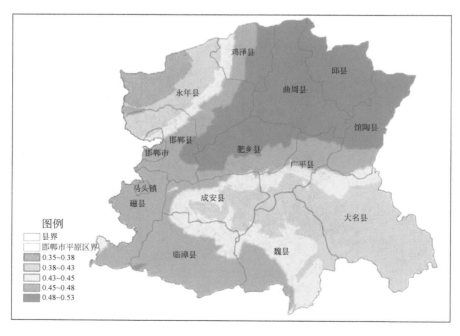

图 2-12　典型区域 2016 年 5 月冬小麦抽穗—灌浆初期干旱空间分布

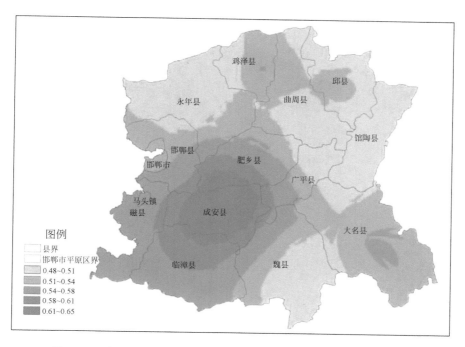

图 2-13 典型区域 2017 年 5 月冬小麦抽穗—灌浆初期干旱空间分布

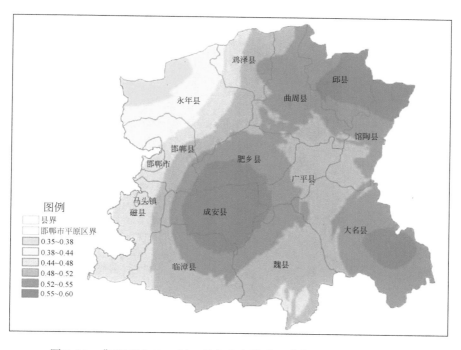

图 2-14 典型区域 2018 年 5 月冬小麦抽穗—灌浆初期干旱空间分布

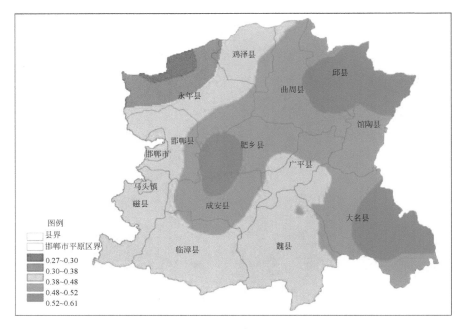

图 2-15　典型区域 2019 年 5 月冬小麦抽穗—灌浆初期干旱空间分布

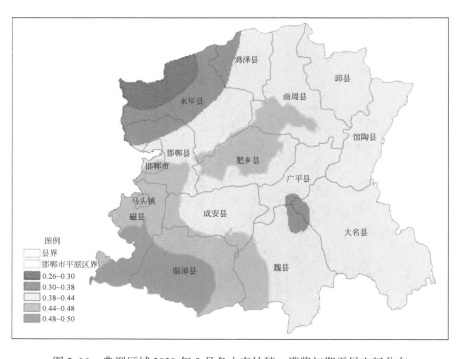

图 2-16　典型区域 2020 年 5 月冬小麦抽穗—灌浆初期干旱空间分布

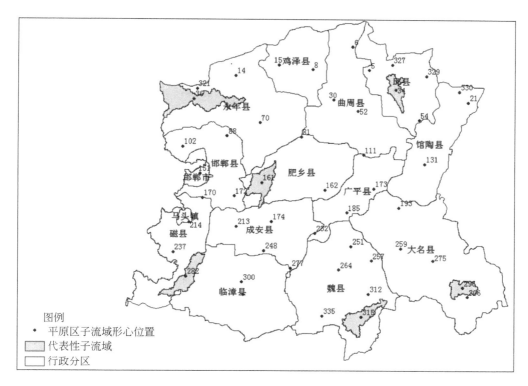

图 2-17　邯郸东部平原干旱分析代表性子流域空间分布

2014～2020 年典型子流域 AWC 及降水过程如图 2-18～图 2-24 所示,具体变化情况如下。

2014 年各典型子流域干旱时间演变趋势具有一致性,均呈现出两次突变情况,发生在 4 月 1 日与 5 月 11 日左右,且呈现出升高后持续下降的特点。4 月 1 日～5 月 10 日,各子流域干旱时间分布表现为无旱–有旱,其中邱县、永年、大名和魏县均有旱情缓解情况出现;5 月 11～21 日,各子流域干旱又表现为明显的无旱–有旱,其中邱县、大名、魏县和永年均出现旱情缓解情况,磁县于 5 月 21 日后旱情好转。

2015 年各典型子流域干旱时间演变趋势具有一致性,均呈现出两次突变情况,发生在 4 月 1 日与 5 月 11 日左右,且呈现出升高后持续下降的特点。4 月 1 日～5 月 10 日,各子流域干旱时间分布表现为无旱–有旱,其中肥乡、永年有旱情缓解情况出现;5 月 11 日～21 日,各子流域干旱又表现为明显的无旱–有旱,其中肥乡旱情持续好转,魏县、大名和永年则出现一次旱情缓解情况。

2016 年各典型子流域干旱时间演变趋势具有一致性,均呈现出两次突变情况,发生在 4 月 1 日与 5 月 11 日左右,且呈现出升高后持续下降的特点。4 月 1 日～5 月 10 日,各子流域干旱时间分布表现为无旱–有旱,其中肥乡、邱县和永年有旱情缓解情况出现;5 月 11 日后,各子流域干旱又表现为明显的无旱–有旱,其中肥乡、磁县旱情持续好转,其余地区呈下降趋势。

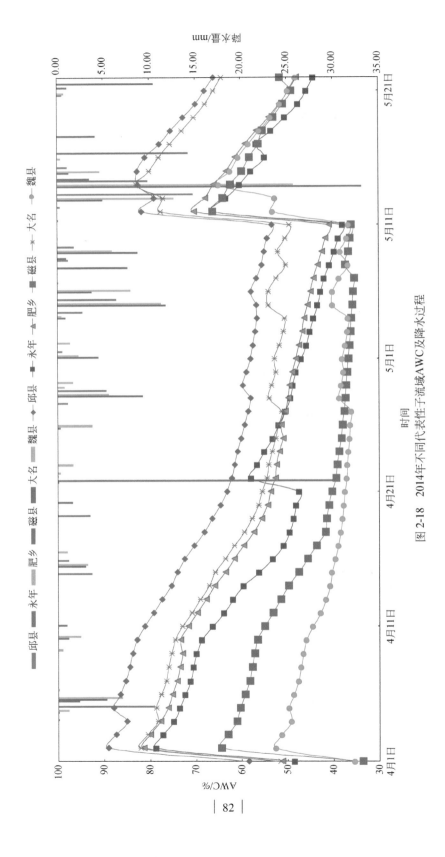

图2-18 2014年不同代表性子流域AWC及降水过程

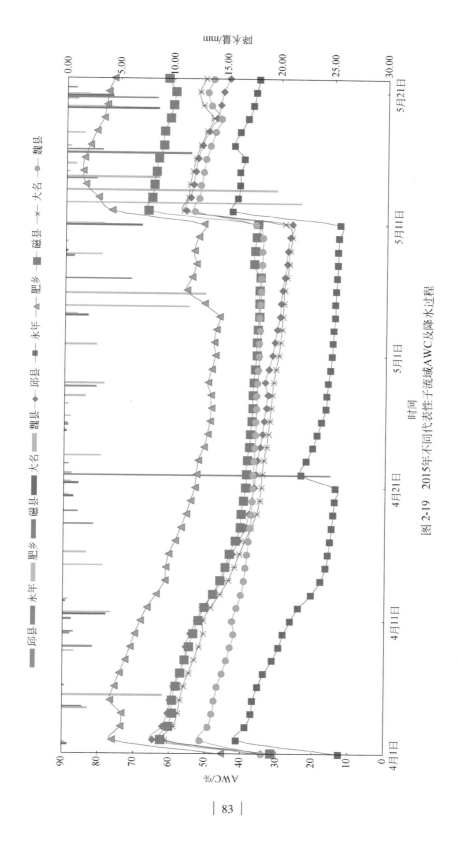

图 2-19　2015年不同代表性子流域AWC及降水过程

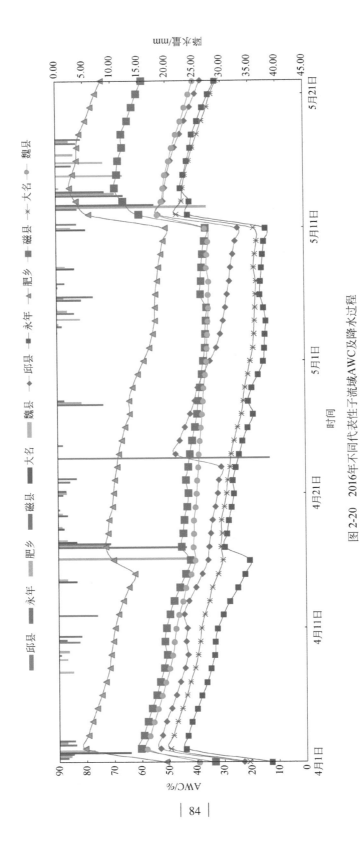

图 2-20  2016年不同代表性子流域AWC及降水过程

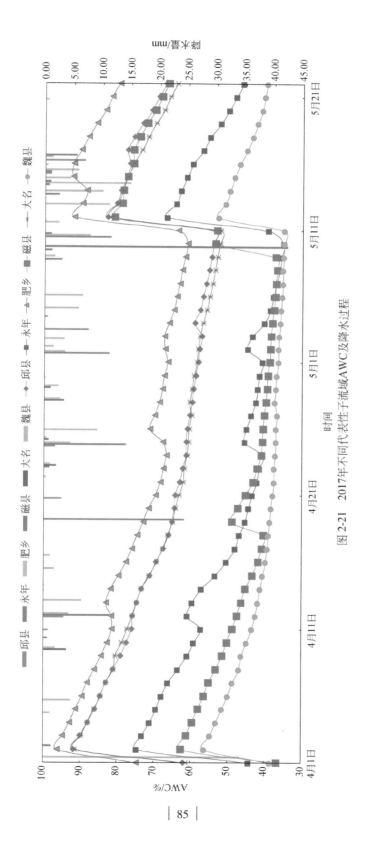

图 2-21　2017年不同代表性子流域AWC及降水过程

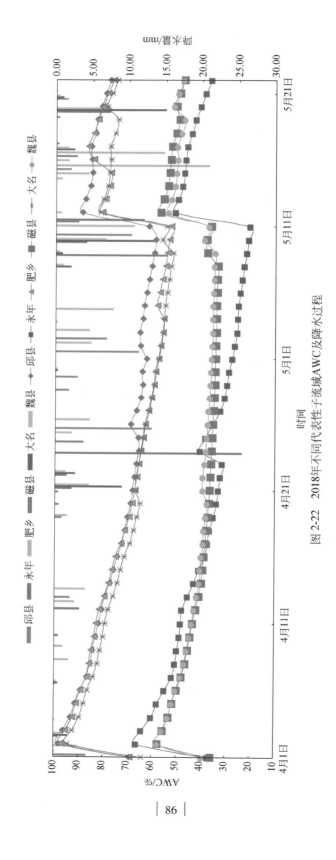

图 2-22 2018年不同代表性子流域AWC及降水过程

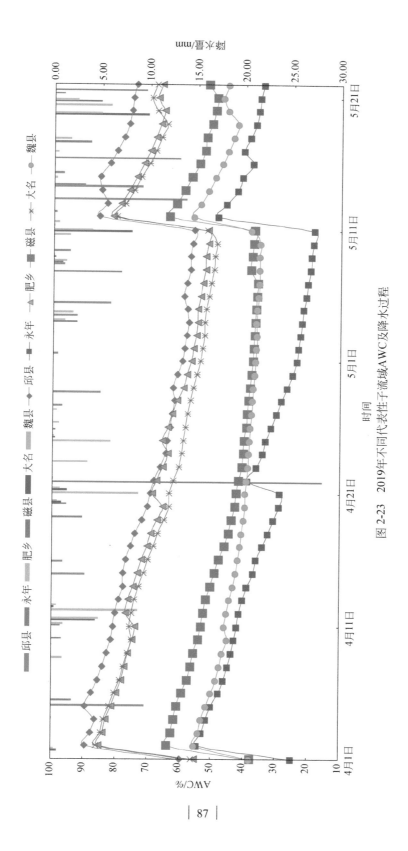

图 2-23　2019年不同代表性子流域AWC及降水过程

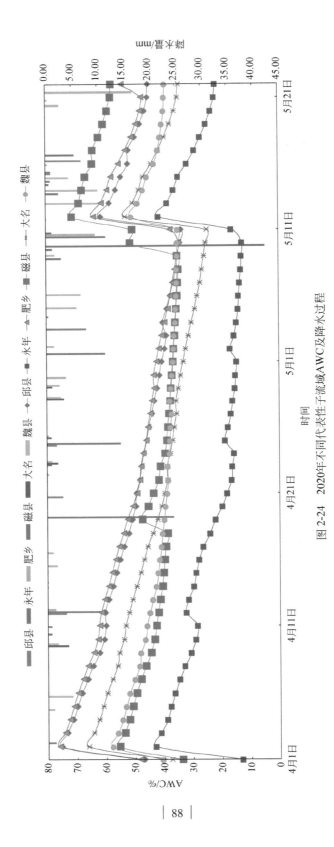

图 2-24  2020年不同代表性子流域AWC及降水过程

2017 年各典型子流域干旱时间演变趋势具有一致性，均呈现出两次突变情况，发生在 4 月 1 日与 5 月 11 日左右，且呈现出升高后持续下降的特点。4 月 1 日~5 月 10 日，各子流域干旱时间分布表现为无旱–有旱，其中永年、磁县、肥乡旱情缓解显著；5 月 11 日后，各子流域干旱又表现为明显的无旱–有旱，其中肥乡、磁县和邱县均出现旱情缓解情况，其余地区突变后呈下降趋势。

2018 年各典型子流域干旱时间演变趋势具有一致性，均呈现出两次突变情况，发生在 4 月 1 日与 5 月 11 日左右，且呈现出升高后持续下降的特点。4 月 1 日~5 月 10 日，各子流域干旱时间分布表现为无旱–有旱，其中永年、邱县、磁县和魏出现有旱情缓解情况；5 月 11 日后，各子流域干旱又表现为明显的无旱–有旱，除永年旱情持续外，其余各地区均有所缓解。

2019 年各典型子流域干旱时间演变趋势具有一致性，均呈现出两次突变情况，发生在 4 月 1 日与 5 月 11 日左右，且呈现出升高后持续下降的特点。4 月 1 日~5 月 10 日，各子流域干旱时间分布表现为无旱–有旱，其中永年、肥乡出现明显旱情缓解情况；5 月 11 日后，各子流域干旱时间分布表现为无旱–有旱，除邱县、永年均有一次旱情好转外，其余地区持续干旱，且大名、肥乡和魏县于 5 月 21 日后旱情有所缓解。

2020 年各典型子流域干旱时间演变趋势具有一致性，均呈现出两次突变情况，发生在 4 月 1 日与 5 月 11 日左右，且呈现出升高后持续下降的特点。4 月 1 日~5 月 10 日，各子流域干旱时间分布表现为无旱–有旱，其中永年和磁县旱情均出现一次旱情缓解情况；5 月 11 日后，各子流域干旱时间分布表现为无旱–有旱，至 5 月 21 日干旱发生及发展，21 日以后肥乡旱情有所好转。

## 2.4.2.4　典型区域农业干旱时空演变差异性分析

结合上述典型区域农业干旱时空演变规律，初步分析其空间差异性，有以下几点成因。

**（1）土壤水底墒条件**

由于降水集中在汛期，引黄灌溉主要集中在冬四月（11 月至次年 2 月），而本研究为考虑不利情景，认定黄河水和本地水是丰枯同步的，即本地枯水年，引黄水量会相应降低。因此降水和引黄水的丰枯特性会直接影响区域底墒，进而影响下一年春季干旱情况。

在 4 月（拔节—抽穗期），这一影响较为显著，2013 年为平水年，2014 年为枯水年，但由于前一年降水及引黄灌溉，2014 年春季没有发生旱情；2014 年的枯水效应反映在 2015 年，其降水与引黄水量的减少导致 2015 年大部分地区均有干旱发生；同样 2015 年的特枯效应也反映在 2016 年，尽管 2016 年是丰水年，但这一时期，很多地区年内均发生不同程度的干旱，只有邱县和肥乡北部等地无明显旱情。

**（2）水利工程规划及布局**

水利工程规划及布局与干旱的发生和发展有直接关系。永年地处山前平原区，西北部是山丘区，这一区域的水利工程缺乏，当地地表水供水条件不足，又不是引黄受水区，南水北调配套工程并没有涉及该部分区域且引江水不用于农业，因此这一地带是区域干旱出现最为频繁的地方，且干旱程度较同期其他地区最为严重。

**（3）灌溉制度和降水分布**

干旱时灌溉可有效缓解旱情，保证农业生产。研究区域灌溉两次，分别为4月1日和5月11日。各地通过灌溉措施，大大提高了土壤湿度，降低了干旱风险。

冬小麦抽穗—灌浆初期的干旱变化不仅与上述成因（土壤水底墒条件、水利工程布局）有关，还与降水密切相关，降水可在一定程度上缓解旱情的发生和发展。随着5月降水的增多，对前期的干旱有明显的缓解作用，也对当地增加水利工程蓄水极为有利。

# 2.5　抗旱型农业生产方式

华北山前平原是灌溉高产区，地下水供水量占总供水量的比例较高，达80.61%，远高于华北平原的其他地方。而农业用水量占总用水量比例更是偏高，达74.82%，远高于工业、生活及生态环境用水。农业用水增加是山前平原地区地下水严重超采的主要因素，研究抗旱型农业生产方式，减少灌溉农田的蒸发和水资源消耗量，对于应对华北平原干旱具有重要意义。

## 2.5.1　作物生育期降水与需水耦合关系研究

河北省作为全国13个粮食主产省份之一，2004～2006年河北省平原区耕地面积、小麦播种面积、玉米播种面积分别占全国的3.74%、9.37%和8.15%，小麦和玉米总产量分别占全国的11.23%和9.10%。河北省平原区耕地面积、小麦播种面积、玉米播种面积及小麦和玉米总产量均占到华北平原的一半以上，在华北平原地位显著。

通过对2005年华北平原冬小麦和夏玉米播种强度分析发现，冬小麦和夏玉米播种强度较大的地区包括保定南部、石家庄、邯郸、沧州、衡水、德州和鹤壁的部分地区，集中在太行山前平原，各地区播种密度均在30～48hm²/km²。地下水位与作物种植的关系分析表明，地下水位下降幅度的大小与冬小麦和夏玉米的种植状况明显相关，在地下水位下降幅度较大的区域，冬小麦、夏玉米的种植强度也较高。说明，冬小麦和夏玉米的轮作种植制度是地下水过量开采的一个重要原因（沈彦俊和刘昌明，2011）。

## 2.5.2　冬小麦-夏玉米综合节水集成模式

山前平原区目前冬小麦-夏玉米采取的节水灌溉模式主要有以下7种。

**（1）常规灌溉**

一般年份小麦和玉米均灌溉3水。

**（2）调亏灌溉**

在灌溉条件亏缺的条件下，对关键生育期补水，能够在很大程度上提高水分利用效率和作物产量，从而降低对灌溉水的依赖。调亏灌溉又可以有以下几种方式：一是综合节水模式，小麦和玉米均灌溉 2 水，周年 4 水，小麦在拔节期和开花期灌溉，玉米采取沟灌方式；二是关键期灌溉模式，小麦在拔节期灌溉，玉米在大喇叭口期灌溉，两者均灌溉 1水，周年 2 水；三是储水灌溉模式，小麦和玉米均是播前进行储水灌溉，均灌溉 1 水，周年 2 水。

**（3）玉米匀株，小麦缩行**

集缩行播种技术、化肥深施技术及小麦机械化沟播技术于一体。拖拉机一次进地完成开沟、深施肥、缩行播种、覆土、镇压等作业。冬小麦播种行距小于 20cm。提高玉米种植均匀度（均匀度为1），对冠层的光截获量明显增加，提高冠层内植株对光能的利用，以 60cm 等行距较好。

**（4）高产节水品种**

小麦选用石麦 15 和冀 5265 的节水品种，夏玉米选用生育期长的中、晚熟品种（如郑单 958 等）。

**（5）生育期优化搭配**

冬小麦适时晚播，以 10 月 15 日作为适期晚播的播期，可通过增加小麦的种植密度达到不减产目的，适期条件下 25 万/亩的播量能够取得高产，并以保证亩穗数。对夏玉米应当适时晚收，其每晚收一天，每亩粒重可增加 12.5~15kg，最适收获期可推迟到 9 月底。

**（6）麦秸覆盖玉米**

在小麦联合收割机尾部悬挂秸秆切抛机，小麦收割同时将麦秸切碎并均匀抛撒于田间，即冬小麦收后秸秆覆盖夏玉米田。

**（7）玉米秸秆，少耕覆盖**

玉米收获后，用秸秆切抛机作业两次，而后用旋耕犁旋耕两次，玉米秸秆粉碎均匀混于 10cm 表土中，保存底墒。

目前华北山前平原区均已采用节水高产品种、生育期优化搭配、小麦缩行玉米匀株和小麦秸秆覆盖玉米的耕作方式，区别只在灌溉水量方面。河北省农林科学院的试验研究发现，在山前平原区，周年灌四水的调亏灌溉模式配合其他节水技术的综合节水模式实现了节水与高效的统一。综合节水模式下，冬小麦–夏玉米周年产量达 13 589kg/hm²，水分利用效率达 1.85。相比传统模式，节水量达 1018m³/hm²，其中，冬小麦与夏玉米生育期节水量相当。综合节水模式纯收入和产投比明显较高，其中纯收入比传统模式提高了 14.6%，产投比提高了 11.3%，综合经济效益较高。在冬小麦–夏玉米全年纯收入中，种植夏玉米利润明显较高（刘荣花等，2003，2006；齐永青等，2011）。

可见，综合节水模式具有以下明显优点：受农民经济条件影响较小、管理简单、投资小、纯收入高、对土壤水库的调蓄能力较强，施肥量较低，对土壤水环境的改善程度较强等；相比传统模式，节水率、省电率、省工率和水分利用率较高，尤其是产量降低不明显，符合现阶段生产力发展水平的要求，受农民欢迎，适宜在太行山前平原推广应用。

## 2.5.3　蔬菜黄瓜膜下沟灌最优，番茄膜下滴灌最优

随着蔬菜种植面积的增长，山前平原地区的农业用水大户逐渐变成蔬菜瓜果。由于传统的"水菜"观念，蔬菜灌溉用水的浪费现象十分严重。蔬菜节水研究基础薄弱，节水灌溉制度的系统性研究很少，蔬菜节水灌溉技术体系还不完善。2007 年的国家科技支撑计划"蔬菜减蒸降耗及种植管理农艺和生物节水技术集成与示范"项目建立了灌溉设备、地膜覆盖、灌溉制度、节水品种等农艺节水为主的集成模式，介绍如下。

1) 低压膜下定量滴灌模式（以下称膜下滴灌）：地膜覆盖+低压膜下滴灌+灌溉制度+自动定量灌溉+蓄水池。番茄、黄瓜、茄子、辣椒、草莓等稀植作物类型均适用该模式。种植后在作物行与行之间铺设滴灌管，然后用地膜覆盖，其是膜下滴灌的核心技术。灌溉水量采用河北省农林科学院研制的自动定量控制灌溉，灌溉量为 9 ~ 12mm/次，灌溉周期根据田间实际耗水量确定。与对照相比，2008 年该模式每 667.5m$^2$ 投资增加 1700 元左右，其中地膜费用 40 元，低压滴灌系统装置 1200 元，蓄水池构建 200 元，灌溉自控装置 260 元，节水效果可达 65% ~ 70%，有效地减少了稀植作物病害发生，并且增产效果达 50%。该模式可简化为地膜覆盖+膜下滴灌+灌溉制度+自动定量灌溉（刘晓敏等，2011）。

2) 地膜半覆盖膜下沟灌模式（以下称膜下沟灌）：半覆膜沟灌+灌溉制度+指针式定量灌溉指示装置，是适应于设施蔬菜的番茄、黄瓜、茄子、辣椒、草莓等稀植作物类型的技术模式。其关键技术是，定植后，在畦上覆盖地膜，膜下架设支架形成小拱，与土壤沟共同形成封闭的灌水沟，使灌溉位点在封闭的灌水沟下，畦垄两边地膜用土压实。灌溉水量采用河北省农林科学院农业信息与经济研究所专利产品——指针式定量灌溉指示装置，每次灌水量 21.5 ~ 22.5mm，灌溉周期依据田间耗水实际而定。与对照相比，2008 年该模式每 667.5m$^2$ 投资增加 100 元左右，包括地膜费用 40 元，指针式定量灌溉指示装置 60 元，节水效果 30% 左右，可减少病害发生，并且增产效果达 20%。

蔬菜优化节水模式能够节水、省肥、提高蔬菜品种。从投入来看，膜下滴灌>膜下沟灌>不覆盖沟灌。因此从节水、省肥、减少病虫害发生、提高蔬菜品质方向及农民接受程度来看，首先应该大面积推广膜下沟灌，其次示范推广膜下滴灌，逐步引导农户采用膜下滴灌。

根据相对优属度越大方案越优原则，综合评价出节水灌溉技术模式优劣的排序为膜下沟灌>滴灌>膜孔灌溉>沟灌，其中膜下沟灌主要优点是投资小，运行费用低，管理简单，对作物类型的适应性强，节水、节电、省工和增产综合效果显著，符合现阶段生产力发展水平的要求，受农民欢迎，可在类似地区大力推广。其次为滴灌、膜孔灌溉，适用于露地蔬菜，与沟灌相比也具有强大的优势。对蔬菜农艺节水技术从生产、社会经济、生态环境等方面采用熵权综合评价法进行综合评价，番茄膜下滴灌最优，黄瓜膜下沟灌最优。

## 2.5.4 梨树采用外围沟灌模式最优，苹果树局部灌溉模式最佳

山前平原区果树节水优化模式主要有两种方法。

1) 果树根系集中分布区进行沟灌模式（以下简称外围沟灌）。在主干道上距离树冠 40~50cm 处，开一条深 20cm 左右的灌水沟，依据地面比降、土质、树龄大小和灌溉定额来定其宽度，行间留出作业道。节水效果：节约灌水 100~125m³/亩，可节水 50%。

2) "局部交替灌溉模式"。在果树的根系根据其冠幅大小和年龄设置 4~6 个局部灌溉点，用土埂隔开各灌溉点，进行多点局部交替灌溉。全部灌溉点于 6 月中下旬的花芽生理分化期实施灌溉，其他时期 1/4~1/2 个灌溉点交替灌溉。节水效果：节约灌水 100~130m³/亩，可节水 50%~60%。

根据对农户的调查，在苹果树的四种灌溉方式中，局部灌溉和小管出流产出的优质果比相同，高于沟灌和漫灌。产量局部灌溉较高，为 49 200kg/hm²，漫灌最低，为 34 422kg/hm²。总产值局部灌溉较高，为 190 753.5 元/hm²，沟灌最低，为 80 107.5 元/hm²。水分利用效率局部灌溉较高，为 25.23kg/m³，漫灌最低，为 11.15kg/m³。投入产出比局部灌溉最高，为 3.92，漫灌最低，为 2.43。水分经济利用效率局部灌溉较高，为 97.82 元/m³，漫灌最低，为 25.97 元/m³，见表 2-5。

表 2-5　苹果树节水技术集成模式的投入产出

| 指标 | 沟灌 | 局部灌溉 | 小管出流 | 漫灌 |
| --- | --- | --- | --- | --- |
| 优质果比/% | 70.5 | 80 | 80 | 64.6 |
| 产量/(kg/hm²) | 36 582 | 49 200 | 51 000 | 34 422 |
| 总产值/(元/hm²) | 80 107.5 | 190 753.5 | 197 676 | 80 182.5 |
| 纯收入/(元/hm²) | 48 846 | 142 078.5 | 141 031 | 47 148 |
| 投入产出比 | 2.56 | 3.92 | 3.49 | 2.43 |
| 水分利用效率/(kg/m³) | 19.13 | 25.23 | 42.5 | 11.15 |
| 水分经济利用效率/(元/m³) | 41.89 | 97.82 | 164.73 | 25.97 |

资料来源：农户调查。

在梨树的四种灌水方式中，投入产出比外围沟灌较高，为 2.03，漫灌最低，为 1.87。纯收入外围沟灌较高，为 38 100 元/hm²，漫灌最低，为 32 340 元/hm²。产量外围沟灌最高，为 58 425kg/hm²，调亏灌溉最低，为 57 390kg/hm²，SSC（可溶性固形物含量）外围沟灌最高，为 10.8%，漫灌最低，为 10.1%。单果重外围沟灌最高，为 0.214kg，调亏灌溉最低，为 0.206kg/hm²。水分利用效率外围沟灌最高，为 32.46kg/m³，漫灌最低，为 13.76kg/m³。水分经济利用效率外围沟灌最高，为 41.74 元/m³，漫灌最低，为 16.56 元/m³，见表 2-6。

表 2-6　梨树节水技术集成模式的投入产出

| 指标 | | 局部灌溉 | 外围沟灌 | 调亏灌溉 | 漫灌 |
|---|---|---|---|---|---|
| 投入产出比 | | 2.12 | 2.03 | 2.06 | 1.87 |
| 纯收入/(元/hm²) | | 40 890 | 38 100 | 36 885 | 32 340 |
| 产量/(kg/hm²) | 一级 | 52 680 | 48 900 | 45 240 | 41 610 |
| | 二级 | 5 235 | 9 525 | 12 150 | 16 170 |
| | 合计 | 57 915 | 58 425 | 57 390 | 57 780 |
| SSC/% | | 10.3 | 10.8 | 10.5 | 10.1 |
| 单果重/kg | | 0.212 | 0.214 | 0.206 | 0.208 |
| 水分利用效率/(kg/m³) | | 24.13 | 32.46 | 18.22 | 13.76 |
| 水分经济利用效率/(元/m³) | | 32.26 | 41.74 | 22.8 | 16.56 |

在节水等生态环境效益产量，水分利用效率等生产效益，产值、水分经济利用效率等社会经济效益上采用熵权综合评价法来评价苹果树和梨树。在局部灌溉上，苹果树最优；在外围沟灌上，梨树最优。因此未来华北平原发展节水农业的最佳选择可能就是苹果树局部灌溉、梨树外围沟灌。

## 2.6　增强抗旱保障程度的方略

### 2.6.1　以水资源为支撑力，合理布局山前平原灌溉农区的农产品生产

2010~2020 年，需要在工业化、城镇化和现代化进程不断加快的大背景下进行华北灌溉农区的农产品生产。按经济效益账计算水资源的分配，农产品生产要求在农业用水不增加的情况下进行。这样，提高作物的水分利用效率成为提高农产品综合生产能力的重要手段。为此，需重视山前平原当地水资源贫乏导致的不适应性，充分利用春季有效降水量较多的条件，增强保墒耐旱技术研发，合理调控小麦等夏粮作物灌溉用水强度；调整耗水作物种植面积比率，大幅度降低灌溉用水强度。

山前平原水资源供需不匹配的主导成因是灌溉用水强度过大，大部分灌溉农田用水强度大于 18 万 m³/(km²·a)。灌溉用水作物主要是稻谷、蔬菜、春小麦和玉米，因而在山前平原适度调整水田播种面积、优化小麦-玉米种植面积，控制蔬菜播种面积，提高灌溉节水能力，有利于缓解该地区浅层地下水超采情势（吴天龙等，2008）。

山前平原目前的种植业结构已经基本趋于稳定状态，如果不考虑大的政策性因素介入，未来 10 年不会发生较大的变化，这样解决农产品总量不断增长需求与水资源支撑的矛盾更多的要依靠农艺节水技术的研发和推广。

## 2.6.2 针对不同节水目标采用不同的灌溉制度

除了工程节水作用外，生物、农艺、管理节水技术成果起着越来越重大的作用。依靠开源和节流并举、多种技术措施集成，可缓解农产品生产和水资源不足的矛盾（张文宗等，1999；姚治君等，2000；张敏等，2011）。

**（1）地下水采补平衡的最小灌溉制度**

适当补水调控对冬小麦、夏玉米及时建立良好的作物群体有重要作用。要保证一年两作作物（如华北夏玉米和冬小麦）的生长，就要对农田进行一定的灌溉，尤其是由收获冬小麦而造成的上层土壤干燥，需要对土地灌溉才能保证夏玉米的出苗率。最小灌溉制度的实施，即根据当时的土壤墒情和适当的灌溉来播种冬小麦与夏玉米，其他时间不再灌溉。冬小麦–夏玉米这种灌溉制度在山前平原土壤持水能力强及土壤深厚的华北平原有望实现地下水采补平衡，虽然这种灌溉制度比充分灌溉减少 13%~15%，但是其水分利用效率提高了 15%，而且年总耗水量减少了 200mm。

**（2）节水、高产的调亏灌溉制度**

作物对水分亏缺有一个阈值反映，水分亏缺并不总是降低产量，一定阶段、一定程度的水分亏缺反而有利于作物干物质分配向经济产量的转移，冬小麦实施调亏灌溉反而有利于产量和水分利用效率的提高。根据华北山前平原多年的实验结果，对于冬小麦，能使其取得最高产量的灌溉制度是干旱年 3 水、湿润年 1 水、平水年 2 水，与当地普遍使用的灌溉制度相比，减少了 1~2 水的灌溉次数，提高了 5%~8% 的产量，提高了 10% 以上的水分利用效率。

**（3）节水稳产简便易行的关键期补水灌溉制度**

为了尽可能使小嘴灌溉引起的作物减产问题造成的影响降低，无论何种降水年型，在最小灌溉基础上，应用关键期补充灌溉 1 水，使在土壤墒情较好的情况下，冬小麦的水分利用效率提高 21%，而其产量只比充分灌溉产量少 3%，并使其比充分灌溉少用水 90mm。

华北平原是我国粮食主产区，也是我国最缺水的区域之一。未来随着我国人口的增加，对粮食增产的要求更加突出，我国"十三五"关于农业的规划中华北要增产粮食 150 亿 kg，在目前水分利用效率条件下需要 150 亿 m³ 的水，而现状情况下华北已缺水近 100 亿 m³。要满足未来粮食增产要求和解决目前农业缺水问题，必须提高水分利用效率，针对不同节水目标采用不同的灌溉制度。

## 2.6.3 地下水功能可持续性是灌溉农业用水安全保障的基础

山前平原是华北平原农业的精华所在，是华北粮食生产的重要主产区，在保障粮食安全和持续提升粮食生产能力方面占据不可替代的地位，发挥着主导作用。山前平原区的农业灌溉以地下水为主，其小麦、蔬菜等耗水作物种植强度明显高于华北平原的平均水平。近 50 年来华北地区粮食总产量平均每五年递增 46.2 万 t，粮食生产规模的不断扩大必然导致农业对地下水的开采量不断增加，以至地下水超采疏干加剧，造成水资源紧缺和地下水超采日趋严峻（吴爱民等，2010）。

干旱气候导致降水不断减少，进而导致灌溉用水量远超当地水资源承载力，同时加深农作物生产需水对灌溉的依赖程度。山前平原缺少 109 亿 $m^3/a$ 水量，因此要开采地下水来满足需要。而气候一方面作用于灌溉用水和规模，另一方面影响对地下水的补充。由此可见，地下水的可持续在一定程度上影响灌溉用水是否能够得到保障。特别是在连续枯水年份，地表水资源往往极度匮乏，抽取地下水可能成为农田抗旱的重要保障条件。

因此，要合理调控超采区农业种植结构和耗用地下水的强度，正确处理区域地下水的资源功能生态功能和地质环境功能之间的关系，根据气候变化和降水变化控制地下水超采利用，加强涵养修复地下水源是华北山前平原应对干旱灾害的一项重要手段。

# 第3章 华北东部黑龙港地区旱涝应对研究

黑龙港地区海拔大都在40m以下，地势低平，由海河等诸支流和黄河长期冲积而成。其地势低洼、泄水河道少，因此不仅成为河北省河流和客水汇集之处，而且地表径流排泄不畅，易发生旱、涝、沥、碱等自然灾害。黑龙港地区可种植多种一年两熟或三熟的农作物，是国家重要的农业区域，其地处暖温带，光、热资源丰富，白洋淀、东淀、文安洼、千顷洼都在这个地区。但是受季风气候和低洼冲积、海积平原地学条件的影响，"春旱、夏涝、秋吊"的规律非常典型，历史上"旱、涝、碱、薄"俱全，耕作粗放，是华北平原旱涝灾害最频繁的地区，也是华北平原盐渍危害最严重的地区之一。以黑龙港地区为背景开展旱涝应对研究，不仅对指导该类型区的农业生产具有现实意义，而且也将对全国农业的持续发展产生重大影响。

## 3.1 黑龙港地区基本情况

### 3.1.1 地理区位

黑龙港地区位于华北平原的北半部，是华北平原的重要组成部分。该区域主要包括衡水、沧州、廊坊、保定、邢台和邯郸6个市，共53个县（市），土地面积为4万km²，占河北省土地面积的21.3%，其中有234.51万hm²的耕地面积，占河北省耕地面积的39.8%，有效灌溉面积达193.75万hm²，占黑龙港地区耕地面积的82.6%，纯旱地40.73万hm²（《河北农村统计年鉴2008》），2007年末总人口2185.9万人，占河北省总人口的31.48%。该地区饱受旱涝灾害的影响，地势低洼而盐碱积聚，导致其矿产资源缺乏、工业基础薄弱、城市化不高、经济落后等。

黑龙港地区地势较缓，是华北平原东部相对低平地域，临漳、成安地势相对高一些，海拔为50~80m，黄骅一带地势最低，海拔为5m左右，因此可以看出黑龙港地区由西南向东北渤海方向略有倾斜。黑龙港地区多年平均气温为12.7~13.3℃，温度最低为−20℃，7月温度最高，达40℃以上，属于大陆性暖温带半干旱半湿润季风气候，如图3-1所示。多年平均降水量为500~600mm，时空分布存在很大差异，年际变化大，1957~2009年降水量最高为1300mm，最低为200mm，多数多雨年降水量在800mm以上，少数少雨年在400mm以下。

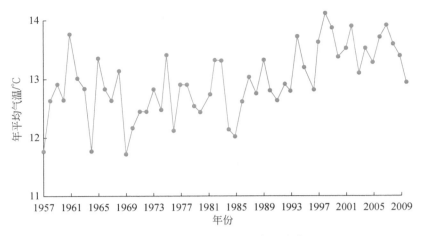

图 3-1 黑龙港地区年平均气温变化

## 3.1.2 水文气象特点

1956～2000年黑龙港地区多年平均降水量为544.7mm，217.9亿 $m^3$ 的降水量中能转化为水资源的只有14.7%，与全国648mm的平均降水深和总降水量中45%转化为地表和地下水资源量相比，蒸发量偏大而降水量偏少（表3-1）。按产水模数计算，黑龙港地区单位面积产水量为全国平均数的26.8%，仅7.9万 $m^3/km^2$ ，因此从降水总量来看，黑龙港地区降水具有很大的利用潜力，提高降水的利用率是未来黑龙港地区解决粮食问题的一个有效途径。

表3-1 黑龙港地区降水资源

| 行政区 | 多年平均降水量 | | 变异系数/Cv |
| --- | --- | --- | --- |
| | mm | 亿 $m^3$ | |
| 邯郸市 | 552.3 | 22.9 | 0.31 |
| 邢台市 | 531.4 | 25.5 | 0.35 |
| 保定市 | 566.2 | 17.3 | 0.31 |
| 沧州市 | 557.9 | 78.4 | 0.32 |
| 廊坊市 | 555.3 | 28.5 | 0.29 |
| 衡水市 | 513.5 | 45.3 | 0.30 |
| 黑龙港 | 544.7 | 217.9 | 0.31 |
| 河北省 | 531.7 | 997.9 | 0.20 |

黑龙港地区降水、径流年内分布存在很大差异，年际变化大，1957～2009年降水量最高为1300mm，最低为200mm，多数多雨年降水量在800mm以上，少数少雨年在400mm以下，给粮食安全带来很大影响，每年70%～80%的降水集中在汛期（6～9月），特别是

春季，经常干旱，不能满足作物的需水要求。另外最小年降水量是年际最大年降水量的 1/8～1/3；特丰年和特枯年径流量相差更大，前者年径流深有三位数，后者年径流量则几乎没有。

黑龙港地区地表水资源量为 15.2 亿 m³，占河北省地表水资源量的 12.65%。由于地表水的极度匮乏，地下水作为黑龙港地区的主要水源，在黑龙港有 26.81 亿 m³ 的地下水资源量矿化度不大于 2g/L，占河北省地下水资源量的 21.87%。在黑龙港有 41.76 亿 m³ 的水资源总量矿化度不大于 2g/L，占河北省水资源总量的 20.4%。其中地表水约占 36.4%，地下水约占 64.2%（表3-2）。

表3-2　黑龙港地区水资源量　　　　　　　　（单位：m³）

| 行政区 | 地表水资源量 | 地下水资源量 | 系列修正值 | 重复计算量 | 水资源总量 |
|---|---|---|---|---|---|
| 邯郸市 | 2.13 | 3.98 | 0.24 | 1 | 5.35 |
| 邢台市 | 2.14 | 4.07 | 0.29 | 0.87 | 5.63 |
| 保定市 | 2.19 | 2.93 | 0.18 | 1.12 | 4.18 |
| 衡水市 | 0.73 | 5.31 | 0.88 | 0.11 | 6.81 |
| 沧州市 | 5.9 | 6.52 | 1.03 | 0 | 13.45 |
| 廊坊市 | 2.11 | 4 | 0.56 | 0.33 | 6.34 |
| 黑龙港 | 15.2 | 26.81 | 3.18 | 3.43 | 41.76 |
| 河北省 | 120.17 | 122.57 | 6.92 | 44.97 | 204.69 |
| 占河北省比例/% | 12.65 | 21.87 | 45.95 | 7.61 | 20.4 |

黑龙港地区分布着河北省的主要咸水资源。其中矿化度大于 10g/L 的地下浅层咸水极少，有 4.99 亿 m³ 的地下水资源量矿化度大于 5g/L；有 15.37 亿 m³ 的地下水资源量矿化度为 2～5g/L，其中有 3.62 亿 m³ 的地下水资源量矿化度为 3～5g/L，有 11.75 亿 m³ 的地下水资源量矿化度为 2～3g/L。黑龙港地区浅层咸水资源可开采量达到该区可利用淡水资源总量的 49.6%，小于 5g/L 咸水为该区可利用淡水资源量的 37.4%，未来浅层微咸水尤其是小于 5g/L 咸水的开发利用将对促进该区未来的粮食生产起到重要作用。

缺水是限制黑龙港地区农业产量的最主要因素，该区人均水资源量为 191m³，只有全国的 8.1%，单位面积水资源量为 1045m³，只有全国的 3.7%（表3-3），水资源和人口、耕地的矛盾极为突出，以上不利因素使该地区成为我国最缺水的地区之一。这样造成区域极易发生旱灾，给区域城市供水和农业粮食安全带来了严重挑战。

表3-3　黑龙港水资源量的横向比较

| 地区 | 年均水资源量/亿m³ | 人均水资源量/(m³/人) | 单位面积水资源量/(m³/hm²) |
|---|---|---|---|
| 世界 | 476 600 | 9 003 | 35 940 |
| 中国 | 27 115 | 2 350 | 27 870 |
| 华北平原 | 1 165 | 547 | 5 070 |

| 地区 | 年均水资源量/亿 m³ | 人均水资源量/(m³/人) | 单位面积水资源量/(m³/hm²) |
|---|---|---|---|
| 河北平原 | 182.5 | 311 | 3 120 |
| 黑龙港区 | 41.8 | 191 | 1 045 |

## 3.1.3 河流水系概况

衡水、沧州两市境内河流分属海河流域的南运河、子牙河和大清河三大水系。南运河水系主要包括卫运河（衡水与山东省界河）、漳卫新河（沧州与山东省界河）、南运河、捷地减河等；子牙河水系主要包括滹沱河、滏阳河、滏阳新河、子牙河、子牙新河等；大清河水系主要包括潴龙河、白洋淀引河、赵王河等。在以上各行洪河道中间还有许多排泄当地沥水的排沥河道，如子牙河系与南运河系之间的滏东排河、北排河、索泸河、清凉江、江江河、黑龙港河等，在子牙河系与大清河之间的小白河、古阳河等，在运东地区有沧浪渠、宣惠河、大浪淀排水渠、南排河、石碑河、黄浪渠、廖家洼排水渠等，这些运东河道均直接入海。

## 3.1.4 区域水利工程基本情况

### 3.1.4.1 引水蓄水工程

1) 黑龙港地区内拥有衡水湖和大浪淀两座大型平原水库。衡水湖始建于1958年，之后又经过了续建和配套工程的建设，也对其进行了一定的维修，功能和设施逐渐完善并扩大，其最大蓄水量已达1.88亿 m³。它作为主要供水来源用以对衡水市生活和工业进行供给。大浪淀水库始建于1995年5月，其1996年底前建成，并于1997年开始引蓄黄河水，而其向沧州市区正式供水也在当年1月31日。大浪淀水库的最大库容为1.003亿 m³，其围堤和面积分别为16.6km、16.7km²，是国家大Ⅱ型水库。2004年末，新工程"引大入港"建成使用，向黄骅市和黄骅港城区供水的任务也落在了大浪淀水库肩上。

2) 有着"九河下梢"称号的黑龙港地区，拥有众多河渠，丰富的河渠是河道蓄水的便利条件。中华人民共和国成立以来，8座大型蓄水闸被人们修建在行洪与排沥河道上，另外分别有中、小型蓄水闸29座、166座，建成总蓄水能力5.3亿 m³。

3) 20世纪50年代末，区内掀起开挖蓄水坑塘的建设高潮，据不完全统计，共开挖或扩挖蓄水坑塘9100多个，总蓄水能力1.63亿 m³。

4) 衡水市在1985年建成了一项大型跨流域饮水工程——"卫运河—千顷洼"引水工程，其设计引水能力为1.12亿 m³。1994~2004年年均引卫运河水量和引黄河水量分别为410万 m³、3205万 m³。

5) 衡水市还有一个重要引水工程——"石津渠"引水灌溉工程，其在1990~2003年均输水量达 1.93 亿 m³，在 1998 年饮水量达到峰值 3.24 亿 m³。

6）为了解决黑龙港地区的缺水问题，使衡水、沧州的人民因此受益，1994 年实施了"引黄入冀"工程。在这项工程中，衡水市和沧州市平均每年分别引蓄黄河水 3177 万 m³、6000 万 m³，这项工程已经成为两市稳定的补水工程。

7）沧州市为了降低引水成本在 2005 年正式实施了又一引水工程——"王大"引水工程，这项工程是作为"引黄入冀"工程的补充工程而实施的。保定市王快水库是该工程的引水点，饮水路线共 280km，其中沧州段 160km，途经沧州市的肃宁、献县、泊头、南皮，而后注入大浪淀水库。这项工程设计引水能力为 35m³/s，而大浪淀水库入库流量为 13m³/s。这项工程设计了 20 条河渠，有两座倒虹吸和几十座节制闸。"王大"引水工程解决了市区和西部县区缺水问题，并且缓解了引水路线沿线的农业用水矛盾，是沧州市又一个如同生命线一般重要的水源。

### 3.1.4.2　地下取水工程

地下取水工程的发展顺序为砖井、锅锥井、深机井。中华人民共和国成立初期的发展标志是砖井的数量开始激增，然后由于锅锥井的出水量更丰富开始取代砖井。地下水位在地下水大量开采之后持续下降，砖井和锅锥井已不再适用，进入 20 世纪 60 年代之后，掀起了一波建设深机井的高潮，之后深机井的数量每年都在增加。到 2012 年，该区域拥有机电井 21 万眼，130 万 hm² 农田利用机电井进行排灌。

## 3.2　黑龙港地区旱涝情况及问题分析

### 3.2.1　黑龙港地区干旱情况

回看元代以前的历史资料，根据《河北省水利志》的记载，历史上黑龙港地区平均 15 年发生一次干旱灾害，而在明代和民国时期发生旱灾的频率分别为四年一次和不到两年一次。1368～1948 年有 407 次旱灾出现在黑龙港（魏智敏，2003）。中华人民共和国成立以后，区域旱灾导致的缺水在本地区时有发生，其中在 20 世纪 70 年代发生了最为严重的典型性的特大区域水荒，如在 1965 年降水量低至 34.7mm，黑龙港地区多年平均降水量减少了 409.6mm 以上，此次旱灾共造成 485 万人口、285 个村庄受灾，甚至连人畜饮水都出现了困难。在降水量不足 350mm 的 1972 年，黑龙港地区有 550 多万人口、1100 多个村庄受灾，同样出现人畜饮水困难。而后在 1968 年、1989 年、2008 年也出现了春夏秋连旱造成的典型性区域性水荒。

另外，黑龙港地区还出现连续枯水年的现象，如衡水市的深州市，自 1956 年以来就出现过 1959～1962 年、1964～1968 年、1970～1972 年、1980～1984 年、1988～1993 年、1997～2003 年等连续枯水年。水资源供需矛盾尖锐、水旱灾害频繁、农业生产不稳定的重要原因即是连续枯水年的频繁出现。

在自然因素和经济因素的双重作用下，黑龙港出现缺水问题。同时由于黑龙港不同的地貌地质和气候等自然因素，该地区水资源总量变少。海河南系的运东平原、漳卫河平原和黑龙港平原组成了整个黑龙港地区，分析流域分区的河北省降水量资料可以发现，该地区 1956～2000 年多年平均降水量低于海河北系和滦河流域，为 542mm，且该地区多年平均蒸发量为 1200～1400mm，是干旱指数和蒸发能力的高值区，干旱指数高达 2.0 以上。

## 3.2.2　黑龙港地区内涝情况

由于黑龙港地区地面坡度在万分之一至千分之一，大部分地区坡度平缓。平缓的地势再加上由上述三个方向汇聚而来的河流，众多封闭的洼地在两河汇流处的上游形成，且河流基本上都是有堤防约束的地上河，这些特点对排涝极为不利，特别是南部河流，向北在平原地区的流程特别长，如南运河在河北境内流程达 364 余千米，位于南运河和子牙河之间的黑龙港流域，其南北跨度同样也有 360 余千米，黑龙港流域地势低洼，起伏不平，是低洼易涝的典型地区。"南北七十二连挂，淹了上洼淹下庄，七十二洼都淹尽，贾口洼里住老家。"即是形容该地区地势的谚语，形象地说明了黑龙港地区地势易涝的特点。贾口洼为南运河与子牙河汇合处上游的封闭洼地，位于天津市的静海县（现静海区）和河北省的青县。群众的谚语说明，由于南北流程长，沥水重复淹地，最后流入贾口洼而仍然无出路。位于子牙河与大清河汇合处之间的文安洼，群众曾有这样的谚语："淹了文安洼，十年不回家。"这说明淹了文安洼，须外出逃荒，因为排水无出路，靠自然蒸发，需要数年才能干洼恢复生产，黑龙港地区类似这样的低洼易涝土地很多，只是规模大小有所不同。

## 3.2.3　农业种植及抗旱减灾状况

黑龙港为河北省两个粮食主产区之一，黑龙港较山前平原粮食生产水平较低，但粮食种植面积大。参照《河北统计年鉴 2010》，夏玉米、棉花和冬小麦是黑龙港区域主要的农作物，该地区农作物播种面积的 81% 以上都是这三种作物。该地区冬小麦−夏玉米的播种模式造成冬小麦与夏玉米的分布区域位置和大小基本一致，且基本遍布全区（中西部地区除外）；邱县—广宗—威县南宫西南部集中种植区与南皮东—东光—吴桥集中种植区是棉花种植的两个集中连片区；肥乡、鸡泽、青县、故城、饶阳各县是蔬菜的主要产区；而在黑龙港地区西南部的魏县和东北部的深州、献县、宁晋、泊头等地则是主要的园林水果分布区；大名是主要油料作物产区。

中华人民共和国成立后，该地区实施了很多田间和排水工程，如以疏通海河为主的修渠筑库、疏通河道等。同时进行了一系列综合治理工作，如人工种植、绿肥、牧草、平整土地、植树造林、压盐；广泛开展了浅、中、深层地下水的开采工程等。农业生产情况得到了巨大改善，不仅洪涝灾害频率已经显著降低，而且对旱灾的抵抗能力也有了很大提升，但是对大多数的粮食指标来说，黑龙港地区的指标仍低于整个国家的平均水平，低、中产农田的面积依然占黑龙港地区耕地面积的 70% 以上，这是由农业生产水平和历史原因共同造成的。统计资料表明，山前平原粮食平均产量为6279kg/hm$^2$，而黑龙港地区为5143kg/hm$^2$。黑龙港地区光热资源丰富，与山前平原相比具有水资源极度匮乏、土壤肥力薄和产量水平低等特点。

### 3.2.4 黑龙港地区旱涝面临的问题

#### 3.2.4.1 黑龙港地区干旱面临的问题

一是有效灌溉面积还有待提高，黑龙港地区耕地一般都是盐碱低产田，由于水资源缺乏，粮食亩产则徘徊在200~250kg。粮食作物在大旱年份将会急剧减产。生长在旱季的小麦，产量上更是呈现出大起大落的特点，在相邻年份的增减值甚至超过13亿kg。黄骅1980年大旱，小麦比1979年减收1亿kg，只有0.1亿kg的收成，相差达11倍之多。按黑龙港地区农业灌溉效益分析，廊坊、保定、邯郸等地区灌溉农田的产量是雨养农田产量的4.7倍，可以明显地看出灌溉农田增产的效益，那些雨养农业区，遇风调雨顺年份大幅度增产；遇干旱年份则大幅度减产，甚至绝产，粮食产量很不稳定。

二是农业面积大、产量低。与山前平原相比，黑龙港地区具有粮食种植面积大而单产水平低的特点。2007年黑龙港地区的粮食单产较山前平原低75.8kg/亩，降幅为18.1%。而黑龙港粮食种植面积为3579.6万亩，较山前平原多231.9万亩，增幅为6.9%，这种面积大产量低的特点表明，黑龙港地区极易遭受干旱影响，抗旱灾能力弱。

#### 3.2.4.2 黑龙港地区内涝面临的问题

一是部分除涝骨干工程标准低，黑龙港地区除老沙河、洧拟江、老漳河、滏东徘河已按3日降水250mm标准扩挖外，其他各河均按5年一遇标准，运东地区3年一遇，个别河道不足3年一遇。

二是田间配套工程差，自1965年黑龙港治理以来，两期排涝工程是重视骨干而忽视田间配套工程建设，1973年黑龙港南部遇大暴雨，凡属配套差的低洼地带，田间沥水均排泄不畅，造成“大河流小水、支流半槽水、田间满地水”的场面，使骨干排沥河道不能发挥应有的作用。

## 3.3 黑龙港地区旱涝的成因机理

### 3.3.1 黑龙港地区旱灾成因分析

#### 3.3.1.1 降水时空变化原因

降水的季节变化很大，冬、春、夏、秋四季的干旱程度也不一样。区域旱灾主要是受春季和夏季降水的影响。在受大陆变性气团控制的春季，降水量很少，平均值为64.9mm的全省降水量只占全年降水量的11.9%。降水量在南部、中部、北部之间的差异不大，分别为67.6mm、65.4mm、61.8mm。整个春季的自然降水在小麦返青和春种的关键时期远远不能满足各类作物的用水需求，且春季升温快、气候干燥、蒸发量大、风力一般较大，故河北省经常遭遇春旱，也有"十年九旱"之说。在受印度低压及太平洋副热带高压控制的夏季（6~8月），偏南气流挟带了大量暖湿气流，形成了高温多雨的气候类型。夏季全省平均降水量为384mm，占全年降水量的70.4%，且呈现出南北差异较大的特点，南部、中部、北部分别为381.3mm、459mm、314.8mm，降水量充足的夏季满足了春玉米、棉花、谷子等秋作物在生长最旺盛季节的水量需求，但是降水量在6月不稳定且年际变化很大，使春旱往往能持续到夏季，出现春旱和初夏连旱的频率一般在40%左右。黑龙港南部地区的降水量在时间上呈现出"七上八下"的特点，夏季是多雨的季节，但是初夏和8月中下旬却多出现旱情，称之为"卡脖旱"，这种旱情对农作物的生长极为不利，容易造成减产。

### 3.3.1.2　蒸发和气温原因

区域多年平均蒸发量为1161.3mm。南北差异不大，北部为1125.1mm，中部为1155.3mm，南部为1203.6mm。蒸发最强烈的月份是5月和6月，各区蒸发量逐月变化情况如图3-1所示。多年平均气温为9.8℃，南北差别较大，北部为5.6℃，南部为12.8℃，中部为11℃。从以上数据可以看出，黑龙港地区温度南方和北方相差大，7月的平均温度在全年内基本都是最高的。中部、北部、南部逐月气温变化情况如图3-2所示。

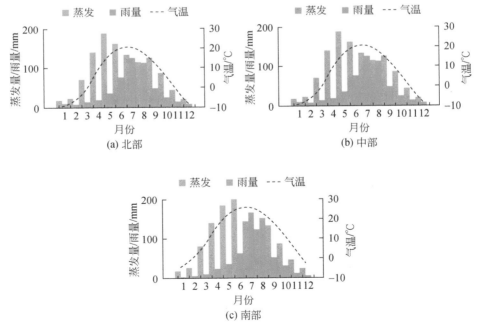

图3-2　黑龙港地区蒸发、雨量、气温逐月变化图

分析图 3-2 可以得出，干旱期主要集中在 3 ～ 6 月，其蒸发量远大于降水量，7 月和 8 月集中了大部分降水，在黑龙港地区的中部和南部，降水量＞蒸发量；在黑龙港地区的北部，蒸发量和降水量持平，由于秋季蒸发量＞降水量，黑龙港地区的气候较为干燥。

从区域干燥度来看（表 3-4），黑龙港地区的干燥度（年蒸发能力 $E$/年降水量 $P$）基本在 2 左右，年蒸发能力远大于年降水量，反映区域为易旱成灾地区。

表 3-4　黑龙港地区干燥度分布

| 分区 | 年降水量 $P$/mm | 年蒸发能力 $E$/mm | $K=E/P$ | 分区 | 年降水量 $P$/mm | 年蒸发能力 $E$/mm | $K=E/P$ |
|---|---|---|---|---|---|---|---|
| 北部 | 459.3 | 1125.1 | 2.45 | 南部 | 555.6 | 1203.6 | 2.17 |
| 中部 | 620.5 | 1155.3 | 1.86 | 全区 | 545.0 | 1161.3 | 2.13 |

## 3.3.2　黑龙港地区旱灾频率及演化趋势

通过对黑龙港地区旱情变化及引起变化的诸因素进行分析研究，发现干旱频率和强度不断增加，因旱成灾面积呈增加趋势。1949 ～ 1969 年，年平均旱灾成灾面积为 401 万亩。1970 ～ 1979 年，年平均旱灾成灾面积为 657 万亩。这一时期比 1949 ～ 1969 年的年平均旱灾成灾面积增加了 64%。1980 ～ 1992 年，年平均旱灾成灾面积为 1871 万亩，比 1970 ～ 1979 年的年平均旱灾成灾面积增加了 185%，比 1949 ～ 1969 年的年平均旱灾成灾面积增加了 367%。因旱成灾面积逐步增加，80 年代增加的更多。

河北全省降水量逐渐减少。20 世纪 50 年代全省平均降水量为 600mm，60 年代为 550mm，70 年代为 540mm，80 年代至今为 500mm。全省的降水量一直下降，60 年代、70 年代分别比 50 年代减少 8.3%、10%。80 年代至今的平均降水量已经比 50 年代减少 16.7%。降水量逐步减少是干旱发展的主要原因。

地下水位下降。由于连年受旱，且抗旱浇地用水多，地下水开采大于补给，造成地下水位持续下降。据观测，邯郸、邢台等地区的地下水位 1992 年比 1978 年分别下降了 9.47m、9.84m。地下水位下降加重了干旱。地表水入境水量减少，20 世纪 50 年代平均每年流入河北省境内的水量为 99.8 亿 $m^3$，80 年代至 90 年代初平均每年流入河北省境内的水量降为 26.2 亿 $m^3$，减少了 73.6 亿 $m^3$ 入境水量，影响了抗旱能力，同时，由于工业的迅速发展，用水量剧增。干旱频繁、水源匮乏进一步影响农业粮食安全。

## 3.3.3　黑龙港地区涝灾成因分析

### 3.3.3.1　地形原因

黑龙港地区由于受黄河、漳河、滹沱河等河流决口改进和冲淤变迁的影响，地貌形态十分复杂，古河床和沙丘岗呈带状分布，中间形成许多封闭洼地，流域内万亩以上洼地有 10 余处，面积 90 多万亩。该地区地面坡度：运东地区为 0.000 05 ~ 0.0001，下游南排河以北为 0.0001，中游石德铁路两侧为 0.0001 ~ 0.0002，上游邯郸地区为 0.0002 ~ 0.0005，整个地区呈现出上面陡、下面平缓的特点。地面坡缓，又属泥质河口，故河口回淤严重，泄水不畅，加之黑龙港流域四周均为洪水河道，降水又多集中在 7 ~ 8 月，造成洪涝交替出现，灾害频繁，再加上排水不畅、地下水埋深浅、矿化度高等诸多因素，涝碱灾害异常严重。

### 3.3.3.2　降水原因

黑龙港地处大陆性季风气候区，太平洋副热带高压的位置与强度及北进和南撤的早晚，直接影响降水量的多少和雨季的迟早，一般年份，区域年降水量为 544.7mm 左右，但年际变率很大，枯水年份降水量仅 200 ~ 300mm，丰水年份高达 1300 ~ 1400mm，两者相差四五倍，历史最大丰枯比达 6 倍以上，形成不同年份的大水或大旱，年内降水量分配也极不均匀，冬季降水量约占年平均降水量的 2%，春、秋两季各占 10% ~ 15%，夏季则占 70% 以上，且夏季降水常以暴雨的形式出现。每年的 7 ~ 8 月是暴雨发生的主要时间，主要表现在 7 月末 8 月初，在所谓 "七上八下" 的时间段内包含了大暴雨次数的 85% 以上。不少年份 3 日最大暴雨量占年平均降水量的 70%，个别测站个别年份高达年平均降水量的两倍以上，这种过于集中的暴雨是涝灾的主要原因。黑龙港地区多年平均降水量为 544.7mm，与平原涝灾有关的 8 个统计区的雨量统计情况见表 3-5。

表 3-5　黑龙港地区汛期雨量统计

| 指标 | 唐秦 | 廊坊 | 保定 | 沧州 | 石家庄 | 衡水 | 邢台 | 邯郸 | 总平均 |
|---|---|---|---|---|---|---|---|---|---|
| 统计区多年平均年雨量/mm | 690.2 | 594.7 | 601.9 | 568.0 | 547.3 | 533.8 | 545.9 | 583.0 | 583.1 |
| 统计区多年平均汛期雨量/mm | 563.5 | 492.4 | 493.9 | 453.4 | 424.3 | 414.8 | 430.3 | 440.8 | 464.2 |
| 汛期雨量占年降水量百分比/% | 81.6 | 82.8 | 82.1 | 79.8 | 77.5 | 77.7 | 78.8 | 75.6 | 79.6 |

8 个统计区的多年平均汛期（6 ~ 9 月）雨量为 464.2mm，占多年平均年雨量的 79.6%，降水主要集中在汛期，这是涝灾的重要原因。1951 ~ 1990 年，在 8 个统计区内选择 30 个雨量站，统计 3 日雨量大于 150mm、3 日雨量大于 200mm 发生的频次，统计结果见表 3-6。

表 3-6　3 日雨量大于 150mm、200mm 发生的频次统计

| 指标 | 唐秦地区 | | 保定、廊坊（南系）、沧州地区 | | 石家庄、衡水地区 | | 邢台、邯郸地区 | |
|---|---|---|---|---|---|---|---|---|
| | 次数 | 频率/% | 次数 | 频率/% | 次数 | 频率/% | 次数 | 频率/% |
| >150mm | 13.9 | 34.8 | 6.6 | 16.5 | 6.6 | 16.5 | 6.8 | 17.0 |
| >200mm | 7.0 | 17.5 | 3.0 | 7.5 | 3.0 | 7.5 | 4.2 | 10.5 |

从表 3-6 可以看出，河北平原发生的涝灾具有季节特征，同时由上述降水特点可以看

出，黑龙港地区的汛期占其80%的全年降水量，表明黑龙港地区年内降水量不均，涝灾多发生在夏季。春旱夏涝是河北平原重要的气候特征，中华人民共和国成立以来的各类洪涝灾害主要发生在夏季，尤其集中在主汛期的30天左右时间内。1949~1990年黑龙港地区的5次重大涝灾均发生在7月下旬至8月中旬，其中7月下旬1次，占20%，7月下旬至8月上旬2次，占40%，8月上旬至8月中旬1次，占20%，8月中旬1次，占20%。造成黑龙港地区涝灾的主要降水类型是连绵淫雨。

## 3.3.4 黑龙港地区涝灾频率及演变趋势

1) 1950~1990年，黑龙港地区总计受灾面积为29 126.06万亩，年均受灾面积为710.39万亩，受灾率为6.8%。其中最重年份是1964年，受灾面积为3487.72万亩，受灾率达33.3%，是年均值的4.9倍；总成灾面积为20 084.89万亩，年均成灾面积为489.88万亩，成灾率为4.7%，其中最重的是1964年，成灾面积为2383.22万亩，成灾率达22.7%，是年均值的4.8倍。

2) 按不同阶段涝灾受灾率排位分析，受灾率最高的是第二阶段，受灾率达11.4%，其后依次是第一阶段、第三阶段、第四阶段，受灾率依次为8.4%、6.5%、2.8%。

3) 按年受灾面积极值分析，年受灾面积在1000万亩以上的共7年，其中有4年（1960年、1961年、1963年、1964年）发生在第二阶段，有2年（1954年、1956年）发生在第1阶段，仅有1年（1977年）发生在第三阶段，而第四阶段一年也未发生。形成第二阶段涝灾极重、第一阶段涝灾较重的主要原因：一是第二、第一阶段（即1965年前）河北省在气象变化上处在丰水年较多的时期；二是第一、第二阶段控制工程尚少，抗灾减灾的能力不如第三、第四阶段强（表3-7）。

### 表 3-7 区域多年涝灾情况统计

| 阶段顺序 | 起止年份 | 项目 | 耕地面积/万亩 | 受灾 | | 成灾 | |
|---|---|---|---|---|---|---|---|
| | | | | 面积/万亩 | 受灾率/% | 面积/万亩 | 受灾率/% |
| 1 | 1950~1957 | 阶段合计 | 90 690 | 7 580.93 | 8.4 | 4 237.57 | 4.7 |
| | | 阶段年均 | 11 336 | 947.62 | 8.4 | 529.7 | 4.7 |
| | | 最重年份（1956年） | 11 394 | 2 272.24 | 19.9 | 1 266.15 | 11.1 |
| 2 | 1958~1965 | 阶段合计 | 84 306 | 9 569.62 | 11.4 | 7 035.55 | 8.3 |
| | | 阶段年均 | 10 538 | 1 196.2 | 11.4 | 879.44 | 8.3 |
| | | 最重年份（1964年） | 10 488 | 3 487.72 | 33.3 | 2 383.22 | 22.7 |
| 3 | 1966~1978 | 阶段合计 | 132 448 | 8 592.46 | 6.5 | 6 352.92 | 4.8 |
| | | 阶段年均 | 10 188 | 660.96 | 6.5 | 488.69 | 4.8 |
| | | 最重年份（1977年） | 10 029 | 3 075.72 | 30.7 | 2 521.7 | 25.1 |

| 阶段顺序 | 起止年份 | 项目 | 耕地面积/万亩 | 受灾 | | 成灾 | |
|---|---|---|---|---|---|---|---|
| | | | | 面积/万亩 | 受灾率/% | 面积/万亩 | 受灾率/% |
| 4 | 1979~1990 | 阶段合计 | 118 973 | 3 383.05 | 2.8 | 2 458.85 | 2.1 |
| | | 阶段年均 | 9914 | 281.92 | 2.8 | 204.9 | 2.1 |
| | | 最重年份（一） | — | — | — | — | — |
| | 1950~1990 | 阶段合计 | 426 417 | 29 126.06 | 6.8 | 20 084.89 | 4.7 |
| | | 阶段年均 | 10 400 | 710.39 | 6.8 | 489.88 | 4.7 |
| | | 最重年份（1964年） | 10 488 | 3 487.72 | 33.3 | 2 383.22 | 22.7 |

# 3.4 基于南水北调格局的黑龙港地区供水分析

## 3.4.1 黑龙港地区外调水基本情况

南水北调中线一期向河北省供水 30.4 亿 $m^3$，2014 年将实现中线工程全线贯通；东线二期工程向河北省供水 7.0 亿 $m^3$，规划 2020 年实施。因此要加速境内南水北调中线配套工程建设，根据《河北省南水北调配套工程规划》，为实现所有供水目标均直接利用江水的目的，构建"两纵六横十库"（引、输、蓄、调）的供水网络体系。

南水北调东线工程供水目标主要为沧州地区除任丘、肃宁、河间、献县以外的大部分县（市、区），衡水地区东南部故城、枣强、冀州、景县、阜城、武邑、桃城 7 个县（区），邢台地区的临西、清河和南宫 3 个县（市），包括保定地区白洋淀及其周边县（市）提供用水保障。规划南水北调东线向河北省供水水量为 7 亿 $m^3$（其中沧州 4.0 亿 $m^3$，衡水 2.5 亿 $m^3$，邢台 0.5$m^3$），供水目标除工业外，其余用于农业及生态环境。

## 3.4.2 南水北调格局下黑龙港地区可供水量

参考《河北省水资源评价》，结合目前的规划和实际情况进行区域水资源预测。

**（1）外调水**

2010 年没有新增的外流域淡水资源供给；2015 年考虑到 2014 年南水北调工程将完成一期计划，75% 频率来水情况下可为河北省提供 30 亿 $m^3$ 水资源，按比例，黑龙港地区增加可利用水资源量 30 亿 $m^3$×27.4% =8.22 亿 $m^3$；2020 年南水北调中线工程将完成，75% 频率来水情况下可为河北省提供 45 亿 $m^3$ 水资源，按比例，黑龙港地区增加可利用水资源量 12.33 亿 $m^3$。

**（2）微咸水**

从目前的实际情况来看，浅层微咸水资源的利用率可按 0.3 亿 $m^3$/a 进行计算，则从 2007 年开始计算，到 2020 年增加的微咸水利用量为 3.9 亿 $m^3$。

**（3）不同年度黑龙港地区可利用水资源**

根据上述新增外流域调水和浅层微咸水的可利用水资源量，2010 年、2015 年和 2020 年黑龙港地区可利用水资源量分别为 37.1 亿 m³、46.8 亿 m³ 和 52.4 亿 m³。

# 3.5　京津冀一体化发展下黑龙港地区极端干旱供水保障分析

作为国家重要战略的京津冀一体化强调京津冀的协同发展，是探索完善城市群布局和形态、为优化开发区域发展提供示范和样板的需要，是面向未来打造新的首都经济圈、推进区域发展体制机制创新的需要，是探索生态文明建设有效路径、促进人口经济资源环境相协调的需要，是实现京津冀优势互补、促进环渤海经济区发展、带动北方腹地发展的需要，要坚持优势互补、互利共赢、扎实推进，加快走出一条科学持续的协同发展路子来。

京津冀一体化协同发展的区域包括北京、天津和河北全省，其核心内容是首都经济圈，首都经济圈是指北京、天津以及河北的保定、唐山、廊坊、石家庄等 11 个地级市和定州、辛集 2 个直管市。主要包括四区四带的空间格局，四区是指中部核心功能区（覆盖北京、天津、廊坊、保定）、冀中南功能拓展区（覆盖石家庄、衡水、邢台、邯郸）、临海文化发展区（覆盖天津、唐山、沧州）、北部生态功能区（覆盖张家口、承德、保定、北京、秦皇岛）。四带是指京津发展带（覆盖北京、天津）、京保石发展带（覆盖北京、天津、保定、石家庄、沧州、衡水、邢台、邯郸）、京唐秦发展带（覆盖北京、天津、唐山、秦皇岛）、滨海发展带（覆盖唐山、天津、沧州）。

京津冀一体化将充分发挥环渤海地区经济合作发展协调机制的作用，加快推进产业对接协作，形成区域间产业合理分布和上下游联动机制，实现优化城市布局和空间结构调整，提高城市群一体化水平，提高其综合承载能力和内涵发展水平。黑龙港地区作为冀中南功能拓展区和滨海发展带的主体，其产业结构将得到优化，经济社会面临跨越式发展，同时对水资源安全保障提出了更高的要求。

未来 10 年，随着区域经济发展基础条件的变化，加工制造业必将加速向具有新发展优势的区域集聚，重化工产业向秦唐沧沿海地区转移，高新技术产业向太行山、燕山山前地区集中。秦唐沧沿海地区将成为河北省新的高耗水工业快速增长区域；廊坊、保定、石家庄、邯郸、邢台等山前城镇集中区将随着经济的轻型化和高度化，成为用水需求增长相对缓慢的地区；冀中南山前平原和黑龙港地区将成为传统工业和新型农业发展用水增长区。

2020 年黑龙港地表水有效供水量与 2010 年相比总体变化不大，外调水有效供水量增加到 21.68 亿 m³，主要是南水北调中东线通水。另外微咸水利用量由于淡水可用量的增加也有所增加，达到 3.45 亿 m³（表 3-8）。而由于地表、地下水联合调度和外调水的增加，地下水的开采量减少 3.1 亿 m³，其中深层水减少 1.75 亿 m³。缺水量进一步减少为 32.41 亿 m³，其中缺水量最大的仍为农业，占总缺水量的 99.6%，城市生产缺水量为 0.49 亿 m³。缺水量最大的为邯郸和保定，缺水量分别约为 8.31 亿 m³ 和 8.24 亿 m³，其他四市缺水量基本在 4 亿 m³ 左右。总体上看，尽管黑龙港地区需水量仍在增加，但总缺水量仍比 2010 年有进一步的减少，供水保障得到提高。

华北平原旱涝事件集合应对战略研究

表 3-8 黑龙港地区枯水年各地区水资源供水保障情况

| 指标 | | 廊坊 2010年 | 廊坊 2020年 | 邯郸 2010年 | 邯郸 2020年 | 邢台 2010年 | 邢台 2020年 | 保定 2010年 | 保定 2020年 | 沧州 2010年 | 沧州 2020年 | 衡水 2010年 | 衡水 2020年 | 合计 2010年 | 合计 2020年 |
|---|---|---|---|---|---|---|---|---|---|---|---|---|---|---|---|
| 供水量/亿m³ | 地表水 | 0.19 | 0.27 | 1.85 | 1.97 | 0.73 | 0.77 | 1.85 | 1.98 | 0.59 | 0.78 | 1.04 | 0.89 | 6.25 | 6.66 |
| | 浅层地下水 | 5.59 | 5.59 | 12.25 | 10.36 | 9.71 | 10.29 | 17.92 | 17.19 | 5.43 | 5.41 | 5.22 | 5.24 | 56.12 | 54.08 |
| | 深层地下水 | 1.10 | 1.10 | 0.39 | 0.47 | 0.89 | 0.89 | 0.02 | 0.02 | 2.92 | 2.21 | 3.75 | 2.63 | 9.07 | 7.32 |
| | 微咸水 | 0.17 | 0.35 | 0.11 | 0.19 | 0.27 | 0.52 | 0.00 | 0.00 | 0.68 | 1.45 | 0.56 | 0.94 | 1.79 | 3.45 |
| | 外流域调水 | 0.00 | 3.62 | 0.00 | 4.00 | 0.24 | 2.75 | 0.00 | 4.85 | 0.88 | 5.09 | 0.00 | 1.37 | 1.12 | 21.68 |
| | 中水 | 0.00 | 1.09 | 0.13 | 1.80 | 0.10 | 0.89 | 0.56 | 1.82 | 0.08 | 1.06 | 0.00 | 0.63 | 0.87 | 7.29 |
| | 合计 | 7.05 | 12.02 | 14.73 | 18.79 | 11.94 | 16.11 | 20.35 | 25.86 | 10.58 | 16.00 | 10.57 | 11.70 | 75.22 | 100.48 |
| 需水量/亿m³ | 生活 | 0.83 | 1.57 | 1.62 | 2.88 | 1.29 | 2.27 | 2.34 | 3.68 | 1.48 | 2.42 | 0.78 | 1.33 | 8.34 | 14.15 |
| | 城市生产 | 1.70 | 3.08 | 5.31 | 7.03 | 2.61 | 4.00 | 4.82 | 6.17 | 2.28 | 3.91 | 1.58 | 2.81 | 18.30 | 27.00 |
| | 农村生产 | 10.12 | 10.19 | 19.95 | 16.70 | 16.74 | 13.52 | 25.20 | 23.72 | 16.70 | 13.87 | 14.56 | 11.39 | 103.27 | 89.39 |
| | 生产小计 | 11.82 | 13.27 | 25.26 | 23.73 | 19.35 | 17.52 | 30.02 | 29.89 | 18.98 | 17.78 | 16.14 | 14.20 | 121.57 | 116.39 |
| | 生态 | 0.04 | 0.28 | 0.10 | 0.49 | 0.07 | 0.37 | 0.10 | 0.53 | 0.06 | 0.42 | 0.04 | 0.25 | 0.41 | 2.34 |
| | 合计 | 12.69 | 15.12 | 26.98 | 27.10 | 20.71 | 20.17 | 32.46 | 34.10 | 20.52 | 20.62 | 16.96 | 15.78 | 130.32 | 132.88 |
| 缺水量/亿m³ | 生活 | 0 | 0 | 0 | 0 | 0 | 0 | 0 | 0 | 0 | 0 | 0 | 0 | 0 | 0 |
| | 城市生产 | 0.26 | 0.18 | 0.05 | 0.09 | 0.11 | 0.00 | 0.07 | 0.17 | 0.46 | 0.00 | 0.15 | 0.10 | 0.99 | 0.49 |
| | 农村生产 | 5.34 | 2.92 | 12.20 | 8.18 | 8.66 | 4.05 | 12.03 | 8.07 | 9.45 | 4.53 | 6.21 | 3.98 | 54.00 | 31.79 |
| | 生产小计 | 5.60 | 3.10 | 12.25 | 8.27 | 8.77 | 4.05 | 12.10 | 8.24 | 9.91 | 4.53 | 6.36 | 4.08 | 54.99 | 32.28 |
| | 生态 | 0.04 | 0.00 | 0.00 | 0.04 | 0.00 | 0.01 | 0.01 | 0.00 | 0.03 | 0.09 | 0.03 | 0.00 | 0.11 | 0.13 |
| | 合计 | 5.64 | 3.10 | 12.25 | 8.31 | 8.77 | 4.06 | 12.11 | 8.24 | 9.94 | 4.62 | 6.39 | 4.08 | 55.10 | 32.41 |
| 城市生产缺水率/% | | 15.08 | 5.71 | 0.91 | 1.33 | 4.28 | 1.33 | 1.42 | 2.82 | 20.12 | 0.00 | 9.77 | 3.66 | 5.42 | 1.80 |
| 农村生产缺水率/% | | 52.76 | 28.69 | 61.16 | 48.99 | 51.72 | 29.98 | 47.73 | 34.00 | 56.57 | 32.64 | 42.64 | 34.92 | 52.29 | 35.56 |
| 全区缺水率/% | | 39.87 | 15.15 | 66.01 | 52.51 | 53.02 | 31.53 | 54.37 | 41.61 | 57.02 | 33.75 | 56.13 | 42.71 | 55.80 | 38.20 |

# 3.6 黑龙港地区旱涝综合应对措施研究

## 3.6.1 工程措施

**（1）蓄截引挡并举是提高干旱供水保障的主要措施**

抗旱先决条件是水，围绕抗旱，持续不断地开展农田水利建设，坚持生物和工程措施相结合，山水田林路综合治理，成片开发、连方治理、规模建设、系统配套。在工程建设上要大力开源节流，维修、配套、更新、新建各种小型水利工程，加快改变农业生产条件的速度，扩大水浇地，提高保浇程度，是增强抗旱能力的主要措施。

长期以来河北省的地表水灌区主要是利用客水灌溉，20 世纪 70 年代以后客水逐渐减少。随着中、上游地区对水资源的开发利用，今后客水将继续减少，必须立足河北省的水资源。70 年代以后，大规模开展机井建设，开发利用地下水，机井数量增加很快。经十几年的开采，采大于补，地下水位下降严重，出现了沧州、冀枣衡等较大的漏斗区，随着时间的推移，漏斗面积不断扩大，漏斗中心的水位持续下降，地下、地表水资源越来越紧张，必须研究新的治水策略，开辟水源，增加抗旱能力。总结过去的做法，分析新的情况，采取蓄、截、引、挡等措施增辟水源。

**（2）南水北调工程是黑龙港地区抗旱供水保障的必要水源**

关于黑龙港地区南水北调受水区的 5 个市区供水情况，原则上 2015 年南水北调中线一期全面实施生效后，现向城市供水的水库水量还供农业，历史上城市在河道取水的，按分水协议确定供水量，如邯郸市在滏阳河的取水。在南水北调中线配套工程建设的过渡阶段，一些城市新建的地表水引水工程可以暂时维持供水。2015 年以后外调水仅考虑南水北调中线一期工程分配给各市市区的水量，2020 年增加南水北调东线二期工程。各规划水平年 5 个市区用水暂不涉及南水北调中线二期、东线三期及增加引黄等外调水，认为这些新增水量只向市区以外供水。从各市区水资源供需配置保障分析来看，南水北调的实施可有效缓解城市缺水状况。

**（3）应急水源工程是减少旱灾发生的重要保障**

从多年平均统计分析，旱灾发生的情况一般为上一年 11 月到次年 3 月，比历史同期偏少40%~50%。3 月以后，由于温度迅速升高，日照时间变长，大风增多，土壤水分流失加快，部分旱地麦田出现死苗现象，春播白地出现 4~10cm 的干土层，旱情发展迅速。而区域大中型水库供蓄水则比常年同期偏少 10% 左右，造成一些灌区春灌用水不足。因此，建议以区域采补平衡为原则，确定城区的浅层地下水可开采量，深层地下水不作为正常开采资源，仅作为应急配用水源；同时增加区域的应急水源工程，提高应急供水能力是减少旱灾发生的重要保障。

**（4）除涝工程体系完善是涝灾防治措施的主要保障**

中华人民共和国成立以来，特别是自 1965 年开始根治海河以来，以黑龙港和运东地区为重点，进行了大规模的综合治理。采取了洪沥分流的措施，伴随增辟泄洪入海尾闾，增辟了排沥入海的通道。从骨干河道到田间配套，从疏通入海尾闾到封闭洼地建排涝扬水站，修建了大量除涝工程（方生等，2005）。河北全省排涝入海能力达 3180m³/s，较中华人民共和国成立初期提高 10 倍以上。封闭洼地排涝扬水站 3402 处，扬排能力达 5488m³/s，控制面积 647 万亩。排水河道除滏阳河以西及运河以东部分地区达不到 3 年一遇标准外，一般自排和机排均能达到 3~5 年一遇标准。

## 3.6.2 非工程措施

### （1）加速微咸水利用技术的研究和应用推广

黑龙港地区年可利用的淡水资源只有 36.2 亿 m³，而目前常年的水资源使用量为 54.7 亿 m³，高的年份可达 60 亿 m³，用水量和可利用水资源量的巨大差距使任何单一节水技术都很难弥补这一亏缺。而黑龙港地区广泛埋藏着浅层微咸水资源，其总资源量达 20 亿 m³，相当于该地区淡水资源总量的 50%。目前利用适当的咸淡混浇技术再结合水质和土壤盐分的监测技术，可使这一部分微咸水资源得到有效利用，这部分微咸水资源的利用对未来黑龙港地区的粮食生产将起到重要作用。目前的开发利用速度较慢，总利用量仅 2 亿 m³ 左右。根据预测的水分利用效率，按现状的农业灌溉量，咸水利用速度提高到 0.3 亿 m³/a，仅此一项到 2020 年可增加粮食 7.1 亿 kg，黑龙港地区的粮食总产将达到 153.5 亿 kg，如果利用速度提高到 0.5 亿 m³/a，2020 年则可增加粮食 11.83 亿 m³，粮食总产将达到 158.2 亿 kg（表 3-9）。浅层微咸水的快速开发利用还可大大缓解该地区巨大的地下水超采，并降低灌溉成本，一定程度上提高粮食的经济效益和稳定性。因此加速开发利用黑龙港地区的微咸水资源是保证该地区粮食生产的关键。

表 3-9　不同咸水开发速度黑龙港地区粮食总产情况比较

| 年份 | 0.3 亿 m³/a 开发 | | | 0.5 亿 m³/a 开发 | | | 增产/亿 kg |
|---|---|---|---|---|---|---|---|
| | 咸水利用量/亿 m³ | 增产量/亿 kg | 总产量/亿 kg | 咸水利用量/亿 m³ | 增产量/亿 kg | 总产量/亿 kg | |
| 2010 | 0.9 | 1.39 | 126.4 | 1.5 | 2.31 | 127.3 | 0.9 |
| 2015 | 2.4 | 4.08 | 141.3 | 4.0 | 6.8 | 144.0 | 2.7 |
| 2020 | 3.9 | 7.1 | 153.5 | 6.5 | 11.83 | 158.2 | 4.7 |

### （2）充分利用降水资源

黑龙港地区的降水资源量为 218 亿 m³，是该地区水资源量的 5 倍，因此充分挖掘和有效利用降水资源，对水资源极度匮乏的黑龙港地区粮食生产有着重要作用。一般该地区小麦玉米种植制度周年作物的总耗水中，补充灌溉的比例在 40%~45%，如果采用秸秆覆盖技术、集雨技术，适当地调亏灌溉技术，以灌溉水促自然降水的利用，可将灌溉水的比例降低到 30%~35%，而保持粮食产量水平基本不减少。另外，发展牧草种植进行粮食替代，由于是以营养体进行收获和利用的，也能较收获籽实的粮食作物充分利用自然降水。

**（3）推广农业节水技术，提高有限水资源的粮食生产效率**

由于黑龙港地区水资源量和区域经济社会的发展不匹配，不足以支撑其快速发展，再加上低效益高耗水的农业用水在该地区水资源总量的比例过高，很多专家认为，若要降低甚至消除该地区的水资源问题，首先要对原本的种植制度进行革新，其次要对种植结构进行多方面修正，使该地区农业的效益变高而耗水量降低。

继续扩大节水灌溉面积。目前黑龙港地区的节水灌溉面积约占灌溉面积的60%，高于河北省平均水平约10个百分点，但仍有很大的发展潜力。

同时加强灌溉设施的维护。黑龙港地区目前水浇地面积已经达到80%以上，受水资源的限制，目前持续超采的情况下，政策上已经不允许再扩大灌溉面积了，而有些灌溉设施由于修建年限已经很长，灌溉效率下降很多，有的接近报废而勉强运转，在这种情况下，必须更加重视加强原有灌溉设施的维护，使其能够保证正常的使用，发挥正常的灌溉功能，以保障粮食生产稳定。

目前黑龙港地区的平均灌溉次数为3.12次，亩灌溉定额为156m$^3$，有效灌溉面积已经达到80%，由于该地区可利用水资源的限制，平均灌溉定额较山前平原地区低很多，对两季粮食作物的生产来说，该灌溉定额并不大。因此在节水技术上应注重提高粮食的单产来提高水分利用效率。在农业用水不增加的情况下，促进水分利用效率的提高是未来黑龙港地区满足不断增长的粮食需求的主要手段。

为实现水分利用效率的进一步提高，应注意两个方面：一方面，黑龙港地区平均灌溉定额为156m$^3$/亩，实际生产中并不都是该灌溉数，事实上在水资源条件比较差的地区，如滨海黑龙港地区的黄骅、盐山、孟村等小麦仅能灌1~2水，尚有一部分旱地小麦，这部分是造成黑龙港整体产量低的一种因素；另一方面，这些地方浇水少表明在水浇条件相对较好的地区存在着灌溉水量大，即存在水资源浪费的问题。因此黑龙港地区既要注意节水技术，也要注意改善一部分地区的灌溉条件，促使粮食生产水平整体提高，从而提高粮食生产的水分利用效率。

科技在河北省的粮食节水高产方面有着重要作用，河北省农业灌溉量和粮食产量的关系表明，农业灌溉用水比例逐渐下降，而粮食产量逐渐上升。灌溉水的比例由20世纪90年代初的83%逐渐降低到2005年的72%左右，下降了11个百分点，而同期粮食产量由227亿kg增加到255亿kg，增加了28亿kg。这种关系反映了农业节水工作的成就，其中除了节水工程作用外，生物、农艺、管理节水技术成果起着越来越重要的作用。黑龙港地区水资源与粮食生产矛盾十分尖锐，单靠单一的工程措施难以解决，必须依靠开源和节流并举、多种技术措施集成才能缓解，而最终破解这一难题的关键在于节水技术的进步。

此外还应加强现有节水高产技术的示范和推广，黑龙港地区有许多的小麦玉米节水高产品种和栽培技术，如地处黑龙港地区的河北省农林科学院旱作农业研究所、沧州市农林科学院、邯郸市农业科学院等研究单位有许多节水高产的小麦优良品种。"一水800斤"和"吨粮田"技术都是在缺水的黑龙港地区研制完成的。但目前该地区很大比例的粮食生产仍处于中低产水平，因此加强节水高产品种和技术的进一步示范推广力度是解决水资源限制条件下粮食产量的一个重要手段（王滨等，2011）。河北省农林科学院旱作农业研究所根据黑龙港地区水资源缺乏的现状，研制的玉米"一水两用"技术，通过与玉米推迟收获技术相结合，在不增加任何灌溉水的情况下可以提高玉米产量9.7%~14.8%（表3-10）。由此可见，技术的研究和应用对黑龙港地区粮食的节水高产具有重要作用。

表3-10 一水两用技术的节水增产效果

| 灌溉时间 | 百粒重/g | 亩产量/kg | 增产/% |
|---|---|---|---|
| 9月20日 | 34.6 | 588.0 | 14.8 |
| 9月25日 | 33.9 | 561.9 | 9.7 |
| 9月30日 | 32.2 | 512.1 | — |

# 3.7 旱涝急转情景下黑龙港地区的保障应对方案

## 3.7.1 黑龙港地区旱涝急转分析

### （1）旱涝急转频率分析

根据黑龙港地区1469~1948年水旱灾害发生记录，水灾发生频次以清代为高，特别是1840~1911年，水灾的次数和频率分别为39次和54%。而旱灾在民国时期和明代发生次数较多，其频率前者为54%，后者为48%。将黑龙港地区的水旱灾害进行规律总结："5年内有2年水灾，2年旱灾，1年正常"，水旱灾害平均发生频率的分布呈相对应的"正态型"。邢台、邯郸等地区的水旱灾害分级资料表明，黑龙港南部地区发生大水灾21年、大旱灾17年；北部地区发生大水灾10年、大旱灾15年，即南部地区大水灾、大旱灾年发生的概率均比北部地区大，而南部地区的水灾多于旱灾，北四河区则相反，旱灾多于水灾。

在按农业干旱指标计算出的结果中，降水的空间分布不均，有些年份的降水量属平水年、丰水年甚至是大洪涝年，但这些年份有些地区也发生了旱灾。例如，1963年为特大洪水年，而该年发生特大洪涝灾害的沧州、邢台等地区由于6月和9月降水量特别少也出现旱情，这是由降水的时间分配不均匀造成的。又如，1977年是海河平原的特大涝灾年，但是该年9月降水量特别少，中部和南部只有10mm左右，出现了大旱。可见黑龙港地区在一年中洪、涝、旱都出现的情况时有发生。

### （2）旱涝急转盐碱化影响

黑龙港地区属于干旱半干旱气候，降水量少，蒸发剧烈，使盐分逐渐浓缩并通过土壤毛细管作用而累积于地表。土壤质地影响盐分积累性能，区域受河流泛滥影响，砂黏土交互沉积，土壤质地复杂，一般土质毛细管水分上升强烈，易于累积盐分，黏质土不利于毛细管水分运行，上升速度慢，盐分不断积累，冲积平原地势低平，河流纵横阻断，又多为地上河，形成大小封闭洼淀，导致地面地下径流不畅，地下水埋深浅（一般为 1.5 ～ 2.5m）而矿化度较高（一般为 2～5g/L）。在强力蒸发影响下，盐分积累地表，通常来说地下水越浅则其潜水蒸发会越大，土壤盐碱化越重，地下水盐分越浓，矿化度越高。地下水条件是土壤盐碱化的主要因素。

碱与旱涝相伴相生，干旱使土壤蒸发加剧，雨涝使地下水位抬升，这两者是引起和促进地碱水咸的重要条件；而地碱又减弱土壤蓄水能力，影响作物生长，加剧旱、涝灾情；水咸不仅加速土壤积盐，也因不宜利用而削弱了抗旱防涝能力。因此，旱、涝、碱三者互为影响，在相互作用下加重了危害的程度。黑龙港地区不仅盐碱地分布集中，也是易旱易涝区。

**（3）旱涝急转农业受灾滞后分析**

在连旱年中，农业灾情一般会比旱情滞后。例如，1987 年华北平原降水量 553mm，为一般平水年，但因 1984～1985 年连续干旱的滞后影响，1987 年农业旱灾为大灾年。1965 年正当冬小麦拔节、抽穗关键时期的 4 月，又降水 60mm，为同期多年平均降水量的 2.09 倍，从全年来看，1965 年是大旱，但对夏粮作物来说是风调雨顺年，所以获得了夏粮的丰收。然而干旱的延续，造成 1966 年夏粮作物的减产。

## 3.7.2 黑龙港地区旱涝急转保障应对方案

**（1）农业种植结构适应气候条件是减少灾害发生的有效措施**

农业种植结构是当地农民群众为适应其气候条件，积累了多年的种植经验而形成的，特别是雨养农业区，它通过不同的作物品种和种植时间，争取农业丰收，减少干旱灾害。华北平原西部地区按气象干旱统计，春旱发生频率高达 80%～90%，但是该地区农业在此时段采取种植杂粮为主的措施，农作物需水量很少，所以春旱造成的灾情频率仅为 60%。有些年份，上年秋季降水量充足，即使本年 1～3 月降水量很少，出现严重的气象干旱，只要 4～5 月降水量较多，仍可使农作物获得较高的产量。

**（2）加大调蓄工程是减少旱涝急转灾害发生的重要保障**

要充分发挥水利工程的基础作用，对抗旱除涝工程进行科学调度和统一管理。在抗旱方面，对于地表水来说，要将其作为首要水源；对于地下水来说，要在不对区域和流域产生影响的前提下合理的开发和利用；对深层水来说，其补给和再生的环境较为严苛，因此对其进行规范开采也十分有必要；对于再生和微咸水来说，虽然其无法作为人类的饮用水源，但也要对其合理调度，科学配置；虽然水资源总量有限，但若能严格将措施落实，对抗旱来说，就能够发挥其最大效益。地表水灌区要与水库密切配合制定配水方案，根据作物灌溉和春播造墒需要，确定合理的放水时间，加强放水管理，提高水的利用率。有河道基流的地区要采取引水、提水等措施，增加抗旱水源，邢台、邯郸等地要对扬水站进行抢先的维修扩建，对河渠进行清理和疏通，抢提抢引，浇地抗旱。在排涝方面，要提高区域防涝标准，在进入汛期后，科学预测、合理调度，加大排涝泵站、渠道建设，减少内涝，同时抓住汛期末，科学蓄滞一部分洪涝水，提高非汛期区域水资源供水能力（方生等，2003）。

**（3）强化基础建设，提高旱涝应急常态化管理能力**

各地要结合经济发展和抗旱减灾工作实际，组织编制抗旱除涝规划，其他各项水利专项规划也要考虑抗旱除涝工作需要，完善抗旱除涝减灾功能，搞好项目储备，整合抗旱除涝资源，提高减灾能力。要加强抗旱除涝管理信息化和现代化建设，加快旱涝情监测网络的建设和完善，加强业务能力建设，配足抗旱除涝专职管理人员，不断提高抗旱除涝管理水平。要加强预案的实用性、可操作性和针对性，增强对预案的动态管理。要加强对抗旱除涝服务组织的领导，明确其职责任务，加大投入力度，增加抗旱除涝设施，充分发挥服务组织的抗旱除涝减灾作用。

# 第4章 华北南部引黄灌区旱涝应对研究

徒骇马颊河流域位于华北平原南部，属于引黄灌区，坐标范围为 35°50′N ~ 38°15′N，115°15′E ~ 119°13′E，该区域的南部边界是黄河，西部边界是卫运河，北部边界是漳卫新河，东侧和渤海相邻，总流域面积达 29 713km²。引黄灌区地势平坦，有着深厚的土层，属于黄河的冲积平原。该区域洼、坡、岗相邻分布，整体地势由西南向东北逐渐倾斜。整个区域包含如下行政区划：德州市、聊城市全境；滨州市的绝大部分；济南市、东营市的小部分区域。德惠新河、马颊河及徒骇河是研究区域内的主要河流水系。在山东省莘县文明寨发源的徒骇河，沿途汇入了多支排水河流，直到东流至沾化县（现沾化区）进入渤海，主河道全长 417km，流域面积达 13 821km²。发源于河南省濮阳市金堤闸的马颊河，向东流经河北省、山东省，在山东省无棣县流入渤海，主河道全长 428km，流域面积达 8312km²。在山东省平原县王凤楼镇东起源的德惠新河，向东汇入马颊河，流入渤海，主河道全长 173km，流域面积达 3249km²。为了提高这 3 条河流的防洪能力，在 1965 ~ 1971 年分期按照 1961 年雨型防洪标准、1964 年雨型排涝标准进行了扩大治理，并先后在德惠新河、马颊河、徒骇河干流分别建闸 7 座、16 座、13 座，总蓄水能力已经达到 2.26 亿 m³。

## 4.1 引黄灌区旱涝历史

### 4.1.1 引黄灌区旱涝特点

引黄灌区的自然灾害发生极为频繁，主要有干旱洪涝及风暴潮灾害等，严重威胁到灌区人民群众的生命财产，以及严重制约着区域的经济和社会发展。引黄灌区旱涝灾害的宏观特点有以下几点。

一是灾害频繁。一方面，在年际分布中，1368 ~ 1949 年每 1.6 年就发生一次洪涝灾害，发生涝灾的总数为 362 次，而 1949 ~ 2000 年就发生了 30 多次洪涝灾害，其中比较严重的有十多次；另一方面，在年内分布中，由于河道泄水能力和防洪体系的不足，6 ~ 9 月汛期时如果碰到降水很大的天气，引黄灌区就会泛滥成灾。

二是连旱连涝。1368 ~ 1949 年连续干旱两年以上有 35 次，其中 1839 ~ 1854 年发生了时间最长的旱灾——连续 16 年干旱，而 1976 ~ 1989 年也发生了连续 14 年的干旱，进入 20 世纪末，干旱依然是一个突出的问题；中华人民共和国成立至 20 世纪末连续涝灾两年以上有 23 次，尤以 1961 年和 1964 年为甚，1961 年持续多日内产生暴雨，使得很多小流域发生了漫溢，而在灌区的干流出现多处决口，1964 年发生了春夏秋三季连涝。100 万 hm² 以上的区域在这两次涝灾中均被淹没。

三是旱涝交织。区域的旱涝规律是不同年份之间有几年的连旱之后又连涝；年内是夏季和秋季涝，春季和晚秋较旱。在春夏两季，连续的不降水天数平均为 120 天，但是在 1961 年有连续 200 多天处于干旱，但是当进入雨季之后，又出现涝灾。

总之，在黄河来水能保证的情况下，农作物规律性的干旱用水基本上能够满足，引黄灌区的汛期一般是指 7 月和 8 月，偶有干旱出现，但以短时间的局部干旱为主；黄河泥沙量大，渠道、排水沟淤积严重，灌溉和除涝效用降低，干渠以下工程配套率低，田间不足 10%，工程老化退化严重，徒骇马颊河系未经治理前，涝碱灾害十分严重，虽然在 20 世纪 60 年代后进行了多方位的治理，显著地减少了涝碱灾害，但是由于运用多年，河道中泥沙增多，排涝水平进一步下降。

## 4.1.2　典型旱灾年

### 4.1.2.1　历史旱灾年

引黄灌区降水量年际变化很大，年内分配不均，水资源贫乏。中华人民共和国成立前，基本没有灌溉工程，只有少数农用浅井，抗旱能力很低，所以历史上干旱灾害频繁。1264~1948 年有系统旱灾记载以来，共发生不同程度的旱灾 465 次。其中发生重大旱灾和特大旱灾 35 次，相当于 20 年发生一次。特别是明崇祯年间（1637~1641 年）、清光绪年间（1875~1878 年）和民国十八年前后（1927~1929 年）的连续性特大旱灾，以及因旱灾派生的蝗螟等虫灾，许多州府县志中都有"土地荒芜，野无青草，五谷不登，道殣相望，树皮草根采食殆尽"的记载，并发展到"村落为墟，至于父子、兄弟、夫妇相食，夏大疫，死者相枕，民饥而死者十之八九"悲惨局面。

### 4.1.2.2　1980~1982 年典型旱灾年

引黄灌区 1980~1982 年降水总量 1429.5mm，是中华人民共和国成立后连续三年降水量取样排位最低值。1981 年降水为中华人民共和国成立以来最少的一年，比多年平均值少 28.5%，见表 4-1。灌区内 1979~1983 年连续干旱，每年成灾面积 26.7 万 hm² 以上，1981 年最大为 39.8 万 hm²。

表 4-1　引黄灌区 1980~1982 年平均降水量

| 指标 | 多年平均 | 1980 年 | 1981 年 | 1982 年 |
|---|---|---|---|---|
| 降水量/mm | 577.6 | 525.7 | 412.9 | 490.9 |
| 距平/% | 100 | -8.99 | -28.5 | -15.01 |

## 4.1.3 典型涝灾年

### 4.1.3.1 历史涝灾年

据历史文献记载，引黄灌区涝灾重灾年的灾情是很重的。例如，清康熙四十二年（1703 年）入春以来便阴雨较多，农历五月以后淫雨历旬，徒骇、马颊、卫运诸河均泛滥成灾。鲁北大部州县遭淹。雍正八年（1730 年），自农历五月以来阴雨连绵，六月中旬又降特大暴雨，北至马颊河，西至聊城，鲁北大部地区遭受洪涝灾害。

### 4.1.3.2 1964 年典型涝灾年

1964 年是中华人民共和国成立以来地区平均降水量最大的一年，该年降水的最大特点是春季 4 月出现暴雨或大暴雨，汛期 7~8 月集中暴雨能达到全年降水的 60% 以上，阴天多雨日又常出现在秋季 10 月，形成春夏秋连续三季涝的局面。4 月 2/3 的站月雨量超过 100mm，其中超过 150mm 的有 16 个站。马颊河流域汛期连续暴雨，上游 500~600mm；中游 700~800mm，下游 800~900mm。暴雨中心无棣县白鹤观站年降水量 1409mm；超过 1000mm 的有 22 个站。德州地区平均降水量 1088mm，滨州地区 1082mm，聊城地区 933mm。徒骇马颊河中下游地区发生两次特大洪水，以 8 月 14 日洪水为最大。徒骇河临邑县夏口站最大流量 391m³/s，超过三年一遇设计流量 160m³/s 一倍多，超设计流量持续行洪 34 天；马颊河无棣县白鹤观站最大流量 244m³/s，超过原排沥能力 120m³/s，并持续行洪 40 天。全区积水面积 1 万 km²，村庄被围，交通受阻，直接经济损失 4.9 亿元，减产粮食 3.3 亿 kg。农田受灾面积 115.6 万 hm²，其中灾情较重的滨州地区积水成灾 47.87 万 hm²，绝产 24.73 万 hm²，水围村庄 3060 个，倒塌房屋 30.5 万间，死伤人口 276 人。

### 4.1.3.3 1990 年典型涝灾年

1990 年为山东省连续 14 年干旱之后转为多雨的丰水年，引黄灌区诸河中下游出现历史较大洪水，局部地区造成严重的沥涝灾害。1990 年的降水特点是春季雨量丰富，1~6 月全省平均降水为 343mm，与往年同时期的平均值 203mm 相比多了 69%，是 1916 年以来有资料同期的第一位。7~8 月集中了年内的大多数大暴雨，特别是鲁北地区 7 月 18 天累积降水量一般为 400~500mm，局部 600~700mm，最大点雨量在阳信县流坡坞，18 天降水量 756mm，占该地区全月降水量的 90% 以上。7 月 23 日阳信县从 1：30 至 9：00，全县平均降水量 198mm，部分乡（镇）超过 250mm。汛期降水量滨州、东营地区分别偏多 49% 和 53%。滨州地区降水量为 918mm，德州地区降水量为 875.6mm，聊城地区降水量为 737mm。暴雨中心的阳信县流坡坞 1178mm，无棣县河沟 1141mm，沾化县大高 1134mm，惠民县大桑 1007mm，滨州市 979mm。最大一日暴雨点发生在 7 月 22 日，无棣县河沟 230mm，3 日暴雨点在 7 月 21 日~23 日，阳信县流坡坞 350mm，10 日暴雨点在 13~22 日，沾化县大高 612mm。惠民县、阳信县、无棣县、沾化县、滨州市等地 7 月 6 日~23 日平均降水量 446mm，7 月 6 日~8 月 19 日平均降水量 648mm，其中阳信县达 826mm。

徒骇马颊河全流域 7 月降水都偏多，特别是 7 月 6 日~24 日中下游地区连降暴雨及特大暴雨，并连续出现较大洪水，径流总量达 35 亿 m³。因河道淤积严重，尾间不畅，每个主要的控制站的水位都与原除涝的设计水位相近，大大减少了泄水能力。例如，7 月 24 日德惠新河胡家道口闸，其水位最高为 4.13m，除涝水位比其降低了 1.34m，但是流量却只有 272m³/s，占原设计流量 450m³/s 的 60%，排涝能力降低了 40%；秦口河下洼闸上 7 月 28 日水位 4.08m，按原设计推算流量应为 329m³/s，而实测流量仅为 96.9m³/s，降低泄水能力达 70.5%；徒骇河堡集闸水文站 7 月 23 日出现最高水位 7.11m，为建闸后历年最高水位，相应洪峰流量为 726m³/s。

由于暴雨大、强度高、时间集中，鲁北三地区 9000km² 的范围内客水压境，洪水倒灌、积水连片、水围村庄、房屋倒塌、庄稼被淹。三地区涝灾面积达 81.33 万 hm²，伤亡人口 1267 人，粮食减产 12.15 亿 kg，直接经济损失 23.68 亿元。据受灾严重的五个县市统计，农田减产 30% 以上的为 22.33 万 hm²，其中绝产的为 16.08 万 hm²，受灾乡（镇）80 个，村庄 3317 个，涉及人口 191.3 万人，冲毁各类建筑物 1964 座，倒塌房屋 13.2 万间，死亡 12 人，受伤 74 人，死亡牲畜 661 头，直接经济损失达 10 亿元。

中华人民共和国成立前，徒骇河在苇河入口处过水能力只有 30m³/s，夏口站 50m³/s，富国站 98m³/s；马颊河大道王闸过水能力只有 50m³/s。中华人民共和国成立后，经过 1949~1950 年、1951~1959 年、1964~1970 年对干支流进行多次疏浚、清淤、切滩、退堤，大大提高了行洪能力。但是经过近 20 年的运用，到 1984 年时，德惠新河、徒骇河、马颊河这三条骨干排水河道淤积量有 6916.2 万 m³，相当于挖河总土方量的 15%，使泄水能力大为降低，加之徒骇河、马颊河两河都以一般潮位与高潮作为排涝、防洪的连接点，排水受潮位制约，两河入海口有大量贝壳堆积，入海口处都有 1~2km 拦门沙，凡此种种，都影响了河道的泄水能力，造成了 1990 年的严重涝灾。

## 4.2　引黄灌区旱涝灾的成因机理

### 4.2.1　水文气象因素

引黄灌区的年平均气温约为 13℃，有 200 余天的无霜期，属于暖湿半干旱半湿润季风气候。大气降水年际变化较大，呈现出明显的季节性，且年内分布不均。区域内自 1957 年以来观测数据较全的气象站台有三个，分别为莘县（朝城）站、德州站及惠民站，三个站点自西南向东北分布，基本能代表整个研究区的气象状况，气象站台分布如图 4-1 所示。

**（1）降水量及蒸发量的年际变化**

据区域内 3 个气象站 1957~2010 年的多年平均降水量分析，降水量由东向西呈递减

图 4-1　研究区各地市及气象站台分布

趋势，如东部滨州为 568.7mm，西部聊城为 538.5mm。各站最大与最小降水量相差很大，最大与最小比值为 3.46～4.13。比值越大，出现旱涝灾害波动越大，由表 4-2 可见，德州的旱涝灾害波动最大。

表 4-2　引黄灌区各水文站降水量年际变化统计

| 名称 | | 降水量/mm | | | 降水量最大与最小比值 |
|---|---|---|---|---|---|
| 地市 | 站名 | 多年平均 | 最大 | 最小 | |
| 聊城 | 莘县 | 538.5 | 942.4 | 256.1 | 3.68 |
| 德州 | 德州 | 547.7 | 1058.9 | 256.7 | 4.13 |
| 滨州 | 惠民 | 568.7 | 1013.0 | 292.8 | 3.46 |

　　将 3 个气象站的统计值进行加权平均，得出整个研究区的降水及蒸发情况。引黄灌区多年平均降水量为 551mm，多年平均蒸发量为 1112mm。1957 年以来的蒸发量和降水量如图 4-2 所示，由图可以看出，区域的降水量年际变化较大，自 1957 年以来，1964 年降水量最大，为 1005mm；2002 年降水量最少，为 293mm，仅为降水量最大年份的 29%。在 1961 年、1962 年、1964 年、1990 年等丰水年份区域内都发生了洪涝灾害，在降水较少的 1968 年、1992 年、2002 年区域内都发生了比较严重的旱情。蒸发量年际变化不大，最小值及最大值分别出现在涝灾年 1964 年和旱灾年 1968 年，分别为 953mm 和 1290mm。

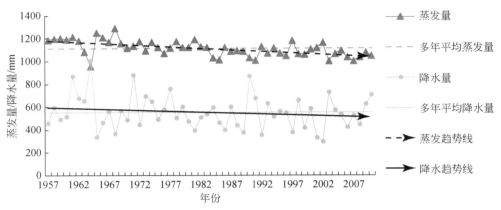

图 4-2  1957~2010 年引黄灌区降水量与蒸发量年际变化

对 1957~2010 年长系列的蒸发量和降水量进行线性趋势分析，得出蒸发量及降水量均呈现下降趋势，尤其自 20 世纪 80 年代以来，区域由以丰水期为主导转为以枯水期为主导，干旱事件比洪涝事件更为多发。

**（2）降水量年内分配**

引黄灌区属于暖温带季风气候，夏季降水多且集中，空气湿热，冬季干燥寒冷。多年平均径流深是 45.6mm，汛期为主要集中时间段，约占年径流深的 85%（宋少文等，2005）。研究区多年平均降水量年内分配情况如图 4-3 和表 4-3 所示。

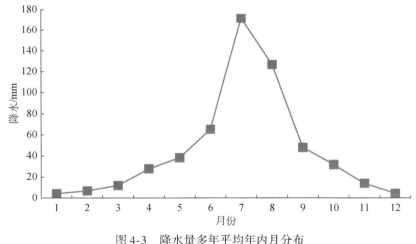

图 4-3  降水量多年平均年内月分布

表 4-3  引黄灌区降水量年内分配 （单位:%）

| 3~5 月 | 6~9 月 | 7~8 月 | 10~11 月 | 12 月至次年 2 月 |
| --- | --- | --- | --- | --- |
| 14.1 | 74.4 | 53.9 | 8.5 | 3.0 |

由于降水主要集中在汛期，6~9月的多年平均降水量为411mm，占年降水总量的74.4%，而春季（3~5月）降水仅为14.1%，这也造成了研究区内春旱夏涝灾害的发生。

**（3）干旱指数**

用气象部门提出的干旱指数来反映自然地理系统中的能量（即蒸发能力）、物质（即降水）的分配、组合与水分循环规律，揭示不同地区干旱的程度及其形成原因。干旱指数是年水面蒸发能力与降水量之比。比值的大小反映了干旱程度的不同，当某一地区蒸发能力大于降水量时，说明该区域处于干旱状态，干旱指数越大，说明该区域干旱程度越严重（敖小翎等，2005）。

据区域内3个气象站的统计资料，1957~2010年引黄灌区多年平均蒸发量为1091.9~1124.5mm，多年平均降水量为538.5~568.7mm，多年平均蒸发量为多年平均降水量的1.97~2.05倍（表4-4），其中德州为干旱指数较高的地区。研究区3~6月蒸发量为789.5mm，为同期降水量的5.5倍，加重了研究区春旱的形成。

**表4-4 引黄灌区各水文站干旱指数**

| 站名 | 莘县（朝城） | 德州 | 滨州 |
| --- | --- | --- | --- |
| 所在地区 | 聊城 | 德州 | 惠民 |
| 多年平均蒸发量/mm | 1091.9 | 1124.5 | 1118.1 |
| 多年平均降水量/mm | 538.5 | 547.7 | 568.7 |
| 干旱指数 | 2.03 | 2.05 | 1.97 |

**（4）水文气象因素对旱涝灾害的影响**

1）区域内降水量偏少，1976~1989年、1999~2002年连续干旱，多年平均降水量只有551mm，多年平均干旱指数达到了2.02，再加上年际年内的分布不均，降水量不能满足农作物的需水要求。应用灌溉试验资料计算，冬小麦生育期多年平均缺水量为362~430mm；夏玉米生育期多年平均缺水量为65~100mm；棉花生育期缺水量为200mm左右。大气降水不能满足农作物生长发育的需要，当地水资源又较贫乏，这必将导致农业干旱的发生（宋少文等，2005）。

2）连续降水是涝渍灾年的重要气象特征。中华人民共和国成立以来，引黄灌区年降水天数一般为71~76天，主要集中于汛期，如1961年商河站7月5次暴雨，降水量593mm。由于降水相隔时间短、雨量大、蒸发量小，本地区严重涝灾。

3）连降大暴雨加重了涝灾。7~8月是引黄灌区降水集中时期，暴雨次数多，如夏口站1961年7~8月连续降水9次，降水量875mm，为多年平均降水量的1.59倍，其中暴雨3次，7月13日当日最大雨量444mm。7~8月连续大雨后，10月又降大暴雨，造成夏秋连涝，成灾面积97万hm²，占耕地面积的58%。

4）骤雨、特大暴雨破坏性大。引黄灌区汛期暴雨特点是历时短、强度大，常给人民带来严重损失。据有关单位分析，引黄灌区年平均暴雨日1.7~3.0天，年平均暴雨强度77~83mm/h，其最大暴雨历时与强度均出现在7~8月，如各地已发生的大暴雨，1961年7月13日夏口日降水量444mm，1963年7月24日刘连屯日降水量222mm，1974年8月7

日禹城来风镇日降水量418mm，1985年7月聊城6h降水量375mm，2010年8月8日聊城降水量最大233.3mm。这些特大暴雨不仅对农业生产造成严重灾害，而且破坏庐舍，伤亡人畜，对交通、通信设施和水工建筑物也有极大破坏性。

5）暴雨走向扩大了灾害。徒骇河、马颊河流域位于太行山以东、泰沂山以北，是一个由西南向东北倾斜的狭长地带（长360km，平均宽80km），夏季盛行西南风和东北风，每当南来的暖湿气流进入该流域上游时，往往与南下的冷空气相遇成雨，暴雨走向与河流流向一致，出现上、中、下游相继叠加的峰高、量大、持续时间长的洪水，造成大面积涝灾。1964年徒骇河夏口站上游9次降水，出现7次洪峰，因上、中、下游洪水叠加，河道超标准行洪29天；该年马颊河也出现大洪水，河道平槽以上泄洪44天，造成两岸大面积的地面积水不能入槽排泄，形成严重的洪涝灾害。

## 4.2.2 地形及地貌因素

涝灾的形成与自然地理条件关系密切。引黄灌区为黄河冲积平原，流域狭长，从东至西长约360km，由南及北宽约80km，由于早期黄河决口改道的影响，水系较为混乱，地形起伏较大，形成岗地易旱、洼地易涝、坡地易碱的局面（李占华和董咏梅，2009）。徒骇马颊河流域的地形由西南向东北倾斜，上陡下缓呈台阶地形。地面坡降上游为1/8000～1/5000，中游为1/8000～1/10 000，下游为1/20 000～1/12 000。区域内横向地形南高北低，地面坡降更趋平缓。

由于黄河冲积泛滥影响，马颊河左岸地面基本属于河滩高地，一般比右岸地面高2～4m，徒骇河与马颊河之间洼地连片，形成岗、坡、洼相间分布的地形。其分布情况大致为岗地10 631km²，占流域面积的35.8%；坡地12 562km²，占流域面积的42.2%；洼地5335km²，占流域面积的18%；滨海滩涂1185km²，占流域面积的4%。岗地由黄河故道及黄河决口冲积所形成，多呈带状分布；坡地分布很广，潜水位埋深2～3m，缓平坡地下端是土壤盐渍化主要分布区；洼地分为河间浅平洼地和背河槽状洼地，其中，背河槽状洼地是由于黄河河床及滩地多年来不断沉积淤高，河两岸堤外相对低洼而形成的（刘有昌等，1980）；此外，滨海滩地位于沿海，呈扇形带状，宽度为15～20km，为高潮淹没区，潜水受潮水位影响，地下水侧向出流困难。由于地面坡降平缓，岗、坡、洼相间分布，土壤的排水条件较差，地下水在水平方向上运动缓慢，出流不畅，在强烈蒸发作用下地表极易积盐，造成该区易涝、易碱、易旱。

据统计，易发生洪涝的洼地总面积约为4413km²，占全区总面积的13.8%，区内较大洼地有500余处，其中700hm²以上的60余处。著名的大洼有恩县洼、大黄洼、铁营洼、清7尺洼等。这些大洼历史上十年九涝，洼地初遇大雨时，岗地、坡地径流汇入洼内形成积水区，再降大雨则洼地蓄满外溢，形成滚坡水，淹一洼又一洼，淹一片又一片，造成大面积涝灾。中华人民共和国成立后，经过疏通排水沟渠，进行洼地治理（表4-5），情况有所好转，但由于工程标准还偏低，遇大暴雨时仍常发生严重灾害。

表 4-5　华北平原引黄灌区治涝面积统计　　　　（单位：万 hm²）

| 年份 | 易涝耕地面积 | 未治理面积 | 已治理面积 | | |
|---|---|---|---|---|---|
| | | | 3 年一遇以上 | 5 年一遇以上 | 10 年一遇以上 |
| 1949 | 89.69 | 79.42 | 10.27 | 6.52 | — |
| 1958 | 81.65 | 63.00 | 18.65 | 8.27 | — |
| 1965 | 74.18 | 57.90 | 16.31 | 7.75 | 0.43 |
| 1978 | 103.76 | 39.41 | 64.35 | 47.45 | 5.33 |
| 1990 | 93.07 | 19.43 | 73.64 | 52.89 | 6.67 |
| 2000 | 93.07 | 13.81 | 79.26 | 42.08 | 6.00 |
| 2007 | 92.49 | 11.97 | 80.52 | 45.39 | 6.23 |

　　研究区的土壤类型主要包括潮土和盐渍土两大类，区域 90% 以上的面积被潮土覆盖。区域西北部主要土壤类型为脱潮土，而北部沿海地区主要为滨海盐土和冲积土，这些区域由于土壤排水性能良好，不易形成易涝易渍地区；盐土、盐化潮土及淹育水稻土等排水较差的土壤则零星分布于区域的微斜平地及洼地边缘，此处易形成易涝易渍地区。引黄灌区易涝易渍地区分布及土壤分布情况如图 4-4 所示。

## 4.2.3　工程因素

　　20 世纪 70 年代治理形成了流域内排涝工程。1968～1970 年基于"1964 年雨型"排涝、"1961 年雨型"防洪标准，对徒骇河、马颊河两河的干、支流进行了大面积的拓宽与扩挖，在此过程中还新辟了德惠新河。至此，使用的防洪排涝工程体系形成。经过治理后，两条河流的行洪能力得到增强，徒骇河由之前的不足 $400m^3/s$ 提高到 $1746m^3/s$，马颊河由 $150m^3/s$ 提高到 $1030m^3/s$，新增的德惠新河行洪能力为 $472m^3/s$。由于后期河道不断淤积，原有的防洪能力下降，1990 年以后，对河道淤积问题陆续进行了治理，但多数治理为局部河段和应急需求，排涝能力不佳仍是工程急需解决的主要问题（周振民，2002；田继华等，2005）。

　　沿着整个流域边界的漳卫河、金堤河及黄河是客洪水的主要排泄处，而河流的堤防工程主要作用是防御流域客洪水。

**（1）漳卫河**

　　基于 50 年一遇的防洪标准，1971～1976 年对漳卫河的中下游开展治理，从卫运河秤钩湾至四女寺河段设计排涝流量为 $1150m^3/s$，防洪流量为 $4000m^3/s$，校核流量为 $5500mm^3/s$；四女寺枢纽工程以下漳卫新河设计流量为 $3500m^3/s$，校核流量为 $5000m^3/s$，南运河设计流量为 $300m^3/s$。而河道淤积、防洪效果降低、堤防建筑物老化等是漳卫河目前防洪工程存在的一些问题。

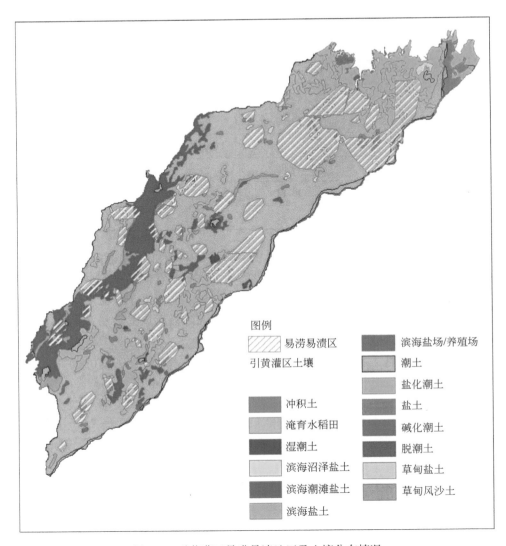

图 4-4　引黄灌区易涝易渍地区及土壤分布情况

**（2）金堤河**

1995 年 12 月金堤河治理的一期工程正式开工，于 2001 年 5 月竣工，该工程基于 20 年一遇洪水标准对南北的防护堤进行了加固，部分桥梁、灌溉闸门重新改建，并开挖疏浚干流 131.6 km。对干流实施 3 年一遇除涝、20 年一遇防洪疏浚治理后，所设的范县站设计防洪流量为 780m³/s，保证水位为 47.01m。北金堤河站的设计标准偏低，在排水方面受黄河干流洪水顶托影响较大，泵站的提水能力有待提升是目前的主要问题。

**（3）黄河**

2002 年以来，对于鲁北河段的地上悬河开展了多次调水、调沙，河槽得到了一定的冲刷,但并没有从根本上解决"二级悬河"这一问题。河床依旧超出背河地面 2~5m,设防水位超出 8~10m,一旦遇到重大洪涝险情,将造成巨大的经济损失。对于黄河的防洪任务,一是当花园口洪峰流量达 22 000m³/s 时,大堤不发生决口问题;二是当艾山、泺口站流量达到 10 000m³/s 时,洪水可以安全的向下排泄。1998 年,小浪底水库投入使用,这增加了黄河下游的防洪能力,缓解了黄河较大的防洪压力。

### 4.2.4 人为因素

1)社会经济的发展,带来各种需水量大幅度增加。在农业方面,目前农业灌溉用水量占工农业、城乡生活等总用水量的 80% 以上。中华人民共和国成立初期,农田灌溉面积极少,基本上是雨养农业,现在发展为灌溉农业,2010 年灌溉面积比 1949 年增加了 17 倍;作物复种指数由 1.39 增加到 1.58;农业种植结构也发生了变化,产量高、需水多的冬小麦、夏玉米、蔬菜、水稻等播种面积在扩大;农作物单产、总产都有很大提高。因此,整个农业灌溉用水量逐年增加,而灌溉工程的建设受水资源和经济条件的制约,不能充分满足农业发展需求,因而农业干旱将会长期存在,干旱灾害的防治也是长期的。

2)在水资源供需不平衡的情况下,一方面供不应求,另一方面浪费用水的现象依然存在。为了农业发展和城市供水需要,过量利用地下水,使地下水位大范围下降,造成农用机井大量报废,沿海地区海咸水入侵,山丘区水土流失,地表水、地下水水体遭受污染等,都使水资源更为紧缺、干旱灾害更为严重。

3)诸多不当的举措,加重了涝渍灾害。例如,过去平原河道的治理大都未能干、支流同步进行,由于缺少田间配套排水工程,一到雨季,极易出现"大河不满小河满、小河不满地里淹"的局面;又如,引黄灌溉是抗旱保收的重要措施,但引黄必引沙,引黄灌溉带来的大量泥沙,造成河道淤积,降低了防洪除涝能力,引黄初期,大水漫灌,大大抬高了地下水位,挟带的泥沙淤塞了沟渠;再如,旱季群众打坝蓄水,乱扒乱堵,又不能及时拆除,遇有边界水利纠纷,抢水堵水,以邻为壑。这些因素都增加了区域内致涝的条件(吴俊河等,2007;刘晓霞,2013)。

## 4.3 引黄灌区不同尺度的节水潜力

引黄灌区属于资源型缺水地区,农业节水技术的发展应以保障国家粮食安全与生态安全为前提,以提高农业用水效率为中心、田间节水为重点,大力发展农业方面节水高效的科学技术,大幅度提高农业单方用水的产出,建立符合本区域特色的农业高效节水技术体系和发展模式。

在现状引黄灌区不同作物耗用水模拟分析的基础上,借助 WACM,根据作物生理、田间、灌区和流域等不同尺度作物节水措施效果,评价引黄灌区不同尺度农业节水潜力。

# 4.3.1 不同尺度农业节水潜力概念与内涵界定

### 4.3.1.1 不同尺度农业节水潜力概念界定

**（1）节水潜力的内涵**

到目前为止，国内外对节水潜力的内涵还没有一个公认的标准。《全国水资源综合规划技术大纲》中实施的技术细则关于节水潜力的内涵释义比较贴切：一是节水潜力的参考标准是按照各个行业、部门经过采取节水措施后而实现的节水指标，通过对比分析现状用水的水平与节水指标，并依据现状发展的指标计算出最大的节水量；二是基于对现状的用水水平，分析各部门、行业的实物量指标以及用水水平，综合考虑节水指标，最后计算用水指标与节水指标的差值，最终得出节水潜力（刘开非，2009）。

狭义上的节水潜力是指满足作物基本用水量情况下，通过使用各类节水措施，从目前灌溉用水总量中可以减少的水量（段爱旺等，2002）；基础用水量是指在没有地下水补给、盐碱危害、病虫危害等情形下，满足所种作物正常生长所需的水资源量。广义上的节水潜力是指在一个特定的区域内，通过实施节水措施而使得用于农作物的水资源量减少的数量（刘坤，2005）。节水潜力是在明确现状的基础下，充分考虑节水措施，分析各项用水指标在各水平年的最大差值，如果对象为灌溉农业，则是农田灌溉的净定额可能的最小值与灌溉水利用系数可能的最大值（欧建锋等，2005）。节水潜力的参照标准是各部门、行业利用节水措施达到的节水指标，再分析目前用水水平与节水指标之间的差值，最终依据目前的实物量计算出最大节水量（刁希全等，2007）。

从《全国水资源综合规划技术大纲》实施技术细则以及段爱旺等（2002）、刘坤（2005）、欧建锋等（2005）、刁希全等（2007）对节水潜力的定义可以看出，目前对节水潜力概念的研究主要存在以下几方面的问题：①众说纷纭，没有一个大家都一致支持的、规范统一的说法；②目前真正意义上的资源节水研究深度不足，大多注意力仍集中在农业灌溉方面；③关于节水潜力的研究，当前绝大多数人尚未考虑农业节水技术对社会、经济、生态和环境的影响，往往不能够真实地反映某一措施的实际节水能力（刘建刚等，2011）。

综合以上内容，得出农业上的节水潜力，一是在灌溉方向的节水，二是资源方向的节水。基于目前很多学者指出的节水潜力概念存在的问题，现提出如下概念：节水潜力是指保持区域生态稳定和经济社会可持续发展的前提下，采取可能的社会、经济和科技措施，通过对比现状用水水平，区域最大的节水能力。它体现了维持区域经济社会系统可持续发展的节水量阈值，是一个地区的最大节水能力。

农业节水存在尺度效应问题，因此对节水潜力概念的研究需要区分不同的尺度，节水潜力涉及作物、田间、灌区和流域四个不同的尺度。一项节水措施的实施，不仅在某一尺度上产生影响，同时也会对它的上几级尺度产生影响，该措施不仅影响灌溉水量同时也影响耗水量，因此对节水潜力的概念界定需要区分不同尺度的节水潜力、理论和实际节水潜力以及灌溉节水潜力与资源节水潜力之间的联系和区别。

**（2）不同尺度节水潜力概念辨析**

农业节水是一个从微观到宏观的研究过程，主要包括作物、田间、灌区、流域/区域四个不同的尺度层面。

A. 作物节水潜力

作物节水是生物节水概念发展的最初阶段，最初的作物节水概念是和生物节水概念等同的。

山仑和徐萌（1991）认为按照作物的需水规律，采取的一系列对策可称为生理节水措施。例如，进行作物布局时，参照不同作物的各自需水量、需水的临界期等来实施灌溉计划。同时，生理节水措施也可作为选择耕作措施、改进相关工程的一个依据。通过研究作物本身的生长需水规律来提高用水效率，从长远角度分析，这是一条重要途径，也是未来节水增产的核心潜力（庄严，2009）。石元春（1999）对生理节水进行了更加详细的论述：“节水是一种俗称，学术上的提法是指提高农业生产过程中的水分利用效率，即提高单位耗水（蒸散量）的经济产量。”每一种作物的生长发育期不同，其对水分的需求也各不相同，各个生长阶段对水分亏缺的响应也不一致，这一理论便是非充分灌溉理论的基础。

B. 田间节水潜力

农艺节水技术中的节水潜力是指农田在使用一定的节水技术条件下，可以获得的最大节水量，在实施节水工程的基础上计算得出的。

张霞（2007）提出田间节水潜力是指某一灌区农渠以下的田间通过节水技术的工程实施与非工程实施进行节水，使得田间水利用系数符合《节水灌溉技术规范》的条件后，在相同规模情况下，田间灌溉需水量与基准年需水量的差值。其中所述的工程措施主要包括实施沟畦的改造，如对土地进行平整处理，减小畦块，以提高田间水利用系数；非工程措施主要包括田间种植结构的调整，节水灌溉制度实施，也就是相应减少高耗水的作物比例，保证作物产量的前提下，田间水利用率最大化，从而减少田间的综合灌溉量，最终达到节水的效果。

C. 灌区节水潜力

灌区是一个相对对立的区域，它具有相对可控的蓄水、取水、输水以及配水系统。想要研究某一灌区的节水潜力有两大基础任务：一是研究和使用具有先进技术的工程措施以及方法途径，并综合考虑经济投入的合理性，从而减少灌溉水的损失；二是要在时间、空间上合理分配水资源，对已实施的工程措施进行科学控制、调度，充分发挥已建工程的效益，促进农业与国民经济的可持续发展。一个灌区的水资源管理包括水资源配置、种植结构和用水结构的调整，管理机制以及“三农问题”，涵盖农业用水的相关内容（韩俊丽，2006）。

龚华等（2000）认为灌区的节水潜力可以分为两个方面：一是所有灌溉面积全部实施节水灌溉技术后的节水潜力；二是以现有节水灌溉技术为标准，适当提高后新的节水潜力。考虑作物生长的需水量，傅国斌等（2001）提出了一种计算某一灌区节水潜力的方法。这一方法以作物需水量为起点，结合经济、有效降水、地下水补给、相关损失、非充分灌溉系数等因素后，推算了一个理论节水计算公式，从而利用目前水资源管理的水平、人们节水意识、水价、相关标准的执行情况，以及水利方面的投资等因子，最终计算节水潜力。田玉青等（2006）认为一个灌区的节水潜力是指通过实施一系列的工程、非工程节水设施，在可控的技术水平下，同一面积范围内预期所需要的灌溉需水量与基准年比较而节约的水量大小。其中所述的最大节水量也可称为可能节水的潜力或者理论节水潜力。

D. 流域/区域节水潜力

李英能（2007）认为基于区域节水灌溉的节水潜力，是指在某一分析时间段内，利用可实施的工程技术措施，在水源上减少取水的能力。即使计算所得的取水能力数据具有可依性，但节约的水量能否直接使用或转换到其他部门，影响的因素较多，结果因所处条件不同而存在差异。理论上，节约的水量约有70%可以转移到其他部门使用或者另一灌溉田内使用，而剩余的水量则用于改善该灌区的生态环境或灌溉保证率。农业上的节水潜力是指在目前灌溉用水量的基础上，结合用水管理条件，通过对比作物需水量而得出的用水量。农业上的节水潜力基于作物需水量，在分析有效降水、必要损失等因素后，推导出一个关于节水潜力的理论公式，与傅国斌等（2001）构造的公式类似，结合水资源管理水平等因素，最终计算出农业上的实际节水潜力（张艳妮等，2007）。刁希全等（2007）认为农业上节水的潜力主要影响因素有调整灌区采用的种植结构、进一步扩大节水灌溉区的面积、提高渠系水利用的能力、调整农业供水的价格等，可通过降低农田灌溉用水量和提高灌溉水利用系数来分析农业节水潜力。吴旭春等（2006）从充分灌溉需水量和非充分灌溉需水量的角度，通过降低灌溉定额计算新疆的节水潜力。

**（3）不同尺度节水潜力的界定**

A. 作物节水潜力

作物节水潜力：就是在作物尺度上，根据不同作物的需水规律，对作物生育期的某些需水时间段施加一定的水分胁迫且在保证作物正常产量的条件下，相比现状最大的节水能力。

B. 田间节水潜力

田间节水能力：在田间尺度上实施工程或非工程等措施后，在保证作物产量的条件下田间相比现状最大的节水能力。

C. 灌区节水潜力

灌区节水潜力：在灌区尺度上通过对灌区的种植结构调整、渠系衬砌等一系列灌区节水措施采用后，在保证灌区作物正常的产量、灌区内及周边的生态环境不破坏的条件下，相比灌区现状的最大节水能力。

D. 流域/区域节水潜力

流域/区域节水潜力：通过组合作物、田间、灌区不同尺度的节水措施，在维持流域/区域的生态基本稳定和经济社会可持续发展的前提下，对比现状用水水平。而一个流域/区域的最大节水能力，体现了维持流域/区域经济社会系统可持续发展的节水量阈值。

#### 4.3.1.2 理论节水潜力和实际节水潜力

依据节水措施实行的可能性以及实行后的效果，节水潜力可以分为两类，即理论节水潜力和实际节水潜力。

**（1）理论节水潜力**

理论节水潜力是一个节水的理想目标值，它是基于一定的经济技术条件，通过综合考虑各类工程和非工程的节水措施后可能产生的最大节水量（汪党献，2002）。

节水措施有多种，各种措施的应用对水的使用和消耗产生影响，而在生产实践中，为缓解用水矛盾，各用水单元也采取了相应的技术措施，但是由于经济发展水平、技术手段以及部门自身财力和物力的限制，在对实际节水措施采取的过程中，主要是针对本部门用水结构、生产能力、技术水平、资金状况等方面的具体条件实施，不可能将所有的节水措施都付诸实践，因而也就达不到理论上的理想目标。

**（2）实际节水潜力**

实际节水潜力是基于一定的经济技术条件，通过综合考虑各类可实行的节水措施（包括工程和非工程措施）后，在实际的用水过程中所产生的最大节水量。实际节水潜力主要与节水措施的可实行性密切相关，其次是使用的节水措施的类别。正如前文所描述的，若受某种经济、技术或者其他方面条件的限制，某类节水措施不可行，则其理论节水潜力已不存在。从这个意义上讲，实际节水潜力一般要小于理论节水潜力。在用水实践中，人们只是对自己可能采取的节水措施感兴趣，分析这些可能节水措施给自己带来的益处，因此相比理论节水潜力，实际节水潜力在实际生产中具有更大的研究意义和价值。

#### 4.3.1.3 灌溉节水潜力和资源节水潜力

根据节水的内涵，节水可分为灌溉节水与资源节水，与此对应的，节水潜力也可以分为灌溉节水潜力和资源节水潜力。

**（1）灌溉节水**

传统定义的灌溉节水是指对比未采取节水措施和采取节水措施后的相关部门取水的减少量。以上所述减少量包含了蒸发蒸腾量、渗漏的损失量以及回归水量等。

灌溉节水主要是针对农业灌溉用水时在输水途中损失的水量，在农田使用过程中的渗漏量和农田睡眠的蒸发量，在使用大面积漫灌时回归的水量。农业取用水节水量即在实施相关节水措施后，蒸发减少、渗漏、回归的水量减少，从而提高农作物产量的灌溉水量（图 4-5）。

灌溉节水的节水量包括深层次的渗漏量以及灌溉时地表水的回归量，但这种定义却忽视了水在使用过程中的资源消耗以及其本身固有的循环再生性，在实际用水中，这部分水仍然在水循环系统的内部，并非真正意义上的资源节约（刘豪，2016）。

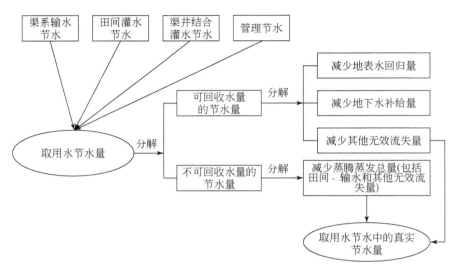

图 4-5　取用水节水量的合成与分解

**（2）资源节水**

　　资源节水是在可持续理念下，从资源的角度出发，考虑水的资源特性，以蒸发蒸腾消耗水量的减少作为其节约量。

　　在农田灌溉过程中，灌溉耗水是农业耗水的主要构成之一，主要发生在农业用水的输送过程中、田间使用过程中等，可由渠系蒸发、田面表水蒸发、作物蒸腾、棵间土壤蒸发四部分组成（图 4-6）。

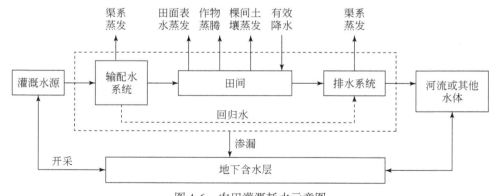

图 4-6　农田灌溉耗水示意图

**（3）灌溉节水潜力**

　　到目前为止，许多专家和学者所关心的节水是指所需取用水量的节约量，是将实施节水措施后的用水量与用水标准作为一个参照，通过对比计算，实施节水条件下的最小用水量与现状用水量的差值。

　　但在实际使用过程中，一个区域内各个部门通过实施节水措施后，所节约的水资源量并没有完全被消耗或损失，仍在这个区域的水资源系统中，或者转移到某一个水资源较为紧缺的部门，实现这个部门的需水量，因而，从某一单个部门来看，节约了一定的用水量，但从一个区域整体来衡量，并没有实现真正意义上的节水。因此，传统意义下计算取用水节水潜力的方法不能反映该地区水资源的节约量，必须从水资源的消耗特性出发，研究区域水资源的节水潜力，即资源节水潜力。

**（4）资源节水潜力**

蒸发蒸腾所需消耗的水量，在经济社会、生态环境中都是主要的消耗途径，其中，农业用水更为突出，作物吸收的水分约有90%将用于本身的叶面蒸腾作用，在光合作用下用于植物本身生长的水分不到1%，即作物存在奢侈蒸腾。同样，奢侈蒸腾也存在人类的各种生产生活实践当中。从资源的利用意义出发，消耗的水资源量意味着这部分水量已失去了其作为资源的价值，水在使用过程中过多的蒸腾消耗正是奢侈耗源的一种表现形式，因而水资源的这种消耗方式正是某一区域节水的关键所在，即某一区域潜在水资源的节约能力，又称资源节约潜力。

资源节水潜力是指在未来一段时间内实施各种节水措施后，某一区域所消耗的水量与现状水平所消耗的水量之间的差值。它体现了一个区域的实际节水能力，表明了这个区域实际蒸发消耗的水量。节水的前提条件是不破坏区域的生态环境并保持社会经济的稳定发展，节水过程中所产生的生态耗水减少必须采取相应的人工手段进行补偿。

# 4.3.2 不同尺度农业节水模式与机理分析

## 4.3.2.1 不同尺度农业节水措施与模式分类

农业节水措施从技术角度考虑可以划分为工程节水、农艺节水、生理节水和管理节水，从不同尺度角度考虑可以划分为作物节水、田间节水、灌区节水和流域/区域节水。本书研究不同尺度的农业节水潜力，故从作物节水、田间节水、灌区节水和流域节水分类角度对不同节水措施进行分析。表4-6和表4-7分别从作物和措施的角度对节水措施进行分类。

**表4-6　主要作物的节水灌溉技术**

| 作物 | | 技术名称 |
|---|---|---|
| 分类 | 名称 | |
| 粮食作物 | 水稻 | 蓄雨型节水灌溉，湿润灌溉，浅、薄、湿、晒节水灌溉 |
| | 小麦 | 畦灌，喷灌，波涌灌，膜上灌 |
| | 玉米 | 管灌，小畦畦灌，长畦灌溉，长畦短灌，波涌灌，膜上灌，水平畦田灌溉，滴灌，地面覆盖保墒技术，调亏灌溉，分根交替灌溉 |
| | 大豆 | 沟灌，喷灌 |
| | 谷子 | 喷灌 |
| | 高粱 | 喷灌 |

| 作物 | | 技术名称 |
|---|---|---|
| 分类 | 名称 | |
| 经济作物 | 棉花 | 滴灌，覆膜种植，调亏灌溉，分根交替灌溉，膜畦灌，膜沟灌，膜下滴灌 |
| | 花生 | 地面灌溉，滴灌，喷灌，覆膜灌溉 |
| | 油菜 | 喷灌 |
| 蔬菜和果树 | 蔬菜 | 喷灌，滴灌，渗灌，微喷灌 |
| | 果树 | 滴灌，微喷灌，涌泉灌，地下渗灌 |
| 牧草 | | 畦灌，喷灌，地下滴灌 |

表 4-7　主要农业节水技术和措施分类

| 类型 | 节水技术和措施 | 适宜尺度 |
|---|---|---|
| 工程节水技术 | 渠道防渗 | 灌区 |
| | 地面灌溉 | 田间 |
| | 喷灌 | |
| | 微灌 | |
| | 低压管道输水灌溉 | 灌区 |
| | 覆膜灌溉 | |
| | 坐水播种 | |
| 农艺节水技术 | 农业工程蓄水、农田集水、农田工程蓄水 | 田间 |
| | 秸秆覆盖 | |
| | 地膜覆盖 | |
| | 节水型农作种植 | 灌区 |
| | 有限灌溉 | 作物 |
| | 调亏灌溉 | |
| | 控制性分根区交替灌溉 | |
| | 水肥联合调控 | |
| | 根际微生态调控 | |
| | 抗旱型种子复合包衣剂 | |
| | 保水剂 | |
| | 土壤保墒剂 | |
| | 黄腐酸（FA）抗旱剂 | |
| | 水面抑制蒸发剂 | |
| 生理节水技术 | 作物抗旱节水鉴定评价技术 | |
| | 调亏灌溉 | |
| | 作物抗旱节水品种选育 | |
| | 节水优质高产栽培技术 | |

续表

| 类型 | 节水技术和措施 | 适宜尺度 |
|---|---|---|
| 管理节水技术 | 节水灌溉制度 | 灌区 |
| | 信息现代化 | |
| | 灌区配水 | |
| | 灌区量水 | |
| | 现代化灌溉管理 | |

就作物本身而言，需要考虑的主要是其在自身生长过程中的生理学过程，如养分的吸收、光合作用如何、水分胁迫等；就田间环境而言，需要考虑的主要是养分如何施用、土壤耕作对水分保持的作用等；当水分进入灌区并开始流通时，主要关注点是水分的分配、排水等；就整个流域而言，水资源如何合理的分配、分布是所要关注的焦点，要考虑各个部门之间的水分分配关系。

#### 4.3.2.2 作物节水

作物节水就是从植物高效用水的角度实现生理节水。作物生理节水包括最初的种质资源如何保护及其遗传方面的多样性和创新性，品种的培育尤为重要，作物在逆境生长环境中需要对环境信号的敏感度进行控制，作物的水分供需错位规律需要进行量化，作物的各个部分在生长发育中要能形成一定的协调能力。对于生理性的节水，需进行安全性、实用性评价。其中，在农业果蔬类、中草药生产中，生理节水技术得到广泛的使用。

目前作物节水潜力的研究主要集中在调亏灌溉和品种的改良，调亏灌溉试验包括关键期和非关键期的调亏灌溉、根系分区交替灌溉节水技术。作物节水涉及不同作物、不同生育期的需水规律，在实际的灌溉操作中需要专门从事作物单株节水研究的工作者进行指导，因此目前的实施规模较小，只是有很多高校、科研院所进行了大量的田间试验，掌握了大量的作物尺度的试验数据，为管理者和农民进行田间操作提供了参考和依据，如果这项技术能够得到农民的认可，其可操作性就会大大加强。从作物角度来说，该尺度不存在回归水的重复利用问题，耗水量的大幅度下降使得作物尺度的资源节水潜力增大，同时耗水量减少也必然引起灌溉水量的减少，即灌溉节水潜力同样增大。

#### 4.3.2.3 田间节水

田间节水技术主要包括提高集流雨水能力（如可改漫灌为沟灌、畦灌、波涌灌、膜上灌等）改进地面灌溉技术改进（如滴灌、喷灌、微灌、提高保水能力（化学、农学、生物学）等途径。概括说来，田间节水措施主要包括一些工程节水措施和农艺节水措施。

**（1）工程节水技术**

田间主要的节水工程技术有改进地面灌溉技术、喷灌、微灌技术，水稻的节水灌溉技术和抗旱点浇技术，在运输过程中的管道输水技术等。实施节水技术的主要目的是减少水资源在运输过程中的渗漏以及在田间灌溉时发生的深层渗漏，从而提高水资源利用率。

**（2）农艺节水措施**

农艺节水主要是依据作物的自身生长需水规律，通过技术集成，在作物需水时间段进行灌溉，在用水时间、用水量上合理化，最终实现现代化高效用水。农艺节水措施一般是结合区域的水资源条件，选取较为抗旱的作物种类；或者选取较为平整的土地，增加有机肥的使用量，深耕松土，改善土壤的土粒结构，增加其蓄水的能力；或者在作物上进行膜盖技术，从而减少水分的蒸发，除此之外，使用抗旱保水剂后，节水效果较为显著。

田间节水的模式主要是"作物生理节水技术+工程技术""作物生理节水技术+农艺节水技术""作物生理节水技术+工程节水技术+农艺节水技术"，各种田间节水技术并不是简单的"作物节水技术+田间节水技术"，其节水效果并不是单一节水措施的节水效果的简单求和，田间尺度的节水涉及不同作物，不同作物采取不同节水措施之间必然会相互影响，如我们采取"小麦调亏灌溉+夏玉米的节水措施"的节水模式，其资源节水和灌溉节水不是两者的简单求和，两者的大小主要是由某一作物的生理需水特点和现状的实际灌溉水平所决定的。

### 4.3.2.4 灌区节水

在灌区这一尺度，主要考虑渠道衬砌和种植结构调整这些措施的采取对灌区节水产生的影响。

**（1）渠道衬砌**

通过实施混凝土护面、塑料薄膜、浆砌石衬砌等多种方法进行防渗处理，与原始的土渠相比，可以减少 60%~90% 的渗漏损失。实践证明，渠道衬砌是控制渗漏损失的最有效途径。在水量运输的过程中，衬砌不但可以减少渠底、渠坡的冲刷作用，而且较小的断面面积占地空间较少。衬砌为混凝土材质，使用寿命可以达到三四十年以上，便于维修，费用较低。使用渠道衬砌防渗可以较为有效地提高渠系水利用系数，节约灌溉用水，较为坚固的衬砌可以增加水资源运输过程的安全系数，输水能力得到一定的提高，地下水位也得到一定调控，土壤盐碱化也得到一定改善，渠道淤积现象减少，周围杂草便于处理，总体上降低了维修成本。但考虑到一次性投入资金较大，在后期研究运用中应结合环境需要，采用施建成本低、防渗效果好、使用年限长的新型防渗技术。

**（2）种植结构调整**

结合农业自身的发展需要，以及农业新阶段的实际需求，调整农业种植结构十分有必要。种植结构调整是农业节水的重要战略之一，通过减少高耗水、低产出作物的种植比例，提高低耗水、高产出作物的种植比例，实现灌溉与资源节水。种植业结构调整应遵循整体效益最大原则、优胜劣汰原则、市场需求原则、科技领先原则、渐变原则、协调发展、配套调整原则、可持续发展、农民自主自愿原则。

灌区节水的发展模式一般是"作物节水技术+田间节水技术+灌区节水技术",与田间尺度相比,灌区尺度的节水涉及水的重复利用的次数显著增多,不仅存在不同作物之间水的重复利用,还涉及多个灌区之间水的重复利用,资源节水和灌溉节水的大小与灌区的种植结构和现状灌溉耗用水的水平密切相关,如果某灌区现状高耗水作物较多、现状灌溉水平接近充分灌溉的水平,那么该灌区的资源节水潜力和灌溉节水潜力都比较高,但资源节水潜力和灌溉节水潜力的大小需要根据模拟计算的结果具体比较分析。

#### 4.3.2.5  流域节水

从流域的角度考虑,主要是作物尺度、田间尺度和灌区尺度三个中小尺度的节水措施的综合节水效果,即流域尺度的节水主要是"作物节水技术+田间节水技术+灌区节水技术"的综合节水效果的体现,在流域层面,不仅要考虑灌区,还要考虑工业、生活等部门的用水,而且在流域尺度考虑的不仅仅是农业和作物采用这些措施后减少的灌溉用水量与资源耗水量,在分析这些节水潜力的同时,需要考虑采取这些措施对灌区内部以及周围的自然生态系统的耗用水的影响情况;同时不同灌区之间存在着水的重复利用问题,在流域尺度需要考虑尺度效应,某一节水措施的实施必然会影响其他措施的节水效果。因此,流域尺度的节水潜力就是在消除尺度效应和节水措施相互影响的基础上,采取作物、田间、灌区三个中小尺度的节水措施的综合节水效果。流域节水潜力的计算需要借助大尺度的模拟计算工具,摸清流域内水资源的循环转化规律以及水资源在不同用水部门之间的分配,在这个基础上得到的节水潜力才是流域真正的资源节水潜力和灌溉节水潜力。

## 4.3.3  不同尺度农业节水的耦合关系

#### 4.3.3.1  农业节水的尺度效应

要研究不同类型的节水措施在作物、田间、灌区、流域/区域的节水效果,就需要对尺度、不同尺度的相互转化关系以及尺度效应等相关概念和关系进行界定与梳理。

**(1) 尺度**

尺度的定义很多,但内容相对一致,通常包括研究对象、现象的时空量度、时空维以及由时空信息控制的格局变化等。不同学科对尺度的定义是不同的,但不同学科对尺度研究的共同点在于研究对象、现象本身具有的等级组织和复杂性。在水文学和水资源学的研究中,尺度的具体含义是指在规模上、面积上相对的大小和时间周期的长短,也就是在时间上的长短与空间中的范围大小,即时间尺度与空间尺度。在农田灌溉领域中,时间尺度的衡量由小及大为时、天、月、年;空间尺度分小尺度、中尺度及大尺度(崔远来等,2009)。许迪(2006)结合常规农业灌溉的习惯划分了农田的相应尺度。在某一灌溉区内较为独立的或面积较小的田块称为小尺度,为 10 ~ 100m;中尺度的范围一般为一条斗渠的控制范围,为 $10^2$ ~ $10^3$ m;一个灌区的干渠所能控制的尺度称为干渠尺度,为 $10^3$ ~

$10^4$m；一个灌区的大尺度，为 $10^4 \sim 10^6$ m。夏军等（2003）在参考了赵文智和程国栋（2001）研究成果的基础上总结了水文学的空间尺度，主要有大陆尺度、流域尺度、局部尺度等。对于大陆尺度，应涵盖气候-土壤-植被整个系统的研究；对于流域尺度，主要是大气降水、土壤水及流域的面积形状上的研究；对于局部尺度，由于土壤的有效深度各不相同，应对降水产生的响应各不相同，进而影响对植物产生的水分胁迫。其中土壤水的变化受到很多因素的影响，如地形地貌、当地的净辐射输入等。

出于研究目的的不同，不同的研究者对空间尺度的划分不同，对尺度范围界定也就各不相同。由于节水关注更多的是空间尺度问题，时间尺度以日作为研究的基本时间尺度，空间尺度划分为作物、田间、灌区和流域/区域四个尺度。

**（2）尺度转化**

在地理、水文、生态学研究领域，很多学者都进行了尺度转换方面的研究，尺度转换问题已成为日益成熟、壮大和完善的环境科学研究的理论焦点。

空间上的尺度转换是指信息传送在不同尺度之间进行，将某一个尺度上的信息进行处理，以此来推测其他尺度上的规律。转换过程中主要包括三个方面内容：一是在尺度上的放大或缩小；二是在一个系统中的要素随着尺度发生变化而重新组合；三是从某一尺度上的相关信息，如结构、特征等，结合一定方法规律，去推测另一个尺度上的问题。

依据尺度转换的方向，可以分为尺度上推和尺度下推（图4-7）。尺度上推是指将一个小尺度的信息经过处理上推到一个大尺度的过程，属于信息的聚合处理；尺度下推是指将一个大尺度上的信息处理下推到一个小尺度上的操作，属于信息的分解过程。

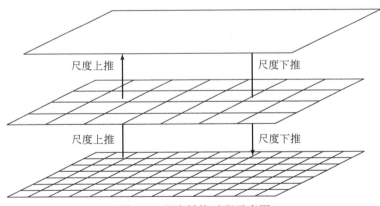

图4-7　尺度转换过程示意图

**（3）尺度效应**

节水的尺度效应是指实施节水措施后，在每一尺度上的节水效果，以及在某一尺度上的相关节水措施在另一尺度上造成的影响。尺度效应产生的原因主要是回归水及其重复利用，回归水的形成主要是来自水量运输过程中的渗漏，包括田间灌溉时的渗漏、弃水、退水以及田间排水等情形下流入地下水或天然河渠中的水。

灌区的节水量并非只是田间节约的水量简单相加，因为其中存在回归水，而回归水可以被循环使用，也就是在某一个尺度上实施了节水措施，它在其他尺度上产生的节水效果却各不相同，通常情况下小尺度上的节水效果应该优于大尺度上的节水效果。正如学者在湖北漳河进行的水稻实验，与普通深灌相比，采用间歇灌溉或者湿润灌溉，在田间尺度上可以节约大量水，可达 25% ~ 35%，但在相同情况下，灌区尺度节水量仅有 10% ~ 20%，这表明大尺度上的节水效果要好于中尺度上的节水效果。因此，不能把某一尺度的节水效果直接放大到大尺度，每一项节水措施的效果对各个尺度的影响也不相同，若仅以作物、田间尺度的节水效果来评估全流域的节水潜力以及设定节水灌溉措施，最终或许形成错误的发展方向和错误的决策。

如表 4-8 所示，在田间尺度上，水的入流主要包括降水、灌溉、地下水补给、侧渗等；水的出流主要包括深层渗漏、田间排水和侧渗。作物的蒸腾损耗是主要的消耗量，什么时间灌溉、灌溉多少次、灌多少等是影响田间尺度水使用的重要因素。与田间尺度相比，灌区尺度上土地利用、水的使用和管理就复杂得多，水流经的路径从其中一块农田到另一块农田，然后经过田间设置的排水沟进入水库或塘堰，最后在下一次灌溉时，又由塘堰、水库进入田间。这一循环过程可以反复进行。在这一循环过程中，也有部分水量流出灌区，被其他灌区继续利用。

**表 4-8　不同尺度的水量平衡计算各组成部分**

| 水量类型 | 田间尺度 | 灌区尺度 | 流域/区域尺度 |
|---|---|---|---|
| 入流量 | 降水量 | 降水量 | 降水量 |
| | 灌溉水量 | 地表灌溉来水量 | 灌区引水量 |
| | 地下水补给水量 | 地下水入流量 | 地下水入流量 |
| | 侧渗水量 | 地表排水来水量 | 地表水入流量 |
| 储水变化量 | 耕作层土壤水分变化量 | 土壤水分变化量 | 土壤水分变化量 |
| | | 地表水储量变化量 | 地表水储量变化量 |
| | | 地下水储量变化量 | 地下水储量变化量 |
| 生产性消耗 | 作物腾发量 | 作物腾发量 | 作物腾发量 |
| | | | 工业和城市的耗水量 |
| | | | 环境耗水量 |
| 非生产性消耗 | 表土蒸发 | 地表和水体表面蒸发 | 地表和水体表面蒸发 |
| | 杂草的蒸腾 | 非作物植物体的腾发 | 非作物植物体的腾发 |
| | 水流入咸水含水层 | 水流入咸水含水层 | 水流入咸水含水层 |
| | | 水流入咸水体或海洋 | 水流入咸水体或海洋 |
| | | 水质下降而不能使用 | 水质下降而不能使用 |
| 出流量 | 深层渗漏 | 下游调配出水量 | 灌区或子流域调配水出流量 |
| | 田间排水 | 地表排水出流量 | 保护环境等的调配出流量 |
| | 侧渗水量 | 地下水出流量 | 非调配水出流量 |
| | | | 地下水出流量 |

在流域/区域尺度上，流域/区域内则变得更为复杂，内部布满了更多的井、渠等设施，起到供水的作用，水库、塘堰也作为水体供水。某一灌区内部的回归水会被周围和下游的灌区重新利用，同时在流域/区域尺度，还需要考虑农业节水对工业和城市生活的影响，不同灌区之间存在着复杂的水循环过程。依然有排水流出流域/区域尺度，被其他流域/区域重新利用。

### 4.3.3.2 不同尺度农业节水潜力的耦合关系分析

作物生理节水潜力、田间节水潜力、灌区节水潜力和流域/区域节水潜力是四个不同尺度的农业节水潜力，它们之间的耦合是将"大气水–作物水–地表水–土壤水–地下水"五水紧密结合起来，既需要考虑不同作物不同生理节水措施的节水水平，又需要考虑农艺节水措施、工程节水措施和管理节水措施所带来的节水潜力以及这些措施适宜在哪个尺度采用，同时这些不同类型节水措施之间并不是孤立的，往往是两种或两种类型节水措施的组合，并不是每一种组合都适应所有的地区，如井灌区发展微喷灌就要比自流灌区更为实际、合理。不同尺度节水措施的实施效果并不是简单各个尺度节水措施的简单累加，它们之间存在着一定的耦合关系。例如，冬小麦采用关键生理节水措施的耗水节水量为 60 ~ 80mm，而采用田间地膜覆盖的耗水节水量约为 40mm，如果把这两种措施耦合起来，那它的节水效果不是简单的累加变为 100 ~ 120mm。目前对不同节水措施下的农业节水潜力的研究，往往集中在较小的尺度，对于采取多项综合措施下的大尺度的农业节水潜力的研究相对较少。在"作物–田间–灌区–流域/区域"不同尺度农业节水潜力之间的耦合过程中，需要对所涉及的自然–人工水循环过程和水资源合理配置进行模拟分析，对不同尺度节水潜力之间的关系进行定量分析。

研究不同尺度农业节水潜力之间的耦合关系，涉及不同尺度的数据获取途径和不同的分析方法。对作物和田间尺度，由于涉及的要素较少，只需开展田间水量平衡观测；而对灌区和流域/区域尺度，由于灌区和流域/区域复杂的下垫面边界条件（土层、植被、地质、地貌、地形、土地利用、水分等及其组合），影响其观测结果的因子较多，复杂多变，增加了观测的难度，难以量化，准确获取区域模拟参数难度大，有些因素需利用野外监测试验、地理监测的相关技术［如遥感（remote sensing，RS）技术和地理信息系统（geographic information system，GIS）技术］，对于农作物实际的生长过程研究则需要进行田间试验或者进行数值模拟；处理多个尺度之间的关系研究，首先要对获取的数据进行分析处理，再现一个关于作物生长、水循环过程的尺度，进而对尺度效应的特征进行分析，然后选择适当的数学工具对尺度进行下一步的转换，结合水平衡、节水的效果建立一个数学关系，用某一尺度上的信息去推测其他尺度上的信息，最终实现多尺度的节水能力的评估工作。

综上所述，当要研究多个尺度相结合的节水潜力时，可以利用遥感和地理信息系统技术建立具有区域特性的分布式水文模型，然后将植被生长、土壤侵蚀等模型耦合到所建的水文模型中，结合试验数据观测结果、理论分析结果和模型模拟的结果，讨论节水措施不同时，不同尺度下的资源与灌溉节水潜力之间的关系，与此同时，可以分析相应节水措施下，植被的干物质重、作物产量的胁迫以及水均衡的影响关系，以及采取节水措施后整个流域生态环境受到的影响。

## 4.3.4 引黄灌区不同尺度的节水潜力

### 4.3.4.1 作物生理节水潜力

**（1）作物生理节水措施分析**

调亏灌溉是一种非充分灌溉技术，它基于农作物的生理生化过程，在农作物生长的某一个时间段主动加入水分胁迫，影响作物的光合作用，使其影响分配发生改变，从而起到调节作物生长、改善作物品质，最终实现保证作物产量的同时提高用水效率。经过调研分析，小麦是引黄灌区灌溉用水量最多的粮食作物，其调亏灌溉是引黄灌区作物生理节水的主要措施。根据冬小麦对水分亏缺响应，拔节期是缺水最敏感时期，也是农民追肥时期，如果结合这次施肥，在最小灌溉的基础上，再进行一次灌溉，无论是干旱年，还是平水年，减产幅度都会很小。玉米、棉花等其他作物理论上也可以采取调亏灌溉措施，但这些作物雨热同期，其灌溉水量和灌水次数有限，流域对这些作物采取调亏灌溉的可行性不大，因此本研究分析作物节水潜力时主要考虑冬小麦的调亏灌溉情况。

张喜英（2018）对河北栾城试验站最近 8 年冬小麦调亏灌溉进行试验（关键期只灌溉一次），结果表明，小麦的平均产量比充分灌溉减少 3%，但总耗水量减少 21%，水分利用效率提高 24%，而且比最小灌溉的水分利用效率增加 7%，产量提高 13%。在实施冬小麦播前底墒好的基础上，无论何种年型，冬小麦可在拔节期前后只灌溉关键期一水，大多年份可不减产，农田蒸散量比充分灌溉少 60~80mm，节水效果明显。栾城冬小麦充分灌溉耗水量为 475~500mm，多年平均实际耗水量为 422mm，灌溉量为 204mm，根据张喜英（2018）的试验，现状耗水可以降低到 340~360mm。

根据中国主要农作物需水量等值线图研究的数据，山东禹城地区充分灌溉的耗水量应该在 500~525mm，由于水资源短缺，该地区冬小麦属于非充分灌溉的情况，冬小麦平均耗水量是 460mm，作物产量约是 391kg/亩。于舜章等（2004）于 2002~2003 年在山东禹城地区的冬小麦灌关键水的非充分实验表明（表 4-9），冬小麦只灌拔节的耗水量是 332.1mm，产量是 394.1kg/亩，耗水量减少 127.9mm，产量增加 3.1kg/亩，节水 27.8%，增产 0.8%，在产量基本不变的情况下，耗水量大幅度下降；灌拔节和抽穗、拔节和灌浆、抽穗和灌浆的耗水量都是 392mm 左右，但产量以拔节和灌浆为最高，较现状可以节水 68mm，产量增加 42.3kg/亩，节水约 14.8% 和增产约 10.8%。

**表 4-9　2002~2003 年山东禹城地区试验站关键期灌水试验资料**

| 处理 | 耗水量/mm | 产量/（kg/亩） |
|---|---|---|
| 不灌 | 272.1 | 338.3 |
| 拔节 | 332.1 | 394.1 |

续表

| 处理 | 耗水量/mm | 产量/（kg/亩） |
|---|---|---|
| 抽穗 | 332.0 | 366.3 |
| 灌浆 | 331.8 | 397.4 |
| 拔节和抽穗 | 392.0 | 375.2 |
| 拔节和灌浆 | 392.0 | 433.3 |
| 抽穗和灌浆 | 392.0 | 382.3 |
| 拔节、抽穗、灌浆 | 451.7 | 430.5 |

现状引黄灌区模拟表明，流域小麦平均耗水量是 476mm，如果采取调亏灌溉的措施，流域小麦平均耗水量可节约 70mm 左右。因此，本研究分别模拟引黄灌区小麦调亏灌溉实施 20%、40%、60%、80% 和 100% 的情况下流域作物生理节水潜力。

**（2）作物节水潜力**

根据小麦调亏灌溉实施的不同面积，采用 WACM 模拟不同作物耗用水量，结果见表 4-10。可以看出，在小麦调亏灌溉分别实施 20%、40%、60%、80% 和 100% 的情况下，流域农业资源节水量分别为 1.13 亿 $m^3$、2.29 亿 $m^3$、3.46 亿 $m^3$、4.58 亿 $m^3$ 和 5.85 亿 $m^3$。节水措施和资源节水量对应关系如图 4-8 所示。

**表 4-10　不同小麦调亏灌溉面积比例流域作物耗水用量**　（单位：亿 $m^3$）

| 方案 | 小麦 | 油菜 | 大豆 | 玉米 | 棉花 | 高粱 | 谷子 | 花生 | 蔬菜 | 瓜类 | 果树 | 水稻 | 作物总耗水量 | 资源节水量 |
|---|---|---|---|---|---|---|---|---|---|---|---|---|---|---|
| 现状 | 41.16 | 0.34 | 1.61 | 32.57 | 23.59 | 0.25 | 2.29 | 3.05 | 24.74 | 4.34 | 9.52 | 0.98 | 144.44 | — |
| 20% 小麦调亏灌溉 | 39.98 | 0.34 | 1.61 | 32.61 | 23.59 | 0.26 | 2.30 | 3.05 | 24.74 | 4.33 | 9.52 | 0.98 | 143.31 | 1.13 |
| 40% 小麦调亏灌溉 | 38.79 | 0.34 | 1.61 | 32.64 | 23.59 | 0.26 | 2.30 | 3.05 | 24.74 | 4.33 | 9.52 | 0.98 | 142.15 | 2.29 |
| 60% 小麦调亏灌溉 | 37.59 | 0.34 | 1.61 | 32.67 | 23.59 | 0.26 | 2.30 | 3.05 | 24.74 | 4.33 | 9.52 | 0.98 | 140.98 | 3.46 |
| 80% 小麦调亏灌溉 | 36.44 | 0.34 | 1.61 | 32.70 | 23.59 | 0.26 | 2.30 | 3.05 | 24.74 | 4.33 | 9.52 | 0.98 | 139.86 | 4.58 |
| 100% 小麦调亏灌溉 | 35.14 | 0.34 | 1.61 | 32.73 | 23.59 | 0.26 | 2.30 | 3.05 | 24.74 | 4.33 | 9.52 | 0.98 | 138.59 | 5.85 |

从技术、经济、社会、生态合理性角度评价不同生理节水措施，见表 4-11。从经济层面看，采取调亏灌溉没有经济层面的障碍，但是由于对调亏灌溉水源、灌溉人员的素质等有较高要求，流域调亏灌溉面积较大时，技术上很难保证灌溉水源，社会上也难以接受繁琐的灌溉方式。同时，由于调亏灌溉的实施，流域土壤风蚀的强度会有所增加，如在流域 80% 的小麦种植面积都实施调亏灌溉的情况下，流域平均侵蚀模数达到 1.238 kg/（$m^2 \cdot a$），比现状增加 0.021 kg/（$m^2 \cdot a$），对流域风蚀有轻微影响。因此，对 40% 小麦种植面积进行调亏灌溉可以发挥出最大的应用潜力。

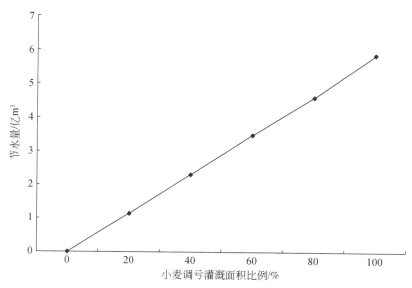

图 4-8　小麦不同调亏灌溉比例引黄灌区农业资源节水量

**表 4-11　作物生理节水措施的技术、经济、社会、生态合理性评价**

| 方案 | 技术 | 经济 | 社会 | 生态 |
|---|---|---|---|---|
| 20% 小麦调亏灌溉 | 可行 | 合理 | 接受 | 良好 |
| 40% 小麦调亏灌溉 | 可行 | 合理 | 接受 | 良好 |
| 60% 小麦调亏灌溉 | 较困难 | 合理 | 较难接受 | 良好 |
| 80% 小麦调亏灌溉 | 不可行 | 合理 | 不接受 | 对风蚀有轻微影响 |
| 100% 小麦调亏灌溉 | 不可行 | 合理 | 不接受 | 对风蚀有轻微影响 |

## 4.3.4.2　田间节水潜力

**（1）田间节水措施分析**

引黄灌区田间节水措施主要包括农艺措施和田间工程措施，农艺措施包括地面覆盖（作物、秸秆、地膜、砂石等）、水肥耦合和配套农田栽培管理技术等，田间工程措施主要包括田间喷灌和微灌措施等。综合引黄灌区经济社会和技术发展的实际情况，可以大面积推广的田间节水措施主要包括小麦和玉米秸秆覆盖、棉花和瓜果蔬菜的地膜覆盖、小畦灌溉、瓜果蔬菜喷微灌等措施。

秸秆覆盖技术可以起到节水、保墒、保温、促根、抑草、培肥的作用。目前秸秆覆盖主要是小麦秸秆覆盖夏玉米和夏玉米秸秆覆盖冬小麦，从节水、增产等综合因素考虑，小麦秸秆覆盖夏玉米因其成本低、节水增长效果好值得大面积推广，而夏玉米秸秆覆盖冬小麦的节水效果不明显，有些地区甚至增加小麦的耗水量，因此主要在引黄灌区施行冬小麦秸秆覆盖夏玉米的措施。冬小麦秸秆覆盖夏玉米的节水效果因地而异，如中国科学院遗传与发育生物学研究所张喜英（2018）在栾城试验站的试验结果表明，秸秆覆盖有效地抑制了棵间蒸发，小麦秸秆覆盖夏玉米每个生长季秸秆覆盖下的夏玉米平均比没有覆盖的少耗水 30 ~ 40mm，产量略有增加；孙景生等（2005）在河南新乡的灌溉试验资料表明，冬小麦秸秆覆盖夏玉米可以减少耗水量 40.2mm，同时产量增加 65.3kg/亩；李全起等（2005）于 2002 ~ 2003 年在中国科学院禹城综合试验站进行了秸秆覆盖灌溉对冬小麦农田耗水特性的影响研究，研究结果表明，在播种到返青期间，使用覆盖的区域比不使用的区域平均少蒸散 52mm，返青后进行了覆盖处理，其消耗的水量少于不覆盖处理的区域，但两者之间的总耗水量存在较小的差异。

引黄灌区棉花、蔬菜等经济作物可以推行地膜覆盖节水技术。根据《北方地区主要农作物灌溉用水定额》研究成果，地膜覆盖棉花基本上都采用膜上灌溉水方式，依据调查的结果发现，其节水能力都在一水以上，其中干旱年节水多于湿润年。华北地区棉花覆盖以后一般采用膜侧沟灌，其节水能力主要体现在保墒方面，节水能力通常在 $450\text{m}^3/\text{hm}^2$ 以上。

喷微灌技术是流域田间节水的主要工程措施。喷灌技术对地形、土壤等的要求不高，具有很强的适应性，除水稻这样的水生作物外，喷灌几乎对大田作物都适合。微灌技术是具有精细高效，可以节水、节能的现代化技术，灌水同时可兼施肥。2005 年《山东省大型灌区续建配套与节水改造"十一五"规划》提供的数据（表 4-12）表明，引黄灌区大型灌区实施喷微灌的面积非常有限，具有很大的提升空间。根据引黄灌区实际特点和作物经济效益，流域大面积推行喷微灌技术，主要应用于蔬菜和瓜果等经济作物。大量实验资料表明，引黄灌区番茄、黄瓜、青椒等蔬菜采用大棚滴灌或者膜下滴灌较沟畦灌减少耗水量约 80mm。

表 4-12　2005 年引黄灌区大型灌区节水灌溉面积　　　　（单位：万亩）

| 灌区名称 | 地面灌溉面积 | 管灌面积 | 喷灌面积 | 微灌面积 |
|---|---|---|---|---|
| 彭楼灌区 | 110.6 | 16.8 | 1.14 | 0.14 |
| 陶城铺灌区 | 73.7 | 0 | 0.3 | 0 |
| 位山灌区 | 455.6 | 36.7 | 10.5 | 5.2 |
| 潘庄灌区 | 279.7 | 40 | 9 | 1.3 |
| 郭口灌区 | 32.2 | 0.81 | 0 | 0.03 |
| 李家岸灌区 | 189.2 | 35 | 4.5 | 1.3 |
| 邢家渡灌区 | 89 | 0 | 0 | 0 |
| 簸箕李灌区 | 76.7 | 0.02 | 0.3 | 0 |
| 白龙湾灌区 | 14 | 0 | 0 | 0 |

续表

| 灌区名称 | 地面灌溉面积 | 管灌面积 | 喷灌面积 | 微灌面积 |
|---|---|---|---|---|
| 小开河灌区 | 66.0 | 0 | 0 | 0 |
| 韩墩灌区 | 36.2 | 3.8 | 0 | 0 |
| 王庄灌区 | 47 | 0 | 0 | 0 |

田间沟畦灌溉也是有效并且可以推广的节水措施，如在垄作地区或平播后起垄的地区沟灌是常用的灌溉方法，它主要是依靠水流浸润垄台，垄顶表土不容易板结，能够改善作物的水、气、热状况，有利于节水和作物生长；引黄灌区大豆、油菜、高粱等作物都可以采用此节水措施。

**（2）田间措施节水潜力**

综合前面不同措施节水效果分析，WACM模拟分析了田间薄膜和秸秆覆盖农艺节水潜力、田间畦灌和喷微灌工程节水两组田间节水潜力。

调查资料显示，随着大型联合收割机的推广使用，引黄灌区2005年现状小麦秸秆覆盖玉米的实施比例大约为60%，分析认为未来可进一步提高到80%和100%。流域现状棉花地膜覆盖灌溉比例非常小，分析认为未来可提高到40%、60%和80%。引黄灌区的油菜、大豆、高粱、谷子等大田作物可以通过改进田间沟畦灌溉技术，降低亩次用水量，达到节约用水的目的。流域目前蔬菜瓜类的喷微灌实施比例较小，分析认为未来可提高到40%、60%和80%，果树的实施面积比例可能达到30%、50%和70%，见表4-13；不同田间节水措施流域作物耗水量与节水量见表4-14。

**表4-13　引黄灌区田间节水方案**

| 措施 | 方案 | 节水方案 |
|---|---|---|
| 田间薄膜和秸秆覆盖农艺节水 | 方案1 | 小麦秸秆覆盖玉米提高到80%＋棉花地膜覆盖40% |
| | 方案2 | 小麦秸秆覆盖玉米提高到80%＋棉花地膜覆盖60% |
| | 方案3 | 小麦秸秆覆盖玉米提高到80%＋棉花地膜覆盖80% |
| | 方案4 | 小麦秸秆覆盖玉米提高到100%＋棉花地膜覆盖60% |
| | 方案5 | 小麦秸秆覆盖玉米提高到100%＋棉花地膜覆盖80% |
| 田间畦灌和喷微灌工程节水 | 方案1 | 油菜、大豆、高粱、谷子、花生等作物采用沟畦灌溉 |
| | 方案2 | 蔬菜瓜类喷微灌40%，果树30% |
| | 方案3 | 蔬菜瓜类喷微灌40%，果树50% |
| | 方案4 | 蔬菜瓜类喷微灌60%，果树50% |
| | 方案5 | 蔬菜瓜类喷微灌60%，果树70% |
| | 方案6 | 蔬菜瓜类喷微灌80%，果树50% |
| | 方案7 | 蔬菜瓜类喷微灌80%，果树70% |

表 4-14　不同田间节水措施流域作物耗水量与节水量　　　（单位：亿 m³）

| 措施 | 方案 | 小麦 | 油菜 | 大豆 | 玉米 | 棉花 | 高粱 | 谷子 | 花生 | 蔬菜 | 瓜类 | 果树 | 水稻 | 总耗水量 | 资源节水量 |
|---|---|---|---|---|---|---|---|---|---|---|---|---|---|---|---|
| | 现状 | 41.16 | 0.34 | 1.61 | 32.57 | 23.59 | 0.25 | 2.29 | 3.05 | 24.74 | 4.34 | 9.52 | 0.98 | 144.44 | — |
| 田间薄膜和秸秆覆盖农艺节水 | 方案 1 | 41.16 | 0.34 | 1.61 | 31.72 | 22.81 | 0.25 | 2.29 | 3.05 | 24.74 | 4.34 | 9.52 | 0.98 | 142.81 | 1.63 |
| | 方案 2 | 41.16 | 0.34 | 1.61 | 31.72 | 22.46 | 0.25 | 2.29 | 3.05 | 24.74 | 4.34 | 9.52 | 0.98 | 142.46 | 1.98 |
| | 方案 3 | 41.16 | 0.34 | 1.61 | 31.72 | 22.02 | 0.25 | 2.29 | 3.05 | 24.74 | 4.34 | 9.52 | 0.98 | 142.02 | 2.42 |
| | 方案 4 | 41.16 | 0.34 | 1.61 | 30.90 | 22.49 | 0.25 | 2.29 | 3.05 | 24.74 | 4.34 | 9.52 | 0.98 | 141.67 | 2.77 |
| | 方案 5 | 41.16 | 0.34 | 1.61 | 30.90 | 22.02 | 0.25 | 2.29 | 3.05 | 24.74 | 4.34 | 9.52 | 0.98 | 141.20 | 3.24 |
| 田间畦灌和喷微灌工程节水 | 方案 1 | 41.16 | 0.33 | 1.52 | 32.57 | 23.59 | 0.24 | 2.19 | 2.91 | 24.74 | 4.34 | 9.52 | 0.98 | 144.09 | 0.35 |
| | 方案 2 | 41.16 | 0.33 | 1.52 | 32.57 | 23.59 | 0.24 | 2.19 | 2.91 | 23.41 | 4.17 | 9.29 | 0.98 | 142.36 | 2.08 |
| | 方案 3 | 41.16 | 0.33 | 1.52 | 32.57 | 23.59 | 0.24 | 2.19 | 2.91 | 23.41 | 4.17 | 9.16 | 0.98 | 142.23 | 2.21 |
| | 方案 4 | 41.16 | 0.33 | 1.52 | 32.57 | 23.59 | 0.24 | 2.19 | 2.91 | 22.70 | 4.08 | 9.16 | 0.98 | 141.43 | 3.01 |
| | 方案 5 | 41.16 | 0.33 | 1.52 | 32.57 | 23.59 | 0.24 | 2.19 | 2.91 | 22.70 | 4.08 | 8.99 | 0.98 | 141.26 | 3.18 |
| | 方案 6 | 41.16 | 0.33 | 1.52 | 32.57 | 23.59 | 0.24 | 2.19 | 2.91 | 22.04 | 4.00 | 9.16 | 0.98 | 140.69 | 3.75 |
| | 方案 7 | 41.16 | 0.33 | 1.52 | 32.57 | 23.59 | 0.24 | 2.19 | 2.91 | 22.05 | 4.00 | 9.00 | 0.98 | 140.54 | 3.90 |

　　田间节水措施的合理性评价见表 4-15，采取棉花薄膜覆盖、玉米秸秆覆盖、沟畦灌溉和蔬菜瓜果的喷微灌等田间节水措施，从技术、经济、社会和生态可行性角度判断基本上都可以接受，但是如大规模的推广棉花的膜下灌溉或膜侧沟灌以及大范围实施蔬菜喷滴灌和微灌会大量增加农民的实施难度，因此田间尺度可以采取的节水措施包括小麦秸秆覆盖玉米提高到 80%、棉花地膜覆盖 60%、蔬菜瓜类喷微灌 60%、果树 50% 等。与现状年相比，将小麦秸秆覆盖玉米提高到 80%，棉花地膜覆盖 40% 的情况，流域作物资源节水量可达到 1.63 亿 m³。大豆、花生、油菜、高粱、谷子等农作物常采用沟畦灌溉，蔬菜瓜类喷微灌 60%，果树 50% 的情景下，与现状相比，资源节水量可达到 3.01 亿 m³，模拟结果表明，通过田间节水措施的实施，流域资源节水潜力较大。

表 4-15　田间节水措施的技术、经济、社会、生态合理性评价

［单位：t／(km²·a)］

| 措施 | 方案 | 流域风蚀模数 | 变化量 | 技术 | 经济 | 社会 | 生态 |
|---|---|---|---|---|---|---|---|
| 田间薄膜和秸秆覆盖农艺节水 | 方案 1 | 1.214 | −0.003 | 可行 | 合理 | 接受 | 良好 |
| | 方案 2 | 1.212 | −0.005 | 可行 | 合理 | 接受 | 良好 |
| | 方案 3 | 1.211 | −0.006 | 可行 | 合理 | 不接受 | 良好 |
| | 方案 4 | 1.209 | −0.008 | 可行 | 合理 | 较难接受 | 良好 |
| | 方案 5 | 1.207 | −0.010 | 可行 | 合理 | 不接受 | 良好 |

| 措施 | 方案 | 流域风蚀模数 | 变化量 | 技术 | 经济 | 社会 | 生态 |
|---|---|---|---|---|---|---|---|
| 田间畦灌和喷微灌工程节水 | 方案1 | 1.218 | 0.001 | 可行 | 合理 | 接受 | 良好 |
| | 方案2 | 1.220 | 0.003 | 可行 | 合理 | 接受 | 良好 |
| | 方案3 | 1.222 | 0.005 | 可行 | 合理 | 接受 | 良好 |
| | 方案4 | 1.223 | 0.007 | 可行 | 合理 | 接受 | 良好 |
| | 方案5 | 1.225 | 0.008 | 可行 | 合理 | 较难接受 | 良好 |
| | 方案6 | 1.227 | 0.010 | 可行 | 合理 | 较难接受 | 良好 |
| | 方案7 | 1.227 | 0.011 | 可行 | 合理 | 较难接受 | 良好 |

如果小麦调亏灌溉面积比例推广20%，小麦秸秆覆盖玉米提高到80%，棉花地膜覆盖40%，油菜、大豆、高粱、谷子、花生等作物采用沟畦灌溉，蔬菜瓜类喷微灌60%，果树50%，则这种情景下流域田间资源节水潜力为6.12亿 $m^3$。

### 4.3.4.3　灌区节水潜力

**（1）灌区节水措施分析**

灌区尺度上主要的节水措施包括灌区渠系水输水效率的提高和种植结构的调整。通过渠道衬砌减少了输水途中的渗漏，提高了渠系水输水效率，节约了维修费用等。通过优化渠系结构和提高渠系管理水平也可以减少引用水量。根据《山东省大型灌区续建配套与节水改造"十一五"规划》，引黄灌区主要大中型灌区水利用系数见表4-16。当地地表水的渠系水利用系数大约为0.85，井灌水渠系水利用系数大约为0.93。可以看出，未来流域灌溉用水的渠系水利用系数仍有提高的潜力。

**表4-16　引黄灌区主要大中型灌区水利用系数**

| 灌区名称 | 灌区代码 | 田间水利用系数 | 渠系水利用系数 | 灌溉水利用系数 |
|---|---|---|---|---|
| 彭楼灌区 | 1 | 0.94 | 0.55 | 0.52 |
| 陶城铺灌区 | 2 | 0.90 | 0.63 | 0.57 |
| 位山灌区 | 3 | 0.94 | 0.53 | 0.50 |
| 潘庄灌区 | 4 | 0.84 | 0.67 | 0.56 |
| 郭口灌区 | 5 | 0.90 | 0.70 | 0.63 |
| 李家岸灌区 | 6 | 0.88 | 0.67 | 0.59 |
| 邢家渡灌区 | 7 | 0.90 | 0.51 | 0.46 |
| 葛店灌区 | 8 | 0.90 | 0.65 | 0.59 |
| 簸箕李灌区 | 9 | 0.81 | 0.64 | 0.52 |
| 白龙湾灌区 | 10 | 0.99 | 0.65 | 0.64 |
| 小开河灌区 | 11 | 0.85 | 0.65 | 0.55 |

续表

| 灌区名称 | 灌区代码 | 田间水利用系数 | 渠系水利用系数 | 灌溉水利用系数 |
|---|---|---|---|---|
| 韩墩灌区 | 12 | 0.97 | 0.51 | 0.50 |
| 宫家灌区 | 13 | 0.90 | 0.65 | 0.59 |
| 王庄灌区 | 14 | 0.73 | 0.70 | 0.51 |
| 渠村灌区 | 15 | 0.90 | 0.65 | 0.59 |
| 南小堤灌区 | 16 | 0.90 | 0.65 | 0.59 |
| 韩刘灌区 | 17 | 0.90 | 0.65 | 0.59 |
| 其他灌区 | 18 | 0.90 | 0.65 | 0.59 |

种植结构调整是目前我国缺水地区节水的有效措施，通过减少低效益高耗水的作物种植面积，增加高效益低耗水的作物面积减少区域灌溉用水量。根据山东省相关规划和引黄灌区主要地市节水型社会建设规划，调整农业种植结构，需要将经济作物的面积进一步扩大、粮食作物的面积维持稳定、饲草种植的面积进一步增加、单方农业用水的经济产出进一步提高。将之前的套种更换为复种，如减少小麦、玉米的种植面积，减少的耕地上进行复种，夏季粮食生产更换为秋季粮食，以此减少冬季的灌水量。现状引黄灌区各地市主要作物播种面积见表 4-17。

**表 4-17 现状引黄灌区各地市主要作物播种面积** （单位：万亩）

| 地区 | 小麦 | 油菜 | 大豆 | 玉米 | 棉花 | 高粱 | 谷子 | 花生 | 蔬菜 | 瓜类 | 果树 | 水稻 | 合计 |
|---|---|---|---|---|---|---|---|---|---|---|---|---|---|
| 东营市 | 29.4 | 1.1 | 5.7 | 17.7 | 51.4 | 0.5 | 0.2 | 1.7 | 29.3 | 4.6 | 5.7 | 7.0 | 154.3 |
| 滨州市 | 234.8 | 0 | 13.2 | 220.1 | 142.3 | 1.8 | 1.7 | 5.1 | 64.6 | 13.0 | 63.8 | 1.4 | 761.8 |
| 济南市 | 86.0 | 5.0 | 3.9 | 75.1 | 25.5 | 0.2 | 0 | 5.6 | 83.3 | 11.8 | 8.5 | 12.0 | 316.9 |
| 德州市 | 429.9 | 1.8 | 15.3 | 416.5 | 218.0 | 3.1 | 57.6 | 11.4 | 169.0 | 48.5 | 93.1 | 0 | 1464.2 |
| 聊城市 | 438.5 | 2.6 | 19.6 | 421.5 | 91.7 | 1.5 | 4.9 | 53.1 | 218.0 | 43.7 | 49.3 | 0 | 1344.4 |
| 邯郸市 | 19.2 | 0 | 0.6 | 18.6 | 1.8 | 0 | 0.7 | 7.2 | 10.8 | 0.2 | 0 | 0 | 59.1 |
| 濮阳市 | 58.8 | 0.5 | 3.7 | 54.5 | 14.2 | 0.1 | 0.8 | 32.7 | 56.8 | 5.8 | 9.9 | 1 | 238.8 |
| 安阳市 | 0.5 | 0 | 0 | 0.5 | 0.1 | 0 | 0 | 0.3 | 0.5 | 0.1 | 0.1 | 0 | 2.1 |
| 全流域 | 1297.1 | 11.0 | 62.0 | 1224.5 | 545.0 | 7.2 | 65.9 | 117.1 | 632.3 | 127.7 | 230.4 | 21.4 | 4341.6 |

从表 4-17 中可以看出，引黄灌区粮食作物比重为 64%，其他作物为 36%。根据引黄灌区（滨州惠民灌区）主要农作物多年平均毛灌溉定额（图 4-9），冬小麦在粮食作物的种植比例和耗水量是引黄灌区最大的，因此在水资源日益紧张的情况下，冬小麦的种植面积应该做适当调整，但考虑到国家和区域粮食安全等因素的制约，大范围减少小麦种植面积的可能性并不大。

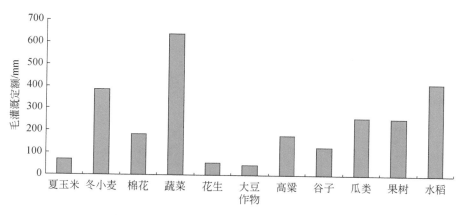

图 4-9  引黄灌区主要作物多年平均毛灌溉定额

### （2）灌区措施节水潜力

从灌区尺度看，引黄灌区在田间节水的基础上，还可以进一步通过提高渠系水输水效率和调整种植结构来减少农业耗用水量。模拟分析分别设定了地表水灌溉渠系水利用系数提高 0.03、0.06、0.09 和 0.12，并且减少部分小麦、夏玉米和水稻种植面积，调整成与流域雨季相适应的、需要灌溉水量较少的作物。具体节水方案设置见表 4-18。

表 4-18  灌区尺度农业节水措施方案

| 节水措施 | 方案代码 | 节水方案 |
|---|---|---|
| 调整种植结构 | 方案 1 | 小麦面积减少 5%，水稻减少 50%，调整成春玉米和其他粮食与经济作物 |
| | 方案 2 | 小麦面积减少 10%，水稻减少 50%，调整成春玉米和其他粮食与经济作物 |
| | 方案 3 | 小麦面积减少 15%，水稻减少 50%，调整成春玉米和其他粮食与经济作物 |
| | 方案 4 | 小麦面积减少 5%，水稻减少 80%，调整成春玉米和其他粮食与经济作物 |
| | 方案 5 | 小麦面积减少 10%，水稻减少 80%，调整成春玉米和其他粮食与经济作物 |
| | 方案 6 | 小麦面积减少 15%，水稻减少 80%，调整成春玉米和其他粮食与经济作物 |
| 提高渠系输水效率 | 方案 1 | 渠系水利用系数提高 0.03 |
| | 方案 2 | 渠系水利用系数提高 0.06 |
| | 方案 3 | 渠系水利用系数提高 0.09 |
| | 方案 4 | 渠系水利用系数提高 0.12 |

种植结构调整后流域主要作物耗水量和资源节水量见表 4-19。可以看出，种植结构调整的节水效果非常突出，小麦面积减少 10%，水稻减少 50%，调整成春玉米和其他粮食与经济作物的情景下，流域作物耗水量比现状减少 3.48 亿 m³。

表 4-19　流域种植结构调整耗水与节水量　　　　（单位：亿 m³）

| 方案代码 | 小麦 | 油菜 | 大豆 | 玉米 | 棉花 | 高粱 | 谷子 | 花生 | 蔬菜 | 瓜类 | 果树 | 水稻 | 总耗水量 | 资源节水量 |
|---|---|---|---|---|---|---|---|---|---|---|---|---|---|---|
| 现状 | 41.16 | 0.34 | 1.61 | 32.57 | 23.59 | 0.25 | 2.29 | 3.05 | 24.74 | 4.34 | 9.52 | 0.98 | 144.44 | — |
| 方案 1 | 38.71 | 0.34 | 1.61 | 30.85 | 24.15 | 1.10 | 3.17 | 3.42 | 24.74 | 4.34 | 9.52 | 0.50 | 142.45 | 1.99 |
| 方案 2 | 36.66 | 0.34 | 1.61 | 29.15 | 24.74 | 1.10 | 4.47 | 3.79 | 24.74 | 4.34 | 9.52 | 0.50 | 140.96 | 3.48 |
| 方案 3 | 34.63 | 0.34 | 1.60 | 27.44 | 25.31 | 1.55 | 5.34 | 4.16 | 24.74 | 4.34 | 9.52 | 0.50 | 139.47 | 4.97 |
| 方案 4 | 38.44 | 0.34 | 1.61 | 30.82 | 24.14 | 1.35 | 3.42 | 3.42 | 24.74 | 4.34 | 9.52 | 0.50 | 142.09 | 2.35 |
| 方案 5 | 36.41 | 0.34 | 1.61 | 29.15 | 24.73 | 1.34 | 4.47 | 3.79 | 24.74 | 4.34 | 9.52 | 0.20 | 140.64 | 3.80 |
| 方案 6 | 34.36 | 0.34 | 1.60 | 27.42 | 25.29 | 1.80 | 5.34 | 4.16 | 24.74 | 4.34 | 9.52 | 0.20 | 139.11 | 5.33 |

渠道衬砌等提高输水效率的措施，一方面可以直接减少渠系耗水量；另一方面由于灌溉干、支、斗、农、毛渠密布于灌区系统内部，灌溉引水的减少也将间接影响渠系所在的农田和自然系统耗水量。因此，渠系水输水效率设施提高来自渠系设施自身耗水率的降低与从渠系取水后对水资源利用率的提高。不同渠系水利用方案的流域耗水变化见表 4-20，不同渠系水利用系数变化、灌溉节水量与耗水节水量的相关关系如图 4-10 和图 4-11 所示。

表 4-20　不同渠系水利用方案的流域耗水量　　　　（单位：亿 m³）

| 方案 | 灌溉引水量 | 耗水量 | | | | | | | | | | 灌溉节水量 | 资源节水量 |
|---|---|---|---|---|---|---|---|---|---|---|---|---|---|
| | | 引水系统 | 湖泊湿地 | 居工地 | 生活工业 | 河道 | 未利用地 | 林地 | 草地 | 农田 | 合计 | | |
| 现状 | 59.75 | 5.65 | 4.36 | 19.45 | 5.03 | 6.33 | 12.02 | 0.95 | 9.23 | 144.45 | 207.47 | — | — |
| 方案 1 | 57.60 | 5.54 | 4.36 | 19.45 | 5.03 | 6.33 | 11.98 | 0.94 | 9.19 | 144.34 | 207.16 | 2.15 | 0.31 |
| 方案 2 | 55.44 | 5.40 | 4.36 | 19.45 | 5.03 | 6.33 | 11.96 | 0.93 | 9.15 | 144.25 | 206.86 | 4.31 | 0.61 |
| 方案 3 | 53.28 | 5.32 | 4.36 | 19.45 | 5.03 | 6.33 | 11.95 | 0.93 | 9.12 | 144.13 | 206.62 | 6.47 | 0.85 |
| 方案 4 | 51.13 | 5.23 | 4.36 | 19.45 | 5.03 | 6.33 | 11.91 | 0.92 | 9.09 | 144.06 | 206.38 | 8.62 | 1.09 |

从技术、经济、社会和生态四个角度评价灌区尺度措施的合理性，见表 4-21。第一，单纯从技术和采取措施对生态影响的角度来看，大幅度提高渠系输水效率和大幅度调整种植结构的措施都可行。但是大幅度减少高耗水的小麦面积为春玉米和其他作物会严重影响粮食产量，影响农民的经济收入和国家的粮食安全，因此大幅度减少小麦面积不可行。第二，该区域现状水稻种植面积很小，仅有 21.5 万亩，是局部地区特色品种。第三，根据我国从 1996 年就开始实施的大型灌区续建配套与节水改造成果来看，几个典型大型灌区灌溉水利用效率变化情况见表 4-22，大幅度提高渠系水输水效率从经济上和实施可能性上都存在困难。现状该区域渠系水利用系数约为 0.65，根据制定的提高

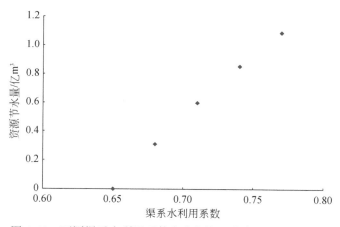

图 4-10 不同渠系水利用系数变化与资源节水量的相关关系

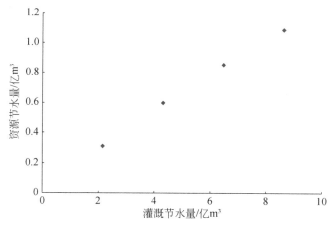

图 4-11 灌溉节水量与资源节水量的相关关系

渠系水输水效率的四个方案，将渠系水利用系数提高到 0.77 实施起来比较困难。因此可能的灌区尺度措施实施力度是将渠系水利用系数提高到 0.74，小麦面积减少 10%，水稻减少 50%。

表 4-21 灌区节水的技术、经济、社会、生态合理性评价

| 措施 | 方案 | 技术 | 经济 | 社会 | 生态 |
|------|------|------|------|------|------|
| 提高渠系输水效率 | 方案 1 | 可行 | 合理 | 接受 | 良好 |
| | 方案 2 | 可行 | 合理 | 接受 | 良好 |
| | 方案 3 | 可行 | 合理 | 接受 | 良好 |
| | 方案 4 | 可行 | 大幅提高渠系水利用系数，经济上不太合理 | 接受 | 良好 |

| 措施 | 方案 | 技术 | 经济 | 社会 | 生态 |
|---|---|---|---|---|---|
| 调整种植结构 | 方案1 | 可行 | 合理 | 接受 | 良好 |
| | 方案2 | 可行 | 不太合理 | 较难接受 | 良好 |
| | 方案3 | 可行 | 不合理 | 不接受 | 良好 |
| | 方案4 | 可行 | 合理 | 接受 | 良好 |
| | 方案5 | 可行 | 不太合理 | 较难接受 | 良好 |
| | 方案6 | 可行 | 不合理 | 不接受 | 良好 |

表4-22　大型灌区续建配套与节水改造前后灌溉用水有效利用变化

| 灌区名称 | 1998年系数 | 2007年系数 | 系数增加量 | 增加幅度/% |
|---|---|---|---|---|
| 都江堰灌区 | 0.380 | 0.400 | 0.020 | 5.26 |
| 河套灌区 | 0.300 | 0.356 | 0.056 | 18.67 |
| 青铜峡灌区 | 0.360 | 0.383 | 0.023 | 6.39 |
| 淠史杭灌区 | 0.450 | 0.480 | 0.030 | 6.67 |
| 韩董庄灌区 | 0.340 | 0.411 | 0.071 | 20.88 |
| 交口抽渭灌区 | 0.490 | 0.529 | 0.039 | 7.96 |

从灌区尺度评价流域节水潜力，对采取作物生理节水措施、田间节水措施和灌区节水措施的节水能力进行综合，如果小麦的调亏灌溉面积比例推广20%，小麦秸秆覆盖玉米提高到80%，棉花地膜覆盖40%，油菜、大豆、高粱、谷子、花生等作物采用沟畦灌溉，蔬菜瓜类喷微灌60%，果树50%，渠系水利用系数由现状的0.65提高到0.74，小麦面积减少10%，水稻减少50%，则这种情景下流域田间资源节水潜力可达到10.45亿 $m^3$。

### 4.3.4.4　流域节水潜力

**(1) 流域节水分析**

流域节水潜力主要体现在三个方面：一是从农业与作物的关注点出发，结合作物、田间以及灌区的三个尺度来考虑，由于采取作物节水、田间节水以及灌区节水措施后，作物的耗水量有所减少，与此同时灌区的内部或者周边生态环境耗水量必然受到影响；二是考虑到各个灌区之间水资源是循环使用的，如果从某一个灌区来看，实施节水措施后耗水量得到了减少，但这一灌区的耗水量会影响到其他灌区的水资源，这就使得只能从流域/区域这一大尺度来评价分析节水潜力，以此来避免灌区之间水的循环利用迫使局部区域的节水潜力大于整个流域；三是在使用多个节水措施后，各个措施之间相互影响，难以评判分析，因而从全流域角度评价节水效果更加贴近实际，可减少误差。为了定量评价引黄灌区不同措施方案的流域节水潜力，在前面作物节水、田间节水和灌区节水措施分析的基础上，构建流域/区域节水方案集，进行每个方案的流域水资源利用与消耗及其伴生的经济、社会、生态与环境模拟分析，评估流域农业节水潜力。引黄灌区农业节水潜力方案见表4-23。

**表 4-23　引黄灌区农业节水潜力方案**

| 措施 | 方案 | 方案一 | 方案二 | 方案三 | 方案四 | 方案五 |
|---|---|---|---|---|---|---|
| 作物节水 | 20% 小麦调亏灌溉 | √ | √ | | | |
| | 40% 小麦调亏灌溉 | | | √ | | |
| | 60% 小麦调亏灌溉 | | | | √ | |
| | 80% 小麦调亏灌溉 | | | | | √ |
| | 100% 小麦调亏灌溉 | | | | | |
| 田间薄膜和秸秆覆盖农艺节水 | 小麦秸秆覆盖玉米提高到 80%＋棉花地膜覆盖 40% | √ | | | | |
| | 小麦秸秆覆盖玉米提高到 80%＋棉花地膜覆盖 60% | | √ | | | |
| | 小麦秸秆覆盖玉米提高到 80%＋棉花地膜覆盖 80% | | | √ | | |
| | 小麦秸秆覆盖玉米提高到 100%＋棉花地膜覆盖 60% | | | | √ | |
| | 小麦秸秆覆盖玉米提高到 100%＋棉花地膜覆盖 80% | | | | | √ |
| 田间畦灌和喷微灌工程节水 | 油菜、大豆、高粱、谷子、花生等作物采用沟畦灌溉 | √ | √ | √ | √ | √ |
| | 蔬菜瓜类喷微灌 40%，果树 30% | √ | | | | |
| | 蔬菜瓜类喷微灌 40%，果树 50% | | | √ | | |
| | 蔬菜瓜类喷微灌 60%，果树 50% | | | √ | | |
| | 蔬菜瓜类喷微灌 60%，果树 70% | | | | √ | |
| | 蔬菜瓜类喷微灌 80%，果树 50% | | | | | √ |
| | 蔬菜瓜类喷微灌 80%，果树 70% | | | | | |
| 提高渠系输水效率 | 渠系水利用系数提高 0.03 | √ | | | | |
| | 渠系水利用系数提高 0.06 | | | √ | | |
| | 渠系水利用系数提高 0.09 | | √ | | √ | |
| | 渠系水利用系数提高 0.12 | | | | | √ |
| 调整种植结构 | 小麦面积减少 5%，水稻减少 50%，调整成春玉米和其他粮食与经济作物 | √ | √ | | | |
| | 小麦面积减少 10%，水稻减少 50%，调整成春玉米和其他粮食与经济作物 | | | √ | | |
| | 小麦面积减少 15%，水稻减少 50%，调整成春玉米和其他粮食与经济作物 | | | | | |
| | 小麦面积减少 5%，水稻减少 80%，调整成春玉米和其他粮食与经济作物 | | | | | |
| | 小麦面积减少 10%，水稻减少 80%，调整成春玉米和其他粮食与经济作物 | | | | √ | |
| | 小麦面积减少 15%，水稻减少 80%，调整成春玉米和其他粮食与经济作物 | | | | | √ |

**（2）流域节水潜力**

根据构建的五个流域农业节水综合方案集，采用开发的 WACM，进行流域水资源利用与消耗及其伴生过程综合模拟分析，流域不同作物耗水量和不同土地利用耗水量见表 4-24 和表 4-25。不同方案下小麦、玉米、棉花和蔬菜的耗水量占到农田总耗水量的 85% 以上，农田耗水量占到流域总耗水量的 69% 左右。

表 4-24　流域不同作物耗水量　　　（单位：亿 m³）

| 方案 | 小麦 | 油菜 | 大豆 | 玉米 | 棉花 | 高粱 | 谷子 | 花生 | 蔬菜 | 瓜类 | 果树 | 水稻 | 合计 |
|---|---|---|---|---|---|---|---|---|---|---|---|---|---|
| 现状 | 41.16 | 0.34 | 1.61 | 32.57 | 23.59 | 0.25 | 2.29 | 3.05 | 24.74 | 4.34 | 9.52 | 0.98 | 144.44 |
| 方案一 | 37.56 | 0.33 | 1.58 | 30.51 | 23.61 | 1.26 | 3.04 | 3.29 | 23.37 | 4.17 | 9.28 | 0.49 | 138.49 |
| 方案二 | 37.50 | 0.33 | 1.55 | 30.02 | 24.07 | 1.27 | 3.04 | 3.22 | 22.63 | 3.97 | 9.15 | 0.49 | 137.24 |
| 方案三 | 34.99 | 0.33 | 1.54 | 28.67 | 22.97 | 1.67 | 4.25 | 3.65 | 23.31 | 4.19 | 9.16 | 0.49 | 135.22 |
| 方案四 | 33.58 | 0.33 | 1.55 | 27.72 | 23.57 | 1.67 | 4.44 | 3.67 | 22.59 | 3.98 | 9.04 | 0.20 | 132.34 |
| 方案五 | 29.45 | 0.33 | 1.55 | 26.76 | 23.83 | 2.29 | 5.24 | 3.97 | 22.07 | 3.82 | 9.03 | 0.20 | 128.54 |

表 4-25　流域不同土地利用耗水量　　　（单位：亿 m³）

| 方案 | 引水系统 | 湖泊湿地 | 居工地 | 生活工业 | 河道 | 未利用地 | 林地 | 草地 | 农田 | 合计 |
|---|---|---|---|---|---|---|---|---|---|---|
| 方案一 | 5.25 | 4.33 | 19.46 | 5.03 | 6.30 | 11.91 | 1.0 | 9.2 | 138.5 | 200.98 |
| 方案二 | 5.13 | 4.32 | 19.46 | 5.03 | 6.32 | 11.90 | 1.0 | 9.2 | 137.3 | 199.66 |
| 方案三 | 5.02 | 4.32 | 19.45 | 5.03 | 6.28 | 11.86 | 1.0 | 9.2 | 135.2 | 197.36 |
| 方案四 | 4.89 | 4.31 | 19.46 | 5.03 | 6.32 | 11.77 | 1.0 | 9.2 | 132.3 | 194.28 |
| 方案五 | 4.68 | 4.28 | 19.45 | 5.03 | 6.31 | 11.74 | 1.0 | 9.2 | 128.5 | 190.19 |

**（3）方案比较和推荐**

通过对比分析流域灌溉水资源的利用消耗情况与现状情况，可以得到不同方案流域尺度农业灌溉节水量和资源节水量，见表 4-26。由于考虑了农业灌溉用水的变化对周边自然生态环境的影响，流域资源节水量要大于仅考虑农田作物耗水和渠系耗水的农业耗水节水量，两者之间的关系如图 4-12 所示。

表 4-26　不同方案节水量　　　（单位：亿 m³）

| 方案 | 灌溉用水与节水 | | 水资源消耗 | | | 资源节水 | |
|---|---|---|---|---|---|---|---|
| | 用水量 | 节水量 | 流域总耗水量 | 农业耗水量 | 自然系统耗水量 | 流域 | 农业 |
| 现状 | 68.32 | — | 207.43 | 150.11 | 32.84 | — | — |
| 方案一 | 59.27 | 9.05 | 200.94 | 143.75 | 32.70 | 6.49 | 6.36 |
| 方案二 | 55.32 | 13.00 | 199.88 | 142.39 | 33.00 | 7.55 | 7.72 |
| 方案三 | 52.91 | 15.41 | 197.30 | 140.24 | 32.58 | 10.13 | 9.87 |
| 方案四 | 49.82 | 18.50 | 194.26 | 137.22 | 32.56 | 13.17 | 12.89 |
| 方案五 | 44.10 | 24.22 | 190.15 | 133.21 | 32.46 | 17.28 | 16.90 |

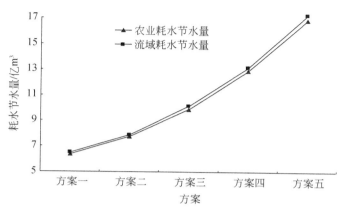

图 4-12　不同方案下的农业耗水量与流域耗水量

引黄灌区不同方案下的农业灌溉节水潜力和资源节水潜力关系如图 4-13 所示，方案一下灌溉节水潜力为 9.05 亿 $m^3$，农业资源节水潜力为 6.36 亿 $m^3$，流域资源节水潜力 6.49 亿 $m^3$；方案二下灌溉节水潜力为 13.00 亿 $m^3$，农业资源节水潜力为 7.72 亿 $m^3$，流域资源节水潜力为 7.55 亿 $m^3$；方案三下灌溉节水潜力为 15.41 亿 $m^3$，农业资源节水潜力为 9.87 亿 $m^3$，流域资源节水潜力为 10.13 亿 $m^3$；方案四下灌溉节水潜力为 18.50 亿 $m^3$，农业资源节水潜力为 12.89 亿 $m^3$，流域资源节水潜力为 13.17 亿 $m^3$；方案五下灌溉节水潜力为 24.22 亿 $m^3$，农业资源节水潜力为 16.90 亿 $m^3$，流域资源节水潜力为 17.28 亿 $m^3$。

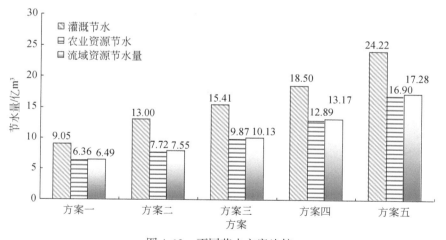

图 4-13　不同节水方案比较

从技术、经济、社会和生态四个方面综合评价各个方案的可行性，见表 4-27。方案一和方案二在技术、经济、社会和生态四个方面基本上都可行，方案三小麦调亏灌溉达到 40% 实施起来较困难，棉花地膜覆盖 80% 社会的接受程度也较难，方案四不仅需要考虑技术和社会认可问题，对比现状流域的土壤风蚀模数也有所增加，方案五不仅存在技术、社会以及生态问题，想要大幅提高渠系水利用系数，经济上不合理。综上所述，方案二被认定为最具潜力的方案，流域农业节水潜力为 7.72 亿 $m^3$，流域资源节水潜力为 7.55 亿 $m^3$。

表4-27　引黄灌区农业节水综合方案合理性评价

| 方案 | 技术 | 经济 | 社会 | 生态 |
|---|---|---|---|---|
| 方案一 | 可行 | 合理 | 接受 | 良好 |
| 方案二 | 可行 | 合理 | 接受 | 良好 |
| 方案三 | 小麦调亏灌溉达到40%较难 | 合理 | 棉花地膜覆盖80%社会较难接受 | 良好 |
| 方案四 | 小麦调亏灌溉实施60%不太可行 | 合理 | 玉米100%秸秆覆盖、果树70%喷微灌较难接受 | 良好，但对流域土壤风蚀模数稍有影响 |
| 方案五 | 小麦调亏灌溉实施80%不可行 | 大幅提高渠系水利用系数，经济上不太合理 | 玉米覆盖100%、棉花地膜覆盖80%社会难接受 | 良好，但对流域土壤风蚀模数稍有影响 |

**（4）推荐方案下不同尺度的农业节水潜力**

一个流域尺度的节水潜力可以体现各中小尺度的节水潜力，如图4-14所示，作物灌溉节水潜力为3.5亿 $m^3$，资源节水潜力为2.3亿 $m^3$；田间灌溉节水潜力为4.7亿 $m^3$，资源节水潜力为4.4亿 $m^3$，灌区灌溉节水潜力为7.37亿 $m^3$，资源节水潜力为3.76亿 $m^3$；流域灌溉节水潜力为13.00亿 $m^3$，流域资源节水潜力为7.55亿 $m^3$。结合不同尺度来分析灌溉节水与资源节水，发现资源节水与灌溉节水潜力已经十分接近，通过实施夏玉米覆盖、高粱、油菜、大豆等作物畦灌等节水措施对节水潜力的挖掘空间已有限，但作物、田间的资源与灌溉的节水潜力仍有进一步探索的空间，表明在保证生态环境不破坏、粮食安全的前提下，着力调整种植结构、实施作物生理节水措施十分有必要。

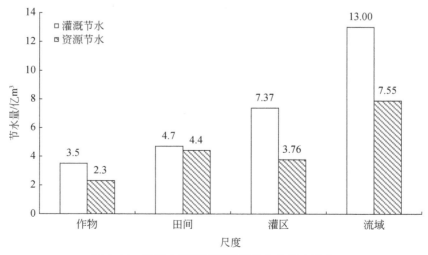

图4-14　推荐方案下不同尺度的农业节水潜力

**（5）推荐方案下的水循环变化**

采取不同尺度的节水措施后必然会影响区域水循环和水均衡，区域的用水量和耗水量也会相应发生变化，表4-28是采用推荐方案二下的流域不同土地利用水均衡分析表。区域引黄水量39.20亿 m³，降水量176.35亿 m³，蒸发量194.89亿 m³，生活工业耗水量5.03亿 m³，入海量15.63亿 m³。与未采用节水前的水循环变化比较，蒸发量降低12.5亿 m³，入海量增加5.8亿 m³。

表 4-28　方案二流域不同土地利用水均衡分析　　　（单位：亿 m³）

| 平衡项目 | 进项 | 数量 | 出项 | 数量 | 均衡分析 |
|---|---|---|---|---|---|
| 引水渠道 | 降水量 | 3.49 | 蒸发量 | 5.13 | |
| | 引黄水量 | 39.20 | 渗漏量 | 4.65 | |
| | | | 进入田间量 | 30.32 | |
| | | | 补给湖泊湿地量 | 2.58 | |
| | 总计 | 42.69 | 总计 | 42.68 | 0.01 |
| 农田 | 降水量 | 112.59 | 蒸发量 | 137.26 | |
| | 渠道引黄供水量 | 30.32 | 入渗量 | 17.19 | |
| | 当地地表水量 | 2.56 | 地表径流量 | 11.99 | |
| | 开采地下水量 | 2.30 | | | |
| | 潜水补给量 | 18.67 | | | |
| | 总计 | 166.44 | 总计 | 166.44 | 0.00 |
| 未利用地 | 降水量 | 17.18 | 蒸发量 | 11.90 | |
| | 潜水补给量 | 2.06 | 入渗量 | 3.98 | |
| | | | 径流量 | 3.36 | |
| | 总计 | 19.24 | 总计 | 19.24 | 0.00 |
| 林地 | 降水量 | 0.90 | 蒸发量 | 0.96 | |
| | 潜水补给量 | 0.25 | 入渗量 | 0.07 | |
| | | | 地表径流量 | 0.12 | |
| | 总计 | 1.15 | 总计 | 1.15 | 0.00 |
| 草地 | 降水量 | 11.84 | 蒸发量 | 9.18 | |
| | 潜水补给量 | 1.55 | 入渗量 | 1.96 | |
| | | | 地表径流量 | 2.26 | |
| | 总计 | 13.39 | 总计 | 13.40 | -0.01 |
| 城镇居工地 | 降水量 | 26.45 | 蒸发量 | 19.46 | |
| | | | 地表径流量 | 4.60 | |
| | | | 入渗地下水量 | 2.39 | |

| 平衡项目 | 进项 | 数量 | 出项 | 数量 | 均衡分析 |
|---|---|---|---|---|---|
| 城镇居工地 | 生活工业用水量 | 10.16 | 生活工业耗水量 | 5.03 | |
| | | | 生活工业污水排放量 | 5.13 | |
| | 总计 | 36.61 | 总计 | 36.61 | 0.00 |
| 湖泊湿地 | 降水量 | 2.64 | 蒸发量 | 4.36 | |
| | 人工补给量 | 2.58 | 入渗量 | 0.86 | |
| | 地下水补给量 | | | | |
| | 总计 | 5.22 | 总计 | 5.22 | 0.00 |
| 河道 | 降水量 | 1.26 | 蒸发量 | 6.64 | |
| | 透水地表排水量 | 17.73 | 渗漏量 | 6.02 | |
| | 不透水面积量 | 4.60 | 取用量 | 2.56 | |
| | 地下排泄补给量 | 2.14 | 入海量 | 15.63 | |
| | 污水量 | 5.13 | | | |
| | 总计 | 30.86 | 总计 | 30.86 | 0.01 |
| 地下水均衡 | 渠道入渗量 | 4.65 | 补给农田 | 18.67 | |
| | 农田入渗量 | 17.19 | 补给未利用地 | 2.06 | |
| | 未利用地入渗量 | 3.98 | 补给林地 | 0.25 | |
| | 林地入渗量 | 0.07 | 补给草地 | 1.55 | |
| | 草地入渗量 | 1.96 | 农业灌溉开采 | 2.30 | |
| | 城镇居工地入渗量 | 2.39 | 生活工业开采量 | 10.16 | |
| | 湖泊湿地入渗量 | 0.86 | 排泄到河道 | 2.14 | |
| | 河道入渗量 | 6.02 | | | |
| | 总计 | 37.12 | 总计 | 37.13 | −0.01 |
| 区域水均衡 | 引黄水量 | 39.20 | 蒸发量 | 194.89 | |
| | 降水量 | 176.35 | 生活工业耗水量 | 5.03 | |
| | | | 入海量 | 15.63 | |
| | 总计 | 215.55 | | 215.55 | 0.00 |

## 4.3.4.5 引黄灌区农业节水策略

从目前作物、田间、灌区和流域不同尺度的节水措施在徒骇马颊河流域的节水潜力来看，不同尺度节水措施的节水效果不同，因此在今后的推广中，可以有的放矢地进行。根据当前徒骇马颊河流域的计算结果，对该流域的农业节水提出如下策略。

**（1）作物节水方面**

每一种作物都有特定的需水关键期，根据作物在不同生育时期对水分的需求不同，对作物施行灌关键水的调亏灌溉技术能够起到良好的资源和灌溉节水的作用，目前小麦灌关键水的试验较多，在大量减少耗水的同时，不会对作物产量有负面作用，但该技术推广的面积不大。目前徒骇马颊河流域小麦灌溉虽然是非充分灌溉，但耗用灌溉水量依然较大，加上小麦种植面积占徒骇马颊河流域作物播种面积的比例较大，因此作物节水在徒骇马颊河流域还是有很大潜力的。随着调亏灌溉技术越来越成熟和社会认可程度越来越高，调亏灌溉实施的比例会越来越高，作物节水的潜力会越来越大，同时随着作物抗旱品种的开发推广，作物节水的潜力也会继续被开发出来。

**（2）田间节水方面**

目前徒骇马颊河流域推荐施行的田间节水措施主要是冬小麦秸秆覆盖夏玉米、棉花膜下灌、设施蔬菜喷微灌、大田作物畦灌。目前海河流域冬小麦秸秆覆盖夏玉米的面积比例较大，达到了 60% 以上，因此该技术继续推广的节水潜力已经不大；棉花膜下灌由于塑料薄膜的投入较大，而且废弃的塑料薄膜会对环境和生态造成较大危害，推广的面积不宜过大；设施蔬菜和部分大田作物由于喷微灌设备的费用较高，同样存在推广面积不易过大的问题，今后田间节水的重点应该放在农艺节水措施方面。

**（3）灌区节水方面**

灌区节水包括两方面的内容，一是通过干支渠的衬砌节水，二是通过灌区的种植结构调整节水。采用这两项措施可以节约大量的灌溉水，但对资源节水来说作用不像灌溉节水那么明显。种植结构调整是一个非常复杂的问题，受许多因素的制约，根据徒骇马颊河流域各地水资源的差异以及土壤、气候、经济发展等特点，对流域现状的种植结构进行调整，应大幅度压缩水田种植面积，在保证粮食安全的前提下，适当减少小麦的种植面积，改冬小麦+夏玉米一年两作为春玉米一年单作，在基本不影响经济效益的情况下，大量减少灌溉耗用水。

**（4）流域/区域节水方面**

流域/区域节水是将不同尺度的节水措施进行排列组合，选择最优的节水方案下的节水能力，流域/区域节水不仅要考虑农业的节水潜力，同时需要考虑由农业节水引起的周围自然生态系统的耗水作用。不同方案实施的技术、社会、经济和生态可行与否是决定这些方案合理与否的关键。随着技术和社会认可程度的改善和提高，判断的标准也会发生改变，节水潜力也会相应地发生变化。

# 4.4　旱涝急转情景下引黄灌区的保障应对方案

## 4.4.1　旱涝急转的含义及特性

"旱涝急转"有两层含义，从客观定义来讲，是指在某一地区或某一流域前期较长时间里持续干旱现象，突然发生一场暴雨以上的强降水或雨量较大的连阴雨致使山洪暴发、河水陡涨，河水入侵、内水难以及时外排，使地区或流域迅速转旱为涝的自然现象；从主观范畴来讲，旱涝急转是指一种人类行为方式由抗旱转向排涝的变化，通常为一个区域正处于抗旱时期，一场意外的大暴雨或者强降水来临，使先前抗旱的工作中心转移到排涝方面。

旱涝急转的内部特性主要分为两个方面：一是在时间上，旱涝急转的发生具有一定的时间特性，主要出现在暴雨频发时期与作物关键需水时期的重叠期。对于引黄灌区，夏季是最容易出现旱涝急转的时间段，因为夏季是秋季作物的关键需水时期，也是暴雨频发时期，每年的 6~7 月较易出现该现象。二是在空间上，旱涝急转具有一定的弱叠加性，即一般旱灾主要发生地在整个灌区的尾部，而且地势相对较高的地方，洪涝则刚好相反，一般集中发生在洼地以及地势较低的地方。

## 4.4.2 旱涝急转事件及其规律

华北平原引黄灌区具有旱涝交织、自身抗旱排涝能力又不足的特点。一年内又涝又旱，年际连涝连旱。连涝数年后又连旱数年，或连旱数年后，又连涝数年。据 1368~2010 年统计，区域内旱涝交织连续 4~10 年的情况出现了 32 次。1835~1850 年出现重涝 3 次，中涝 8 次，重旱 5 次，中旱 9 次；这 16 年中有 9 年有旱有涝。中华人民共和国成立后也有多年又涝又旱，如 1961 年，区域内汛前连续无雨 200 余天，发生大旱，汛期又连降暴雨，出现大涝，年内受旱面积 69 万 hm²，受涝面积 115 万 hm²。在这种又涝又旱的年份极易发生旱涝急转（郑景云和郑斯中，1993；曹阳，2008；于群等，2011）。

根据引黄灌区各三级区 1949 年以来各季节干旱发生的频次，统计春旱、夏旱、秋旱和春夏连旱的发生频率，见表 4-29。由表 4-29 可知，区域内发生概率最大的是春旱，"春季十年九旱"的说法是非常确切的，初夏和晚秋发生干旱的情况也较频繁。引黄灌区处于季风盛行区，降水集中在夏季（6~8 月），夏季降水量占全年总降水量的 66%，且较易发生暴雨，故而易产生洪涝灾害。采用 1957~2010 年引黄灌区 3 个代表站的逐日降水观测资料，通过旬降水量得出旱涝急转发生频率最高的时段，并运用趋势法分析该地区近 30 年旱涝急转发生率的变化趋势。

**表 4-29　华北平原引黄灌区三级区易旱季节频率统计**　　　　　（单位：%）

| 三级区 | 春旱 | 夏旱 | 秋旱 | 春夏连旱 |
| --- | --- | --- | --- | --- |
| 聊城 | 85.7 | 14.3 | 26.2 | 11.9 |
| 德州 | 85.7 | 31.0 | 9.5 | 26.2 |
| 济南 | 81.0 | 21.4 | 26.2 | 16.7 |
| 滨州 | 85.7 | 28.6 | 50.0 | 23.8 |
| 东营 | 59.0 | 11.9 | 28.6 | 7.1 |

由降水量多年平均年内月分布（图 4-3）可以看出，引黄灌区 6~8 月的月降水量均在 60mm 以上，将年内月降水量最大的此三个月再做旬降水量的分布图，如图 4-15 所示，可以看出，引黄灌区在 6 月下旬降水量出现突增，7 月下旬达到最高值，因此可以看出区域在 6 月下旬开始较易发生旱涝急转，这与利用滑动 $t$ 检验表明的 6 月下旬在山东省全区易

出现一致性的旱转涝的突变，以及 6 月 20 日 ~ 7 月 10 日是夏季雨季开始的关键期的研究结论一致。

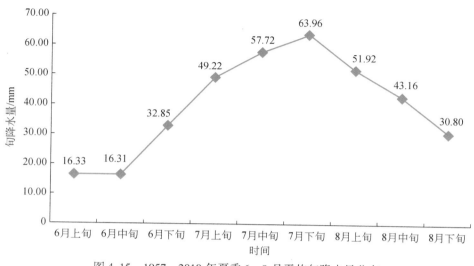

图 4-15　1957 ~ 2010 年夏季 6 ~ 8 月平均旬降水量分布

区域旱涝急转最易发生在 6 月下旬，故将此转折点之前的 80 天，即引黄灌区春季主要灌溉期 4 月上旬至 6 月中旬作为前期，将此转折点之后的 20 天，即 6 月下旬至 7 月上旬作为后期，将后期降水量与前期降水量的比值作为旱涝急转指数来分析旱涝急转的发生概率，指数越大说明区域内发生旱涝急转的概率越大，将 1980 ~ 2010 年的旱涝急转指数进行年际变化及趋势分析，如图 4-16 所示，指数较高的 1994 年、2000 年、2001 年在引黄灌区内确实发生了春旱及旱涝急转事件，通过线性回归分析可知 1980 ~ 2010 年旱涝急转的发生率有轻微增加趋势。

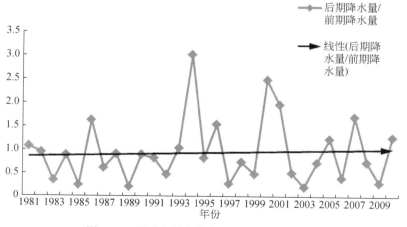

图 4-16　旱涝急转指数年际变化及趋势分析

旱涝急转的危害主要有：一是由于事件的突发性，极易造成人员伤亡，加上前期干旱事件麻痹了人们的思想，没有对洪涝的来临做好应有的防备，在发生强降水之后，田间易形成涝渍灾害，洪水大时还会造成城市洪涝或水围村庄，威胁着人们的生命安全；二是洪涝灾害会造成极大的经济损失，形成旱涝急转后，河水陡涨、农田被淹、城市积水等，带来巨大的经济损失；三是暴雨急下，在短时间内汇集到水库，增加水库防洪压力，极易产生溃坝现象，由此发生的后果伤民伤财。

随着全球气候的不断变化，类似于暴雨这样的极端天气发生概率有所增加，旱涝急转发生概率也呈现出上升趋势，鉴于此，在今后的一段时期内，旱涝灾害仍是主要的灾害。如果不采取有效的应对措施，旱涝灾害造成的后果将无法估量。应对旱涝急转这种自然灾害，旱涝兼治是解决灾害的关键所在，合理面对水资源的供需矛盾，正确布置渠系排和蓄机制，全面加强区域的防洪抗旱能力，做到洪涝能及时排出，干旱能按时灌溉。

## 4.4.3 旱涝急转事件的应对措施

### 4.4.3.1 工程措施

**（1）修建地表及地下水库，提高灌区抗旱水平**

在可能的情况下，修建和修缮蓄水工程，充分利用河湖、蓄滞洪区等分担汛期洪水压力，这些水工设施不仅可以调洪，还可以起到回灌地下水的作用；在控制地下水超采的情况下，合理的改造、新建井灌区，让丰富的地下水资源得到充分利用；与此同时，要加强目前灌区的维修力度和配套设施完善，使渠道输水效率得到进一步提高，进而使区域防洪、抗旱能力得到进一步提升。

尽快完成南水北调东线工程，通过调用长江水源，解决黄河污染严重、水源不足的问题。

**（2）加强引黄灌区排涝体系的建设**

对于灌区的小河道，要合理规划其治理的标准，配套工程要紧跟上，定期进行清淤工作，力求整改排水不畅、束水等现状问题。对引黄灌区实行摸底调查，明确排灌站的数量分布等情况以及排涝渠系的布局等，对老化失修等问题力求更新改造，对排灌站进行深入研究，保证排灌站的正常运行。同时，充分利用沿河道两岸的洼地，完善洼地的布点与增添工作，并要适当提高标准，最大程度去除空白点，最后还要紧抓跨行业、跨区域的洼地综合治理方案的实施、协调，工作落到实处，使区域排涝能力得到最大提升（袁文胜等，2008）。

### 4.4.3.2 非工程措施

**（1）建立水文监测、预测、预警系统防御洪涝灾害**

洪涝灾害，作为一种自然灾害，其发生的原因有多种，有人为影响因素也有非人为影响因素，但区域性的大暴雨则是其最直接的影响因素。因而，通过构建水文预报、水文预警、洪涝灾害监测系统，提高洪涝预报、预警能力，及时采取补救措施，是在洪涝灾害发生时尽量减少损失的最有效方法之一。监测系统就是实时监视诱发灾害形成的各项参数，当某些参数发生变化时能够及时捕捉灾害信息，为研究和预报洪涝灾害提供一系列有效数据，监测是防洪抗灾工作中必不可少的一个过程。洪涝灾害的警报服务系统是通过电视、互联网等传播手段及时地将收集到的灾害信息发送到相关部门，与此同时，防灾指挥中心根据所得信息情况，结合计算机分析制作调度方案，这些可以作为紧急情形下的辅助决策方案，最大限度地减少洪涝灾害带来的各项损失。

**（2）建立墒情和地下水监测、预测、预警系统防御干旱灾害**

在防旱抗旱的工作中，了解整个区域的干旱趋势及现状是开展抗旱工作的第一步，因此，干旱的监测、预警显得尤为重要。就我国南方而言，目前使用的监测有三种指标体系，分别为农业干旱、气象干旱、水文干旱。其中农业干旱主要关注点是农作物的缺水状况，气象干旱主要关注点是降水量和蒸发量，而水文干旱则是指在地表水失去时无法得到及时补充，以土壤含水量、湖库蓄水量、地下水位为特征量。当遇到干旱时，气象部门的人工降水被首先联想到，但其实水文可以有更大作为。水文干旱以地下水位、湖库的蓄水量作为干旱指标，不仅可以直接描述干旱程度，还可以从水位、水量中揭示抗旱的难度。这是气象干旱、农业干旱指标无法做到的一点，也是水文干旱指标的优势所在。另外，水文部门可以进一步完善水库的优化工作，做好汛末的降水预测，如在水库上游增加雨量站，建立水库的库容曲线，发挥每一个水库的最大功能。与此同时，增设蒸发观测的站点和墒情监测的站点，监测更多的数据，结合枯水期水文资料进行综合分析，得出干旱的具体原因，及时做好抗旱准备。

**（3）加强中小河流及暴雨灾害监测力度**

国家近些年对很多大江大河开展了整治工作，防洪标准得到了很大提升。就目前防洪形势而言，山洪地质灾害频发区以及中小河流是目前关注的重点。2011年中央一号文件指出："山洪地质灾害防治要坚持工程措施和非工程措施相结合，抓紧完善专群结合的监测预警体系，加快实施防灾避让和重点治理。"流量、雨量、水位站点布设较多集中在大江大湖，对于小河流，监测站点明显不足，目前主要任务为在中小河流处增加监测的站点，使得中小河流在防洪过程中发挥其应有的作用（付爱静等，2012）。关于应对暴雨灾害的非工程措施，每一个乡镇要有雨量遥测站或对已有水文站进行加密的处理。

**（4）科学制定水资源利用规划，实行量水而行的经济发展战略**

遵循"农随水转"的方针，结合法律、行政、经济等方法，改变农作物的种植结构，尤其是在易干旱的地区要控制诸如水稻这些高耗水农作物的面积，在易发生洪涝灾害的地区种植水生作物，使得作物依据地理优势而种；对于城市建设，也要充分考虑工程所在地的水源情况，严格排查高耗水的工程项目，项目要实施节水措施，保证设计、施工、投产三同时，最终建立工程与所在地水资源状况相适应的布局。

**（5）实现全面的水资源管理**

对水资源进行合理的配置，综合考虑左岸与右岸、上游与下游的联系。以最快速度确定水权问题，设置合理的水价标准，逐渐建立一个适应社会现状的水市场；与此同时，利用科学手段监控并预测社会需水量，从而进行合理的水资源分配，避免造成不必要的水资源浪费。

**（6）进一步加强防汛抗旱服务组织建设，完善社会化服务体系**

从村级组织到县级组织，要建立各级防洪抗旱应对组织。县级组织起到龙头的作用，乡镇组织作为一条纽带连接着县级与村级，村级组织为基础；要增加洪涝知识的学习与培训，增强各个组成成员的意识，可以开展实际演习等作为学习的一种方式，从而从容不迫地应对洪涝、干旱等灾害发生。

# 4.5 黄河来水保证率不足情景下多水源联合运用抗旱保障应对策略

## 4.5.1 黄河水是灌区生存发展的重要水源

引黄灌区不仅人口众多、工业发达，还是重要的农业产粮区，按 2010 年实际用水量，引黄灌区人均用水量为 413m³，万元 GDP 用水量为 578m³，与全国平均水平相当，2010 年的总用水量为 59.65 亿 m³（表 4-30）。

表 4-30　2010 年引黄灌区年用水量　　　　　　　（单位：亿 m³）

| 农田灌溉 | 林牧渔 | 居民生活 | 城镇公共 | 工业 | 生态环境 | 总用水量 |
|---|---|---|---|---|---|---|
| 44.27 | 5.63 | 3.86 | 0.63 | 4.58 | 0.68 | 59.65 |

引黄灌区当地地表水资源量匮乏，多年平均径流深仅为 43.7mm，地下水在考虑跨流域调水形成的补给量后，地下水资源量也仅为 31.54 亿 m³。引黄灌区水资源人均占有量约为 269m³，仅占全国人均水资源量的 1/6，海河流域属严重水危机区，缺水已成为制约引黄灌区经济可持续发展的重要因素。经过多年的水利建设，目前徒骇河、马颊河、德惠新河等骨干河道内建有节制闸 42 座，可拦蓄地表水 2.2 亿 m³，年度可调蓄洪水达 9 亿 m³。流域内建有平原水库 281 座，总库容达到 10.51 亿 m³。

将浅层地下水可开采量加上地表水资源可利用量再减去两者之间叠加的水量得到最终的水资源可利用量。经过上述方法计算得出，引黄灌区水资源可利用量为 30.20 亿 m³，水资源可利用率为 81.3%（表 4-31）。

表 4-31　引黄灌区多年平均水资源可利用量成果

| 地表水资源量/亿 m³ | 地下水资源量/亿 m³ | 水资源总量/亿 m³ | 地表水资源可利用量/亿 m³ | 地下水可开采量/亿 m³ | 水资源可利用总量/亿 m³ | 水资源可利用率/% |
|---|---|---|---|---|---|---|
| 13.52 | 31.54 | 37.15 | 6.36 | 24.50 | 30.20 | 81.3 |

引黄灌区多年平均水资源可利用总量仅为 30. 20 亿 m³，远远不能满足区域内的用水需求，而水资源的开发利用系数较高，开发利用潜力不大，因此可以得出引黄灌区总体上属于资源型缺水，目前水资源承载能力已接近上限，因此必须采用跨流域调水，即引蓄黄河水来补充当地水资源，才能满足区域的用水基本需求，从而使区域内的经济社会可持续发展和生态环境得到进一步改善（高盼等，2007）。

引黄灌区的主要客水资源是黄河水，黄河水资源经统一调配后，分给引黄灌区的水资源量约为 40 亿 m³。徒骇马颊河系入海水量（即出境水量）年均为 10 多亿立方米，根据每年流域内降水多少，进入海洋的水量也随之发生一定的变化。据相关数据统计，在整个流域内，各类水利工程总供水能力约为 70 亿 m³。其中黄河水占 60%，地下水占 20%，其他供水占 20%。

## 4.5.2　引黄灌区黄河水利用现状及趋势

### 4.5.2.1　黄河来水现状及趋势

近年来，黄河来水量逐年减少，并经常发生断流。通过对黄河花园口站径流量的长系列观测，1956 年以来的径流量变化如图 4-17 和表 4-32 所示，花园口站多年平均径流量 390. 52 亿 m³，自 1986 年以来，仅有 1989 年径流量达到了多年平均值，其他年份均没有达到多年平均值，尤其自 20 世纪 90 年代后径流量呈明显下降趋势。1997 年花园口径流量达到有观测数据以来的最枯值，仅为 142.57 亿 m³，当年由于黄河断流，德州市、滨州市、东营市均发生了用水危机，居民生活用水限量供应，工矿企业以水定产，造成了巨大的经济损失。

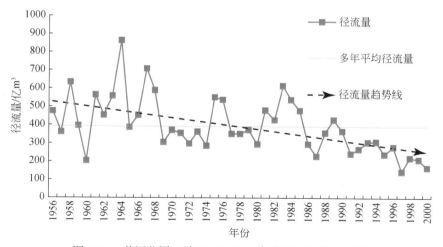

图 4-17　黄河花园口站 1956～2000 年径流量变化及趋势

表 4-32    黄河花园口站各年代年径流量统计　　　　　　　　（单位：亿 m³）

| 序列 | 1956~1960 年 | 1961~1970 年 | 1971~1980 年 | 1981~1990 年 | 1990~2000 年 | 多年平均 |
|---|---|---|---|---|---|---|
| 径流量 | 410.49 | 522.77 | 373.59 | 418.92 | 236.83 | 390.52 |

#### 4.5.2.2　黄河引水现状及趋势

山东省引取黄河的水量为全省总水量的 27%，引黄河水的灌溉面积约占总面积的 40%。山东省为了能够引取黄河水，经历了一个曲折的过程。截至 2007 年，山东省的引黄水涵盖 11 个市、79 个县，总面积有 79.77 万 hm²。图 4-18 为山东省 1950~2010 年的引黄水量及引黄灌溉面积。引黄水量在近 20 年有减少趋势。

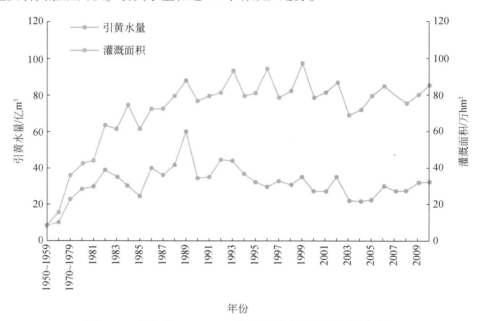

图 4-18　山东省 1950~2010 年的引黄水量及引黄灌溉面积

引黄灌区 2010 年末耕地总面积 212.95 万 hm²，多年平均引黄水量 32.36 亿 m³，占总农业用水量 59.16 亿 m³ 的 54.7%。20 世纪 80 年代以来，引黄灌区的引黄水量受黄河来水量的影响呈现出不稳定态势，预测未来水平年 2020 年和 2030 年灌区的引黄水量及其占总供水量的比例将逐渐减少，见表 4-33。

表 4-33    引黄灌区各年份黄河引水情况

| 指标 | 1980 年 | 1985 年 | 1990 年 | 1995 年 | 2000 年 | 2010 年 | 2020 年 | 2030 年 |
|---|---|---|---|---|---|---|---|---|
| 灌区总供水量/万 m³ | 51.27 | 46.38 | 57.12 | 63.93 | 60.98 | 59.64 | 70.02 | 74.62 |
| 引黄河水供水量/万 m³ | 37.33 | 30.49 | 29.90 | 37.88 | 31.85 | 36.91 | 31.61 | 31.16 |
| 引黄水量/总供水量/% | 72.81 | 65.74 | 52.35 | 59.25 | 52.23 | 61.89 | 45.14 | 41.76 |

### 4.5.2.3 枯水年份灌区缺水情况

近些年来，引黄水量不断增多，目前引黄总水量已超过 100 亿 m³，而其中的 90% 均为灌溉用水。每年的 3~6 月为主要的用水时间段，而此时正是少雨的枯水时间，供需矛盾突出。依据相关数据统计，每年 3~6 月引水量约为 51.5%，7~9 月引水量约为 27.0%，10 月到次年 2 月，引水量约为 21.5%。

为了查找出在目前条件下水资源开发的矛盾，研究水资源的利用效率、供需状况以及工程设施的布局，给出水资源供需分析所要提供的指标，如缺水程度、满足程度等，需要对基准年（2010 年）的供需进行分析。对研究区域的长系列数据进行频率分析，通过对比研究结果可以得出成果较为可靠，基本可以揭示在不同的保证率下需水、供水等成果联系。依据长系列的排频分析，可得基准年不同保证率下的供需关系，见表 4-34。

表 4-34 引黄灌区基准年不同保证率下供需成果

| 保证率 | 供水量/亿 m³ | | | 需水量/亿 m³ | | | 缺水量 | 缺水率 |
|---|---|---|---|---|---|---|---|---|
| （典型年） | 其他水源 | 引黄 | 总计 | 其他部门 | 农业用水 | 总计 | /亿 m³ | /% |
| 50% （1985 年） | 34.42 | 32.42 | 66.84 | 14.82 | 63.29 | 78.11 | 11.27 | 14.43 |
| 75% （1965 年） | 30.92 | 32.46 | 63.38 | 14.82 | 63.41 | 78.23 | 14.85 | 18.98 |
| 95% （1989 年） | 28.48 | 32.46 | 60.94 | 14.82 | 63.37 | 78.19 | 17.25 | 22.06 |
| 多年平均 | 32.21 | 32.36 | 64.57 | 14.82 | 59.16 | 73.98 | 9.41 | 12.72 |

引黄灌区在不同保证率 50%、75%、95% 下（相应典型年分别为 1985 年、1965 年、1989 年）缺水量分别为 11.27 亿 m³、14.85 亿 m³、17.25 亿 m³，缺水率分别为 14.43%、18.98%、20.06%。多年平均缺水量及缺水率分别为 9.41 亿 m³ 和 12.72%。因此在灌区缺水年份，更体现了调用黄河水来满足区域用水的重要性。

随着经济社会的发展，流域内用水量不断增加，加之黄河水不可靠性的加剧，加大了引黄灌区的供水矛盾，造成引黄灌区的水资源供需紧张，严重影响了区内经济发展和人民生活。在黄河来水保证率不足的情况下，应进行节水改造、联合运用各种水资源，做好抗旱保障。

## 4.5.3 黄河来水保证率不足的成因

### 4.5.3.1 黄河引水规划及地理位置的制约

根据《国务院办公厅转发国家计委和水电部关于黄河可供水量分配方案报告的通知》（国办发〔1987〕61 号），黄河流域多年平均河川径流量为 580 亿 m³，考虑到整个黄河的防洪目标，安排的输沙入海量为 210 亿 m³，其余的水量依据沿河 11 个省份的实际需要进行了合理分配，主要有 370 亿 m³，对于山东省而言，分到的水量约有 70 亿 m³，山东省水利厅以鲁水资字〔1994〕18 号文《关于公布我省引黄水量分配方案的通知》，对于上级分配的水量对省内各个地市进行了在分配。各个地市又将分配到的水开展了三次分配。其中山东省境内的华北平原分配到的水量为32.46亿 m³。

山东省引黄灌区位于黄河下游（图4-19），若要充分使用黄河水，应该明确上游、下游，左岸、右岸之间的相互联系，以使各个地区协调共同发展。即使在同一个灌区里，上游、下游水量需求的矛盾也无法避免。例如，遇到干旱年时，上游引用黄河水过多，下游却没有水可以引用，从而使位于下游的农业生产损失较大。在黄河沿岸的地区还有丰富的地下水资源，由于靠近黄河，地下水资源得不到合理开发，但离黄河较远的地方，地下水资源较少而且无法引用黄河水。因此受引黄规划和地处下游的不利地势等因素影响，在黄河来水的枯水年份，灌区的引黄水量得不到基本保证，再加上本地地表水源的匮乏，极易造成区域干旱。

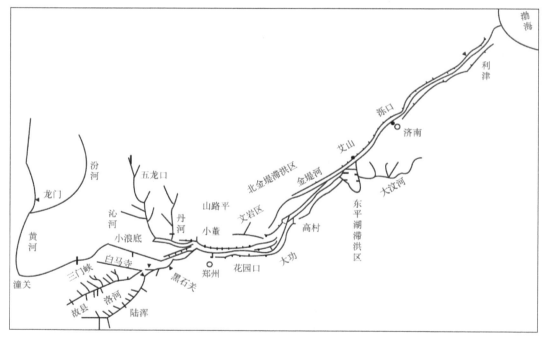

图 4-19　黄河下游河道示意图

### 4.5.3.2　小浪底工程对下游灌区的影响

小浪底工程是一个以防洪、减淤、防凌为主要目的的大型水利工程枢纽，它还提供灌溉、发电效益。该工程地理位置在河南省洛阳市北部，距三门峡130km。控制着黄河流域92.3%的面积，约87%的水量和100%的输沙量。自1999年10月小浪底投入使用之后，对流域发挥了巨大的作用，先前流域的水沙环境得到了进一步改变，位于下游的引黄灌区也迎来了新的挑战形式，之前如何引水、引沙也发生了一定改变（戴同霞，1996；卞玉山等，2002；张仰正和任汝信，2006；胡健等，2010；杨丽莉等，2012）。

自小浪底工程投入运行之后，黄河的水沙关系得到了一定的改善，下游地区的灌溉供水量得到了保证，下游地区人民的生活基本用水情况得到了进一步改善，与此同时，小浪底水库拦截了上游下泄的泥沙，使得上游黄河水中的粗沙含量逐渐减少，对下游灌区的泥沙淤积问题的解决起到了巨大的作用。在干旱时期，上游的来水量不断减少，小浪底发挥了水库蓄水的作用，在库容允许的范围内可以合理分配水量用于灌区灌溉，给旱期农业生产创造了有利条件，使得人类生存与自然更加和谐。

但同时，小浪底的投入使用使得河道的水沙条件发生了人为改变，河道的冲刷和小范围内摆动对下游的灌区造成了消极影响。

**（1）水库控制、下游更易断流**

从上至下，黄河水量逐渐减少，到山东省境内时，水量因季节变化显著，因而成为季节性河流，供水量不足、断流的现象越来越严重。小浪底投入使用后，由于其水库蓄水的作用，在枯水时期水库存储了大量的上游来水，对山东省的用水造成了不利影响。考虑到小浪底水库需要发电的效益，一般泄水流量较小，这一原因使得山东省境内区域的缺水断流危险不断增大；同时当黄河处于枯水年时，水库蓄水量有限，处于下游地区的山东省将会发生长期断流的情形。总而言之，小浪底水库使用后，黄河下游的水资源量实行统一管理，这需要有严格的法律和行政措施来减轻最下游的山东省缺水断流的危险。

**（2）河势变化、水位下降、取水条件恶化**

黄河位于中国偏北部，上游来水量较少，所以引黄水量明显不足。小浪底工程投入使用后，向下排泄的黄河水较之前含沙量较低，因而对下游两岸的冲刷加剧，使得同样的水量，水位却较之前大不相同，最终使得下游灌区水量不足。对黄河进行第一次调水、调沙后，河道中的水位平均下降了 0.86m，在高村断面达到了最大值，下降了 1.18m。两岸河滩相对发生抬高，使得一些引水渠道引水较为困难。水位的下降增加了黄河引水的难度，引水口取水更加困难，尤其在作物耕作时，水源供需矛盾进一步加大。引黄供水的能力主要取决于渠首的引水能力，下游的调水、调沙使得黄河部分河段断面发生改变，引黄水量不断下降，工程的使用性能也渐渐降低。

**（3）粗沙入渠、泥沙淤积加剧**

小浪底水库投入运行后，初期下泄的水较清，水中的泥沙量较低，对下游河道冲刷严重，河道水位下降，这对于河道的引水工程提出了更高的要求，渠首引水处水位的下降使得灌区的引水量也相应减少，河道水位回落快，水位进一步下降后，灌区引水难度系数增大，引取相同水量时间延长，考虑灌区农作物的生长需要，有时迫不得已在含沙量较高的时段引水，这便引起了河道的进一步淤积，渠首引水发生变化，而最初的引黄渠道达不到现有的设计要求，大流量集中管理的运行方式不再适合。山东省内的引水渠道就是这样的情形，低水位条件下引水时，水中含沙量较高，导致渠道淤积日益严重。例如，2005 年 4 月受黄河管理部门调沙、调水的影响，在滨州市簸箕李灌区的引水闸门前，主要河槽发生冲刷，水位下降，使得此处水闸引水的能力急剧下降，部分高处闸位难以引水，被迫紧急启用低位的闸进行引水。那时，沉沙条渠淤积达到 133 万 t，这是小浪底投入运行后出现的最大值，单位引水量竟达到 3.92kg/m³。在其他方面，水库初期使用时，清水冲刷使得下游灌区水中的泥沙粒径逐渐变大，进一步加剧了渠道的淤积状况。随着使用年限增长，小浪底的截沙功能减弱，这对灌区渠道的淤积更加不利，淤积情况可能进一步严重。

图 4-20 描述了多年来灌区沉沙池中泥沙淤积量及单位泥沙淤积比变化。从图 4-20 可以得到，随着时间的变化，淤积比主要表现为中间年份偏低，头尾年份偏高的趋势。在 1988 年之前，引水渠道设计流量较小，采取小流量引水，使得渠道淤积更为严重；1988 年之后，进行了渠道的改建、扩建，灌区采用集中管理，并使用大流量引水，泥沙淤积的问题得到了一定的改善，沉沙渠道的淤积率也有所减小，可以进行长远距离的输送。小浪底工程使用以来，加上黄河本身含沙量的逐渐减少，条渠的淤积总量与 20 世纪 90 年代基本相同，沉砂池内的淤积比稳步上升。2005 年在黄河的洛口水文站流量高达 500m³/s 时，簸箕李东引黄闸的引水流量却只有 20m³/s，引水能力达不到预定要求，被迫启用西条渠进行引水工作，造成渠道内泥沙淤积，淤积比达到了 0.65。

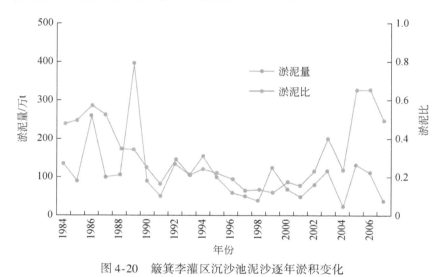

图 4-20　簸箕李灌区沉沙池泥沙逐年淤积变化

## 4.5.4　黄河来水保证率不足情况下的应对措施

自 1999 年黄河水量统一调度以来，考虑到黄河断流的可能性，在灌溉的高峰时间段内，实施了限流、轮流灌溉等措施来发挥引黄水资源的最大作用，但部分农作物灌溉的次数不足，灌溉时间不及时，造成一些区域的农作物旱死、低产等。引黄水量的 90% 用于灌溉，但水资源的利用率仅有 45%，存在较大的节水潜力，因而实施节水措施，提高水资源的利用率、合理配置水资源是解决这一矛盾的关键路径。

### 4.5.4.1　开展节水灌溉

**（1）可在地下水资源丰富的区域内大力推行"井渠结合""井灌补源"的灌溉模式**
经研究分析，在引黄灌区内，约有 2/3 的面积可以采取"井渠结合""井灌补源"的灌溉模式，这些模式的实施使得灌区内具有可实时供水、节水的特点，同时，可以自行调控地下水，改善区内的盐碱化问题，更加充分的使用雨水，这种模式在黄河缺水时间段内优势更加明显。但目前在灌区内，地下水的使用较少，井灌补水的面积也只占15%，建议灌区改造综合"井渠结合"和"井灌补源"的灌溉模式。

**（2）结合实际实施田间渠道衬砌、管灌、喷灌、微灌技术**

由于喷灌、滴灌对水质的要求较高，渠系自流灌区水较为浑浊，不适合使用。目前应该使用渠道衬砌进行输水，这样不仅可以减少输水过程中的渗漏问题，还可以使更多的泥沙进入田间，减少途中的淤积。利用井渠结合的模式时，某些时间段进行地下水灌溉，此时水中泥沙量较低；某些时间段利用黄河的浑水灌溉，泥沙含量较高，此时如果采用统一的标准进行输水，只能采用管道和渠道衬砌进行灌溉，在渠系水可以自流的情形下，井灌时可以实施移动式管灌或喷灌。对于河网灌区，在常规情形下，扬程较低，灌溉水中泥沙含量较高，实施喷灌、滴灌无法进行，此时应该着力使用管道灌溉，或者渠道衬砌进行灌溉。对于补源区，一般采用机井水源，水质较为清澈，满足喷灌、微灌要求，结合经济情况可以大力实施。微灌、喷灌和管道灌溉这几种形式比传统土渠灌溉具有节水的优势，节水可达20%～60%，对农作物的产量提高也有帮助。除此之外，如果需要使用平原区的水库水进行灌溉，必须实施高效的节水技术，减少成本，发挥最大经济效益。

**（3）渠道衬砌，防渗节水**

实施渠道衬砌、塑膜等方法减少输水途中的渗漏问题是目前引黄灌区主要施行的措施。渠道衬砌的实施不仅提高了水资源利用率，而且减少了先前小流量输水引起的泥沙淤积问题，对周围生态环境具有一定的保护作用。例如，位山灌区在实施渠道衬砌之后，渠道中的水资源利用系数得到了很大提高，经估算，可达0.24，单位面积的土地用水量减小，相同数量的水源可灌溉的作物面积增大。

**（4）采取工程措施，提高田间水利用率**

土地是否平整对灌溉影响较大，平整的土地不仅可以减小浇灌时的劳动成本，还可以节约水量。簸箕李灌区实施了"大畦改小畦，长畦改短畦，宽畦改窄畦"3项改造工程，对3.27万hm²的土地进行了一系列平整处理，将以往的漫灌方式取缔，节水能力大大提升，田间水的利用率也有所改善。在小开河灌区，其下游的无棣县佘家巷乡被选为一个工程试验点，该工程试验点主要是对当地农渠进行改进，实施全断面混凝土的板衬砌和塑膜防渗技术，最终取得了良好的效果，田间水利用系数也得到了增加，由0.85变为0.96。

**（5）调整农作物种植结构，适当调整终端水价**

不同农作物对水量的需求不同，调整农作物的种植结构可以很好地改变区域用水问题。例如，在引黄灌区，推广种植较为抗旱的作物，如棉花、冬枣等。据有关数据统计，在小开河灌区内，种植了较多的抗旱棉花，面积为4.33万hm²，使得灌溉需水量大大减小，每年可节约水量1500万m³。同时，在综合考虑当地群众的经济承受能力，依据国家水价的标准，得到物价部门批准后，对灌区用水进行了价格调整，鼓励节约用水，增强了农业用水的节水意识。

**（6）提高计量精度，科学调度管理**

在山东省灌区内，水费多数按亩收取，没有考虑其他影响因素，在引渠上游段，水源丰富，农业灌溉一般采用漫灌、多次灌溉。而下游地区水源较少，作物很多时候得不到及时的灌溉而影响生长，最后导致上游区域浪费、下游区域缺水的情形。考虑到上述情形，目前小开河灌区已经将测量计水的方法进行到了县级单位，其中无棣县在 2002 年时已将计量收费推广到乡镇。位山灌区实施了更为严格的用水制度，如每旬上报需要用水的计划，如要用水，需要签订合同。以上这些代表灌区的成功节水措施向大家证明了科学调度管理，测量用水精度的提高，可以为灌区节约做出巨大贡献。

### 4.5.4.2 实现各类水资源的高效开发利用

**（1）治理污染**

2010 年相关评价显示，在引黄灌区内，年排放污水量近 5 亿 t，使得马颊河、徒骇河、德惠新河河道的干流受到了严重污染，在枯水期评价中，超 V 类水标准的河道长约有 75%，在丰水期评价中，约有 71%，这样的污染已经很大程度地影响生活生产。所以，目前最主要的问题是解决水资源污染，为后期河道施工输水创造必要的基本条件。

**（2）兴建地下水回补促渗工程，充分利用地下库容**

在远离黄河的地区，由于无法使用引黄水，地下水超采十分严重，如武城、德城、冠县、临清等，截至 2010 年底因地下水超采形成的降落漏斗面积已达 4060km²。考虑到地下水位不断降低的危害极大，这些地区应充分利用灌溉工程实施雨水、引黄水或洪水回灌地下水。

**（3）蓄水工程建设**

在洪水来临时，可以在农业灌溉区实施坑塘蓄水，将多余的洪水进行拦截存储，待旱期来临时，作为农业用水。坑塘建设较为方便，且实施成本较低，可以实现多点分布的布局，以此减轻河道引水的压力，也可将坑塘与现有的灌溉工程连接，引黄水也可进入坑塘进行灌溉。可以在河道的主要河段，支流河段增加闸门，扩大原有的蓄水能力。据统计，目前引黄灌区拥有拦河闸的数量为 40 个，一次拦蓄水量的能力约为 2.5 亿 m³，但 1971～1995 年这些河闸年平均弃水量为 6 亿~8 亿 m³，1998 无法拦蓄只能丢弃的水量高达 23 亿 m³，这其中包含了部分未使用的引黄水，开源的潜力可以进一步提升，经大致计算，每年可以再增加 3 亿~4 亿 m³ 的蓄水量。所以，在条件允许的情况下可以多建闸门、拓宽河槽等增加容量，争取拦蓄更多的洪水，为旱期农业灌溉备用。黄河水是滨州地区东部及东营市的主要水源，但黄河水量并不能得到保证，因此修建平原地区水库，拦截洪水显得尤为重要，拦截的水量可以缓解黄河缺水造成的本地供水不足的情形。平原区修建水库要有适宜的规模，不可太大或太小；在位置选择上，也要进行合理布局；在施工过程中，要注重工程质量，对于蓄水的深度要结合实际情形优化设计。如果实施以上所述的几种蓄水方式，让总蓄水面积再增加到引黄灌区的 1%，在蓄水深度为 5m 时，整个灌区的生态环境将发生巨大改变，降水利用率大大增加，防洪标准也得到巨大提升。

**（4）充分利用地下水**

在黄河河道沿岸，地下水资源丰富，由于靠近黄河，未得到充分的利用，在今后的研究中，应制定关于合理充分利用河道沿岸地下水的相关政策，使黄河本身的水量可以向下游地区供应。

**（5）实施多水源联合调度**

今后发展的大趋势是进行多水源综合调度，这是解决当前矛盾的主要方法之一。这需要一个联网的工程系统和一个具有科学决策能力的调度系统。此外，应考虑衔接南水北调东线工程，使灌区新建的工程与其适应，对用水市场进行深入研究。

# 第5章 华北平原旱涝综合应对战略布局研究

## 5.1 华北平原旱涝应对面临的问题

通过对华北平原旱涝历史、现状及演化趋势的研究，分别对山前平原、黑龙港地区及引黄灌区进行旱涝应对分析，得出华北平原旱涝应对战略主要面对的问题及旱涝灾害应对中的不利因素。

华北平原洪涝灾害应对战略面对的主要问题是：华北平原的暴雨主要发生在7~8月，具有降水年际变化大、较为集中、强度大等特征，而暴雨是洪水的主要原因。海河流域地形西北和西南面较高，东部相对较低，且流域内的平原与山区之间过渡带不明显，属于扇形流域。当暴雨来临时，由于山前的河流源短、流急，产流快，洪水一泄而至，难以防御。总体上看，海河流域洪水具有洪峰高、洪量集中、预见期短、突发性强等突出特点。同时，由于多年未发生大洪水，当前降水集中趋势明显、枯-丰转变初现端倪，发生大洪涝事件的概率在增大，要有防范1963年、1996年特大洪水的准备（刘宁，2009）。

目前来看，洪涝灾害应对中的不利因素有以下几点：①城市内涝的风险加大。受全球气候变化、城市雨岛效应等因素的影响，华北平原降水在时空分布上总体有集中的趋势，而目前华北平原多数城市排水系统的标准都偏低，未来城市内涝的风险将有可能增加。②部分区域防洪标准偏低。例如，永定河计划防洪的标准为50年一遇，而北运河的标准仅为20年一遇，除京津外的大中型城市防洪标准只有20~50年一遇。③地面发生沉降，部分河口、河道淤泥堆积较为严重。例如，独流减河和永定新河等河道的防洪能力较之前较低了40%。④部分用于防洪的工程年久失修，损坏严重。很多堤防施工质量差，存在较多隐患。就全区1~2级堤防而言，有50%堤段不符合标准，而且给中小河流设定的防洪标准偏低。⑤难以启用蓄滞洪区。由于历史原因，蓄滞洪区内还有349万人口的安全问题未妥善解决。⑥洪水的预报与预警、防洪调度的指挥系统等非工程措施建设滞后。

华北平原干旱灾害应对战略面对的主要问题是：华北平原属于温带半湿润、半干旱大陆性季风气候区，水资源时空分布不均。气候变暖、来水量减少和下垫面变化加剧了水资源短缺。区域水资源的承载力十分不足，造成的供需问题也日益突出。整个流域的水资源开发利用率达106%，部分区域已经超过110%，而且每年地下水超采92亿 $m^3$。需综合运用行政、工程、经济、法律、科技等手段，最大限度减轻干旱灾害及其造成的损失。

目前来看，干旱灾害应对中的不利因素包括以下几点：①水资源本底条件差。为各大流域最缺水的地区，水资源承载力严重不足。②气候变化的影响深远。气候逐渐变暖、来水量不断减少以及城市发展下垫面不断变化使得水资源短缺的问题日益严重。③缺乏极端干旱考验。近年来华北平原还没有经历极端干旱（如连续 7 年的崇祯大旱），对应对极端干旱缺乏准备和经验。④区域的抗旱能力明显不足。区域抗旱减灾能力缺乏连续性、全局性，由于灾情发生属于非频繁事件，防洪抗旱多处于临时应急情形。

## 5.2 对华北平原旱涝综合应对战略的认识

通过对华北平原旱涝灾害面临的主要问题及旱涝灾害应对中不利因素的分析，得出对华北平原旱涝综合应对战略的几点认识。

### 5.2.1 华北平原旱涝事件发展趋势

由于特定的地理位置和气候条件，历史上华北平原曾是旱涝多发地区，但自 20 世纪 80 年代以来，一方面气候趋于暖干化，降水明显减少，1980~2010 年相比 1956~1979 年，流域平均降水减少了 11.1%，从平均 560mm 减少到 498mm。流域地表水资源量同比减少了 40.6%，从平均 256 亿 m³ 减少到 152 亿 m³。另一方面随着人口增长和社会经济迅猛发展，实际用水已远超水资源承载能力。为满足用水需求，山区水库等拦蓄工程超规模建设，平原地下水持续超采，发生特大洪涝事件的内外条件已经发生显著变化，流域内洪涝问题已经从频发转为偶发，从全流域广发转为局发，其危害性已经大为削弱。相反供水不足导致的缺水型干旱问题却上升为当前面临的主要矛盾，已成为本流域长期性、广域性的应对方向。

### 5.2.2 未来华北平原水资源的发展趋势

海河 973 项目"海河流域水循环演变机理与水资源高效利用"等气候预测的结果表明，受气候变化、流域旱涝演变周期等因素影响，未来一段时期，华北平原很可能结束自 1978 年以来长达 30 多年的枯水周期进入丰水周期，2020~2045 年降水量将同比增加 10.4%，水资源量加上外调水量，2020 年和 2030 年将分别达到 418 亿 m³ 和 467 亿 m³，相比现状 2000 年以来仅 305 亿 m³ 的情况将有很大改善。但 2020 年和 2030 年需水也将进一步发展，分别达到 552 亿 m³ 和 559 亿 m³，需水量增长超过流域可用水量增长，而且增长主体均在平原区，表明今后相当长一段时期，华北平原资源型缺水状况仍将持续。

### 5.2.3 洪涝事件应对面临的主要挑战

随着上游山区水利工程拦蓄和平原区下垫面变化，华北平原发生类似 1956 年和 1963 年全流域特大洪涝事件的可能性不大，但城市内涝事件将可能是未来华北平原面临的主要问题。一方面，根据长系列的气象数据监测，虽然近年来整个流域的降水总量在不断减少，但短历时（历时<6h）降水量占总降水量的比例以 1.3%/10a 的速度增加，同时大部

分站点短历时降水的平均雨强和峰值雨强呈增加趋势，意味着未来极端暴雨发生的可能性在增加。另一方面，随着近些年城镇化速率加快，以京津冀为代表的北方特大城市群呼之欲出，城市"热岛效应"和"雨岛效应"增强，局地出现暴雨的频率和强度高于周边地区。而目前华北平原城市雨水管渠排水标准普遍偏低，特别是在一些老城区。例如，北京市的城区，目前管网的排水标准为 1 年一遇，而对于支户线，只有 0.33～0.5 年一遇，对于城市环路则是 1～2 年一遇。综合多方面的因素，城市内涝发生的概率和严重性将加大，在应对强降水的处置过程中，应充分考虑城市抵御突发暴雨集涝的脆弱性，以及暴雨产生和衍生的次生灾害是未来需解决的难题。

### 5.2.4　干旱事件应对面临的主要挑战

长时段极端干旱应对将是未来主要的应对方向。华北平原经济社会要素集中、水资源极度短缺，供水不足导致的缺水型干旱由来已久。然而华北平原有应对干旱的主要优势，即丰富地下水资源。地下水不仅为华北平原城市工业和生活提供了宝贵的水源，也为农业的稳定生产提供了保障。据统计，华北平原农田灌溉率已高达 92%，且大部分灌溉水源都为井灌。由于地下水源的保障度高，一般干旱年份造成的影响有限。然而因为长期超采地下水，目前华北平原地下水已经累积亏空 1400 亿 $m^3$，地下水埋深下降到地下数十米，不仅供水成本很高，而且还引发了地下水源枯竭的风险和不少地质环境问题。此外 20 世纪 90 年代以来，尽管区域旱灾频发，但并没有遇到历史极端大旱，如类似崇祯七年连续大旱的考验，这种状况下地下水供水系统能否保持其以往的可靠性尚未可知。

### 5.2.5　华北平原旱涝应对战略的关键

华北平原战略位置重要，但区域水资源短缺和旱灾水灾共生，要求旱涝集合应对。然而人口的快速增长、城镇化的快速扩张，作为粮食主产区的定位等，都将使区域严峻形势进一步发展，集合应对要面向更为困难的局面。未来南水北调东中线通水后，华北平原水资源大的格局基本稳定，良好的地下水赋存条件、较完备的水工程体系、京津冀一体化发展战略为集合应对奠定了重要基础。未来关键是要将适水发展作为基本立足点，充分考虑其分区差异性，以及区域之间的水力联系，通过水资源一体化调控统筹解决。另外，应采用多种方式深度节流、充分挖潜、积极储备、合理规划，通过精细化的调度和管理提高应对旱涝事件的能力，同时依赖于制度创新，充分发挥科技的作用。

## 5.3　华北平原旱涝综合应对战略

### 5.3.1　城市与产业适水规划战略

以水定产量、以水定规模、以水定发展的量水发展，是建立在仅仅包括地表水、地下水的狭义水资源基础上，通过地表水、地下水的优化配置和开发、利用、节约、保护，解决城市、工业、生活、农业的用水需求，使不利的环境影响降低。但仅靠量水发展不能彻底解决华北平原的旱涝问题，必须要在包括雨水、地表水、地下水、土壤水、再生水、海水和虚拟水等各类水资源的广义水资源基础上，依靠资源替代和科技进步，达到华北平原水资源的高效利用，更高层次上对区域水资源进行优化配置，以城市与产业适水规划为理念，在彻底解决华北平原旱涝问题的同时实现区域的社会、经济、环境的协调发展。

## 5.3.2 节水规划与作物休耕战略

要认真贯彻落实国家有关资源节约与综合利用精神，制定利于节水优先的区域产业政策。例如，对用水单位来说，要推广实施一水多用、循环使用等方法措施进行节水，引导区域产业结构的升级和布局的优化，压缩区域的用水需求，使水资源的利用率不断提高，增强旱涝应对能力。

休耕是指当一块耕地计划种植某种作物时，让这块土地休养生息一年，休耕可以缓解特殊关键时期农业用水压力，是恢复土壤肥力的一种解决方式，有利于农业的健康发展。我国华北平原具有"十年九旱"的规律，因此在遭遇特大干旱情况下，部分水资源极为短缺的区域实施耕地休耕的方式对抗旱、耕地肥力恢复有着多方面的重要意义。

## 5.3.3 京津冀一体化水战略

京津冀一体化作为国家战略，强调实现京津冀的协同发展，这是探索生态文明建设有效路径、促进人口经济资源环境相协调的需要，随着华北平原的发展，人口、产业、城市的扩张意味着需要更多的水资源，更好的水环境，京津冀一体化将成为治理华北平原水环境、提升区域水资源承载力的一个重要机遇。

建立京津冀一体化水战略，可以综合考虑水源地的水资源循环利用，围绕海水淡化、南水北调等，通过各区域内不同产业布局的调整、地区功能的调整、水资源一体化调控与旱涝防治体系建设，共同建设水资源的安全保障体系，从而解决华北平原的旱涝灾害问题。

## 5.3.4 南水北调格局下华北平原水循环恢复战略

近些年华北平原地表水开发利用率为92%，地下水年平均超采50亿 $m^3$，这带来严重的生态环境问题。南水北调中东线是一项重大战略性工程，主要目的是缓解中国北方水资源严重短缺局面，同时促进北方经济发展和人们生活水平提高。南水北调中线一期工程于2014年底全线贯通每年计划向河北省供水34.7亿 $m^3$。为实现所有供水目标均直接利用江水的目的，完善南水北调的配套工程规划，华北平原要加快构建"两纵六横十库"（引、输、蓄、调）的供水网络体系，加快实施石家庄、保定、邢台、邯郸等城市开始转向从水库引水，逐步加大南水北调水使用量，引黄水量主要供沧州、衡水等城市。可以基本解决重要城市发展用水以及地下水严重超采的问题，对于华北地区应对干旱、生态环境恢复有着重要的作用。

### 5.3.5　地下水资源储备战略

水资源可持续利用是经济社会全面协调可持续发展的基础支撑条件。依据华北平原目前面临的严峻形势，结合地下水的资源特点，新时期的区域地下水资源战略应该将提高地下水资源的保障能力、加强水源保护、促进人水和谐摆在重要地位。许多发达国家将地下水资源可以进行地下调蓄视为可寻水资源的一个重要路径，取得的效果较为明显，经过实践得出，将水存储在地下是一个安全、经济又科学的方法。华北平原连续干旱时有发生，而地下水作为城市应急供水的主要水源，对抗旱能发挥至关重要的作用。因此，应加强区域地下水资源储备，以备华北平原干旱事件来临时的应急之需。

### 5.3.6　最严格的蒸散发管控战略

华北平原干旱灾害的一个重要成因是蒸散发量增加导致的水资源紧缺，主要是由农业生产、城市工业和生活用水造成的。因此，进行产业和种植结构调整，科学管理、高效配置该区的水资源是控制区域蒸散发，实现社会经济可持续发展的关键。传统的配置方法主要以供需来决定，着重以需求来确定供给，强调了水资源的社会服务功能，但却忽视了水资源对生态环境的修复和保护功能，从而造成地下水超采、湿地不断减少、河道逐渐干涸等不良后果。传统的水资源管理调控的主要是供水量和需水量，忽视了水资源在使用过程中的循环转化与消耗。对水资源极度紧缺、旱灾频发的华北平原而言，实现最严格的蒸散发管控战略，是节约水资源的根本手段，因此，建立一种以蒸散发管理为核心的新型水资源管理模式成为当务之急。

### 5.3.7　特大城市群内涝应对战略

作为中国三大城市群之一的京津冀城市群，区域面积占全国的2.3%，人口占全国的7.23%，近年来城市洪涝灾害频繁发生，这成为一项扰乱城市的正常运行、威胁城市的公共安全的重大问题，尤以北京2012年"7.21"暴雨为甚。在欧美很多发达国家，其城镇化、工业化都经历了较长时间，城市的发展具有较为稳妥的规划和论证。当前我国北方城市群内涝问题固然与气候变化背景下局部短历时强降水增多相关，但也与城市在迅速扩张过程中排水防涝系统建设欠账多、标准低有关。要重视城市建设的地下工程，加快城市排水风险评估，结合气候的演变规律制定适合的暴雨防御标准和道路排水设计标准，加强分流集雨项目，并提高天气预报的准确性，延长暴雨和极端天气预警预报的有效预见期。

# 5.4 华北平原旱涝综合应对措施

**（1）山前地下水库建设，加大雨洪资源利用**

山前平原的主要作用是保护和涵养水资源，尤其是维护地下水补给源头的水环境质量，并实施得力措施增加降水利用率，从而增加地下水的补给，将污水及汛期雨洪水通过各种处理技术收集、净化，从而可以达到回灌的标准，通过回灌补给地下水让水资源得到了循环利用，污水排放的减少对改善环境产生了积极的影响，并通过回灌补给地下水，为平原区地下水蓄养开辟新水源。

**（2）防汛变为迎汛纳洪，水利工程精细化科学调度**

基于防洪安全，大力进行洪水资源充分利用的实践，将防汛变为迎汛纳洪，通过水利工程的精细化科学调度，逐步建立洪水资源利用的长效机制。排涝方面，要提高区域防涝标准，在进入汛期后，科学预测、合理调度，加大排涝泵站、渠道建设，减少内涝，同时抓住汛期末，科学蓄滞一部分洪涝水，提高非汛期区域水资源供水能力。

**（3）基于蒸散发控制的农业节水**

严格的蒸散发管控——以耗水管理为核心，建立围绕蒸散发的用水考核机制，落实和强化最严格的水资源管理制度；合理的水价机制——建立一个核心水价机制，主要有促进水资源可持续利用和提高用水效率，包括与南水北调水价的衔接，东线适当考虑农业用水的补贴；加强城市节水——通过管网改造，减少跑冒滴漏，加强有关激励与约束政策的制订和落实，引导和促进工业节水，在日常生活中大力推广节水工具，将再生水的利用率提高。

**（4）合理确定区域的农业灌溉保证率**

农业经济定额制定推广，华北平原农田灌溉率已达 92%，进一步扩大灌溉率潜力很小，但节水灌溉面积不足 40%。作为粮棉油生产基地，主要发展方向应该为节水，即以调亏灌溉，非充分灌溉技术为基础，制定并推广提高水分转化效率而不追求产量最大的农业经济灌溉定额。

地表水灌区要与水库密切配合制定配水方案，根据作物灌溉和春播造墒需要，确定合理的放水时间，加强放水管理，提高水的利用率。有河道基流的地区要采取引水、提水等措施，增加抗旱水源，邢台、邯郸等地率先施工，对以往的扬水站进行维修和扩建，对河渠中的泥沙进行清淤疏浚，利用春节期间上游用水少、过境客流多的有利时机，抢提抢引、浇地抗旱。

**（5）确立城市适水的规划理念，推进城市立体化综合防治内涝体系建设**

要在包括雨水、地表水、地下水、土壤水、再生水、海水和虚拟水等各类水资源的广义水资源基础上，通过多水源的优化配置和开发、利用、节约、保护，解决城市、工业、生活、农业的用水需求，使不利的环境影响降低，并依靠资源替代和科技进步，达到华北平原水资源的高效利用，更高层次上对区域水资源进行优化配置，以城市与产业适水规划为理念，推进城市立体化综合防治内涝体系建设。

**（6）建设区域深层地下水战略储备系统**

华北平原地下水已经超采数十年，在南水北调正式通水后，水资源供给压力得到一定缓解时，地下水应进行适当的蓄养。地下空间是一个巨大的存储容器，需要有效利用，在丰水年时，将多余的水量存储到地下，以备干旱事件发生时使用，从而弥补地表供水不足的问题，以提高华北平原的供水保障程度。平原地下水调蓄——平原区以有效恢复地下水的量与质为主，通过联合调蓄、开采控制等措施，支撑地下水保障城市供水水源安全的同时实施战略储备；实施地下水水源地保护——查清华北地区地下水的水源地，将可以使用的地下水资源战略储备的水源进行保护，建设区域深层地下水战略储备系统；建设地下水库——寻找适合水资源储存的地质构造，在南水北调工程建成后，利用工程将长江、汉江洪水时期的水源引至华北进行地下水回灌，从而形成一个地下水库，这一举措也是战略储备系统中的重要环节。

**（7）进一步提高污水处理标准**

建设一个节水和防污型社会，不仅有利于缓解华北平原水资源短缺的压力，还可以进一步减轻水环境的污染，要进一步提高污水处理标准，通过节水稳定或减少水资源需求，通过治污增加非常规水资源的供给，减轻干旱事件应对压力。

**（8）推进京津冀一体化水资源配置与旱涝防治体系建设**

产业布局调整——将高耗水高能耗的产业转移到沿海地区，利用海水淡化给内陆节省一部分水资源；地区功能调整——通过城镇化发展逐步取消或弱化部分地区的农业功能，如北京的农业功能，以应对未来人口承载强度增大的问题；水资源一体化调控与旱涝防治体系建设——打破原有的行政分割，在一个更大的区域内进行水资源分配，使水资源的配置效率、流动性得到提升，从而提高华北水资源利用率和水资源承载力。

**（9）分区旱涝应对措施**

华北山前平原要以水资源为支撑力，通过调整农作物种植结构，合理布局灌溉农区的农产品生产；针对不同节水目标采用不同的灌溉制度；合理对待区域地下水的生态、资源和地质环境功能之间的联系，对超采区的农业种植结构进行有序化调整，根据气候变化和降水变化控制地下水超采利用，加强涵养修复地下水源是华北山前平原区应对干旱灾害的一项重要手段。

华北东部黑龙港地区要通过蓄截引挡并举来提高干旱供水保障；将南水北调工程作为黑龙港地区抗旱供水保障的必要水源的同时，应急水源工程、除涝工程体系的完善也是减少旱灾发生和涝灾防治的重要保障；此外，还应加速微咸水利用技术的研究和应用推广、充分利用降水资源、推广农业节水技术以提高有限水资源的粮食生产效率等非工程应对措施。

华北南部引黄灌区在应对旱涝急转的情况时应实施修建地表及地下水库，提高灌区抗旱水平、加强引黄灌区排涝体系的建设等工程措施以及建立水文监测、预测、预警系统防御洪涝灾害；建立墒情和地下水监测、预测、预警系统防御干旱灾害；加强中小河流及暴雨灾害监测力度；科学制定水资源利用规划，实行量水而行的经济发展战略；实现全面的水资源管理；进一步加强防汛抗旱服务组织建设，完善社会化服务体系等非工程措施。在应对黄河来水保证率不足的情况时应开展节水灌溉并实现各类水资源的高效开发利用。

**（10）综合防洪减灾体系建设战略**

对于"分区防守、分流入海"的防洪格局要进一步完善，要全面地将华北平原防洪减灾的能力增强，构建一个以河道堤防为基础、大型水库为骨干、蓄滞洪区为依托、工程措施与非工程措施相结合的综合防洪减灾体系。病险水库除险加固——抓紧时间完成 199 座已经纳入专项规划的病险水库除险加固任务，抓紧时间启动实施岳城等病险水库除险加固，启动病险水闸除险加固；蓄滞洪区安全建设——结合雨洪资源利用，新建大黄堡等滞洪水库，新建双峰寺、乌拉哈达等水库枢纽工程，进一步提高承德、张家口等城市防洪标准；重点河系治理——永定河系治理、蓟运河干流治理一期、大清河中下游治理、卫运河治理等河道、堤防整治，开展海河、独流减河河口清淤工作；加强和完善防洪抗旱非工程体系的建设——加强预警预报，提高汛情、旱情的信息分析处理能力和决策支持能力，强化防洪抗旱责任制的落实，建立长效机制等。

# 参 考 文 献

敖小翎，毛敏，黄萍．2005．玛纳斯河流域地表水资源特性分析．中国西部科技，(7)：27-22.

卞玉山，马承新，隋家明，等．2002．小浪底水库对山东引黄灌区泥沙淤积的影响及治理．水利水电科技
　　进展，(6)：8-11，64.

曹阳．2008．阜阳市旱涝急转成因及应对措施分析．中国防汛抗旱，18(4)：43-44.

车少静．2010．海河流域旱涝时空变化特征研究．南京：南京信息工程大学博士学位论文．

陈福军，沈彦俊，胡乔利，等．2011．海河流域 NDVI 对气候变化的响应研究．遥感学报，15(2)：
　　401-414.

崔远来，李远华，陆垂裕．2009．灌溉用水有效利用系数尺度效应分析．中国水利，(3)：18-21.

戴同霞．1996．小浪底工程兴建后黄河下游山东段面临问题的探讨．山东水利科技，(4)：1-4.

刁希全，王昕，迟小军．2007．山东省节水潜力分析与计算．山东水利，(11)：16-18.

丁相毅，贾仰文，王浩，等．2010．气候变化对海河流域水资源的影响及其对策．自然资源学报，25(4)：
　　604-613.

董恒，刘长燕，王涛涛，等．2010．气候变化对海河流域径流量的影响．河北水利，(4)：23-24.

段爱旺，信乃诠，王立祥．2002．节水潜力的定义和确定方法．灌溉排水，(2)：25-28，35.

方生，陈秀玲，Boers T M．2003．华北平原东部水资源可持续利用．水利规划与设计，(4)：24-31.

方生，陈秀玲，范振铎，等．2005．旱涝碱咸综合治理与生态环境良性循环．地下水，(1)：1-5，9.

费宇红，张兆吉，张凤娥，等．2007．气候变化和人类活动对华北平原水资源影响分析．地球学报，(6)：
　　567-571.

冯平，王仲珏，杨鹏．2003．海河流域区域干旱特征的分析与研究．水利水电技术，(3)：33-35，45-65.

付爱静，孔祥军，尤娜．2012．浅谈聊城市徒骇河马颊河防汛形势及应对措施．科技信息，(21)：
　　474，492.

傅国斌，于静洁，刘昌明，等．2001．灌区节水潜力估算的方法及应用．灌溉排水，(2)：24-28.

高盼，李淑芹，叶水根，等．2007．徒骇马颊河流域水资源承载力研究．水资源与水工程学报，(6)：
　　69-72.

龚华，侯传河，刘争胜．2000．黄河灌区节水潜力分析．人民黄河，(7)：44-45.

关铁生，姚惠明，吴永祥，等．2012．海河流域极端暴雨特征及其天气成因．水文，32(1)：80-83.

郭璞，王希衡．2002．海河流域中部地区暴雨径流关系的理论分析．河北水利，(4)：42-43.

郭秀林，李孟军，关军锋，等．2002．PEG 胁迫下小麦幼苗 ABA 与 $Ca^{2+}/CaM$ 的关系．作物学报，(4)：
　　537-540.

韩俊丽．2006．东明县东夏营小型灌区节水改造方案研究．济南：山东大学硕士学位论文．

郝春沣，贾仰文，龚家国，等．2010．海河流域近 50 年气候变化特征及规律分析．中国水利水电科学研
　　究院学报，8(1)：39-43，51.

郝立生，姚学祥，只德国．2009．气候变化与海河流域地表水资源量的关系．海河水利，(5)：1-4，10.

胡健，孙蓬蓬，戴清，等．2010．小浪底水库运用对下游引黄灌区的影响．节水灌溉，(3)：26-29.

黄荣辉，徐予红，周连童 . 1999. 我国夏季降水的年代际变化及华北干旱化趋势 . 高原气象，4：465-476.

金光振，金光明 . 2003. 华北干旱缺水的现状与成因探索 . 安全与环境工程，（2）：20-23.

李晋生，田继来，杨永红，等 . 2003. 冬小麦保护性耕作技术的实践与认识 . 农机科技推广，（4）：29.

李庆祥，刘小宁，李小泉 . 2002. 近半世纪华北干旱化趋势研究 . 自然灾害学报，（3）：50-56.

李全起，陈雨海，于舜章，等 . 2005. 灌溉条件下秸秆覆盖麦田耗水特性研究 . 水土保持学报，（2）：
    130-132，141.

李英能 . 2007. 区域节水灌溉的节水潜力简易计算方法探讨 . 节水灌溉，（5）：41-44，48.

李占华，董咏梅 . 2009. 山东省海河流域湿地现状及保护对策研究 . 海河水利，（2）：20-22.

刘德民，罗先武，许洪元 . 2011. 海河流域水资源利用与管理探析 . 中国农村水利水电，（1）：4-8.

刘豪 . 2016. 基于耗水节水的黄河流域水权转让可持续性判别研究 . 郑州：郑州大学硕士学位论文 .

刘建刚，裴源生，赵勇 . 2011. 不同尺度农业节水潜力的概念界定与耦合关系 . 中国水利，（13）：1-3.

刘开非 . 2009. 山东省节水型社会建设规划研究 . 济南：山东大学硕士学位论文 .

刘坤 . 2005. 干旱内陆河流域农业需水预测研究 . 石河子：石河子大学硕士学位论文 .

刘宁 . 2009. 对海河流域防汛抗旱工作的思考 . 水利水电技术，40（8）：4-8.

刘荣花，朱自玺，方文松，等 . 2003. 华北平原冬小麦干旱区划初探 . 自然灾害学报，（1）：140-144.

刘荣花，朱自玺，方文松，等 . 2006. 华北平原冬小麦干旱灾损风险区划 . 生态学杂志，（9）：1068-1072.

刘晓敏，夏来坤，王慧军 . 2011. 黑龙港区小麦玉米农艺节水技术集成模式综合评价及推广建议 . 中国农
    学通报，27（4）：268-275.

刘晓霞 . 2013. 徒骇河开发防洪问题的浅议 . 地下水，35（3）：123-124.

刘有昌，袁长极，郝孝文，等 . 1980. 鲁西北黄泛平原微地貌及其与旱涝碱治理关系的研究 . 人民黄河，
    （5）：15-23.

卢路，刘家宏，秦大庸，等 . 2011a. 海河流域历史水旱序列变化规律研究 . 长江科学院院报，
    28（11）：14-18.

卢路，于赢东，刘家宏，等 . 2011b. 海河流域的水文特性分析 . 海河水利，（6）：1-4.

卢路，刘家宏，秦大庸，等 . 2011c. 海河流域天然径流年际变化规律分析 . 水电能源科学，29（6）：11-
    13，99.

马林，杨艳敏，杨永辉，等 . 2011. 华北平原灌溉需水量时空分布及驱动因素 . 遥感学报，15（2）：
    324-339.

马颖，张松涛 . 2010. 海河水系降水与径流趋势变化及突变分析 . 海河水利，（6）：4-6.

欧建锋，杨树滩，仇锦先 . 2005. 江苏省灌溉农业节水潜力研究 . 灌溉排水学报，（6）：22-25.

齐永青，孙宏勇，沈彦俊 . 2011. 太行山山前平原近50年气候变暖特征及其对冬小麦-夏玉米作物系统的
    影响 . 中国生态农业学报，19（5）：1048-1053.

山仑，徐萌 . 1991. 节水农业及其生理生态基础 . 应用生态学报，（1）：70-76.

邵爱军，左丽琼，王丽君 . 2010. 气候变化对河北省海河流域径流量的影响 . 地理研究，29（8）：
    1502-1509.

沈彦俊，刘昌明 . 2011. 华北平原典型井灌区农田水循环过程研究回顾 . 中国生态农业学报，19（5）：
    1004-1010.

石元春 . 1999. 开拓中的蹊径：生物性节水 . 科技导报，（10）：3-5.

水利部海河水利委员会 . 2009. 海河流域水旱灾害 . 天津：天津科学技术出版社 .

宋少文，聂庆林，高广东，等 . 2005. 鲁北平原区暴雨成因及时空分布规律探讨 . 水文，（2）：51-53.

宋献方，李发东，刘昌明，等 . 2007. 太行山区水循环及其对华北平原地下水的补给 . 自然资源学报，

（3）：398-408.

孙安健，高波．2000．华北平原地区夏季严重旱涝特征诊断分析．大气科学，（3）：393-402.

孙景生，康绍忠，王景雷，等．2005．沟灌夏玉米棵间土壤蒸发规律的试验研究．农业工程学报，（11）：
　28-32.

田继华，郭伟，刘玉芳，等．2005．防汛河道汛期蓄水问题的探讨．地下水，（4）：241-242.

田燕琴．2006．南水北调中线工程对海河流域防洪影响分析．海河水利，（1）：63-64，66.

田玉青，张会敏，黄福贵，等．2006．黄河干流大型自流灌区节水潜力分析．灌溉排水学报，（6）：
　40-43.

汪党献．2002．水资源需求分析理论与方法研究．中国水利水电科学研究院博士学位论文.

王滨，张发旺，程彦培，等．2011．黑龙港地区水土资源质量评价与地埋滴灌节水试验．江苏农业科学，
　39（5）：439-442.

王丽华，陈乾金．2000．华北雨季不同时段严重旱涝特征的诊断研究．自然灾害学报，（4）：86-93.

王利娜，朱厚华，鲁帆，等．2012．海河流域近50年降水量时空变化特征分析．干旱地区农业研究，
　30（2）：242-246.

王文生，齐建怀，朱新军，等．2010．海河流域ET耗水量分布特征研究．海河水利，（6）：1-3.

王晓霞，徐宗学，纪一鸣，等．2010．海河流域降水量长期变化趋势的时空分布特征．水利规划与设计，
　（1）：35-38.

王哲，只德国，李涛涛，等．2012．海河流域降雨时间序列小波分析．海河水利，（3）：30-32.

魏智敏．2003．海河流域干旱缺水状况与解决对策探讨．海河水利，（6）：5-8，70.

吴爱民，李长青，徐彦泽，等．2010．华北平原地下水可持续利用的主要问题及对策建议．南水北调与水
　利科技，8（6）：110-113，128.

吴俊河，李群智，崔绍峰，等．2007．聊城市水问题研究及对策措施初探．水利发展研究，（6）：50-52.

吴天龙，马丽，隋鹏，等．2008．太行山前平原不同轮作模式水资源利用效率评价．中国农学通报，（5）：
　351-356.

吴旭春，周和平，张俊强．2006．新疆灌溉农业发展与节水潜力研究．中国农村水利水电，（2）：24-27.

夏军，丰华丽，谈戈，等．2003．生态水文学概念、框架和体系．灌溉排水学报，（1）：4-10.

许迪．2006．灌溉水文学尺度转换问题研究综述．水利学报，（2）：141-149.

薛小妮，甘泓，游进军．2012．海河流域水资源承载能力研究．中国水利水电科学研究院学报，10（1）：
　53-58.

杨丽莉，马细霞，焦瑞峰，等．2012．小浪底水库运行对下游河道水文情势的影响评价．水电能源科学，
　30（11）：21-24，56.

杨萍果，杨苗，毛任钊．2011．海河低平原不同地貌土壤盐分特征研究．土壤，43（2）：285-288.

姚文锋，张思聪，唐莉华，等．2009．海河流域平原区地下水脆弱性评价．水力发电学报，28（1）：
　113-118.

姚治君，林耀明，高迎春，等．2000．华北平原分区适宜性农业节水技术与潜力．自然资源学报，（3）：
　259-264.

殷水清，高歌，李维京，等．2012.1961～2004年海河流域夏季逐时降水变化趋势．中国科学：地球科
　学，42（2）：256-266.

于群，黄菲，王启，等．2011．山东雨季季内降水分型及旱涝并存与急转——气候特征．热带气象学报，
　27（5）：690-696.

于舜章，陈雨海，周勋波，等．2004．冬小麦期覆盖秸秆对夏玉米土壤水分动态变化及产量的影响．水土

保持学报，（6）：175-178.

袁文胜，袁军英，张国元，等. 2008. 聊城市徒骇河综合治理开发模式研究. 水利科技与经济，14（12）：967-968.

张光辉，刘中培，费宇红，等. 2010. 华北平原区域水资源特征与作物布局结构适应性研究. 地球学报，31（1）：17-22.

张光辉，连英立，刘春华，等. 2011. 华北平原水资源紧缺情势与因源. 地球科学与环境学报，33（2）：172-176.

张兰霞. 2012. 基于关键水循环要素的海河流域干旱演变研究. 大连：辽宁师范大学硕士学位论文.

张利平，秦琳琳，张迪，等. 2010. 南水北调中线水源区与海河受水区旱涝遭遇研究. 长江流域资源与环境，19（8）：940-945.

张敏，隋鹏，陈源泉，等. 2011. 太行山山前平原节水替代模式耗水特征分析. 中国农学通报，27（20）：251-257.

张文宗，周须文，王晓云. 1999. 华北干旱综合评估和预警技术研究. 气象，（1）：3-5.

张喜英. 2018. 华北典型区域农田耗水与节水灌溉研究. 中国生态农业学报，26（10）：1454-1464.

张霞. 2007. 宁蒙引黄灌区节水潜力与耗水量研究. 西安：西安理工大学硕士学位论文.

张艳妮，白清俊，马金宝，等. 2007. 山东省灌溉农业节水潜力计算分析——以02-04年为例. 山东农业大学学报（自然科学版），（3）：427-431，436.

张仰正，任汝信. 2006. 黄河小浪底水库调水调沙对山东河段冲淤影响分析. 合肥：中国水利学会2006学术年会暨2006年水文学术研讨会.

赵文智，程国栋. 2001. 生态水文学——揭示生态格局和生态过程水文学机制的科学. 冰川冻土，4：450-457.

郑景云，郑斯中. 1993. 山东历史时期冷暖旱涝状况分析. 地理学报，（4）：348-357.

周振民. 2002. 黄河下游引黄灌溉排水河道淤积研究. 人民黄河，（11）：34-35.

朱玲，柳艳香，左洪超，等. 2011. 海河流域水汽输送及其变化特征分析. 气候变化研究进展，7（3）：184-188.

庄严. 2009. 不同基因型作物水分—产量响应关系及生理生态学基础研究. 北京：中国农业科学院博士学位论文.